丙級電腦軟體應用學科解析

張軼雄 洪憶華　編著

全華圖書股份有限公司　印行

序

數位時代來臨，大數據分析與物聯網技術臻於成熟，而科技的創新，也改變了人們的思維模式與工作型態，在各類型職場中，電腦基本軟體應用已成為必備之技能。本書為有效提升讀者電腦軟體應用及邏輯思考能力，將內容著眼於勞動部勞動力發展署技能檢定中心所釋出之電腦軟體應用丙級學科檢定考題，並將專業科目、共同科目與資訊相關職類共同工作項目等篇章加以歸納與分類為各個小單元，內容模式採以理論為體，實務操作為用，並以逐題說明方式提供試題重點剖析，焦點強化，讓您更能精準掌握。

在理論方面，專業科目論述包含電腦概論、應用軟體使用、系統軟體使用、資訊安全；共同科目論述包含職業安全衛生、工作倫理與職業道德、環境保護、節能減碳等領域之議題；資訊相關職類共同工作項目論述包含電腦硬體架構、網路概論與應用、作業系統、資訊運算思維、資訊安全等，以循序漸進之方式，一併建立基礎之電腦觀念，並能應用電腦解決問題，以求能在基本的脈絡上培養應檢人取得丙級技術士證照及文書處理之技巧，並提升其運用於職場上之競爭優勢，以及對資訊科技與電腦應用、資訊安全、智慧財產權、資訊倫理、程式設計等資訊相關議題之基本概念有所理解，以因應現代社會之所需，建立應檢人電腦文書處理及邏輯運算思維，冀望應檢人在未來更能善用技能，並順利取得認證。

張軼雄 謹誌

第一篇　專業科目

工作項目 01：電腦概論

工作項目 02：應用軟體使用

工作項目 03：系統軟體使用

Contents

工作項目 04：資訊安全

第二篇　共同科目

第三篇　資訊相關職類共用工作項目

第一篇

專業科目

工作項目01 電腦概論

單元一 電腦資料之基本概念

數位化概念

- 日常生活中常聽到數位（Digital）這個名詞，像是：數位相機、數位攝影機、數位遊戲、數位電話、數位教材。
- 數位化（Digitize）：以數字來描述事物。
- 聲波（一段聲音）於空氣中為一條連續不斷的曲線，稱為「類比訊號」；當透過積體電路轉換為音樂檔案後，就成了「數位訊號」，其不再是連續的曲線，而是一個接著一個的整數。

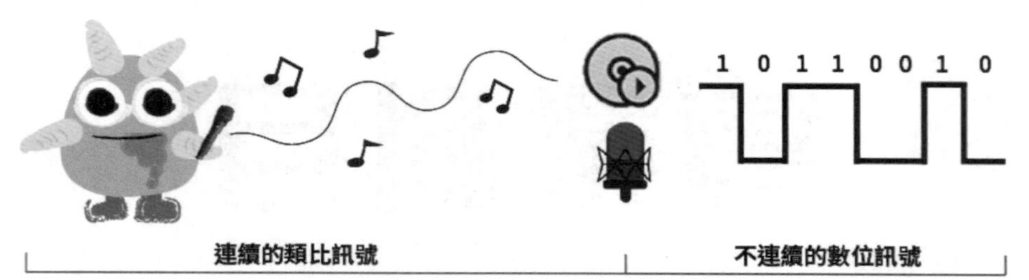

- 文字、圖像、聲音、影像等資料，目前皆已可數位化。

二進制及電腦的儲存單位

- 電腦最常用的數字系統是二進位制。
- 電腦的運作，主要是藉由電流通過電子元件的狀態來決定。

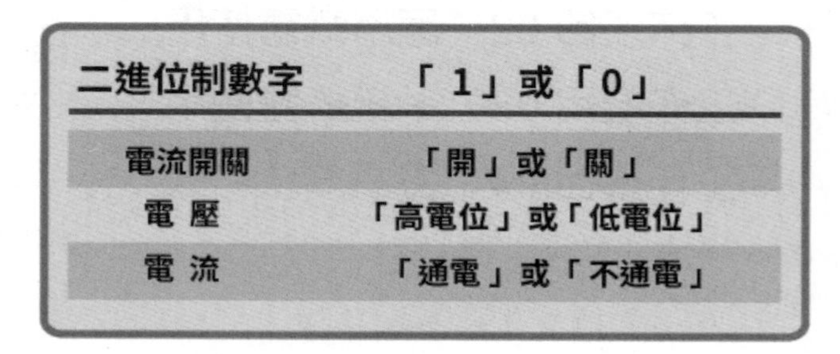

二進位制數字	「1」或「0」
電流開關	「開」或「關」
電 壓	「高電位」或「低電位」
電 流	「通電」或「不通電」

- 所有資料皆必須先轉換成二進位的數位資料，電腦才能將其表示、儲存及計算。

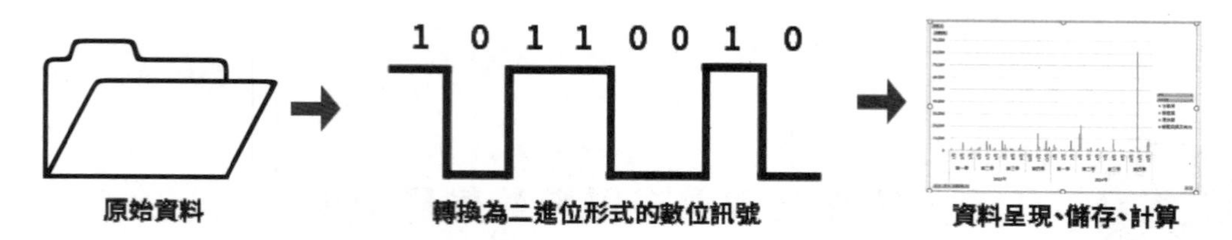

■ 進位型態檢視區別

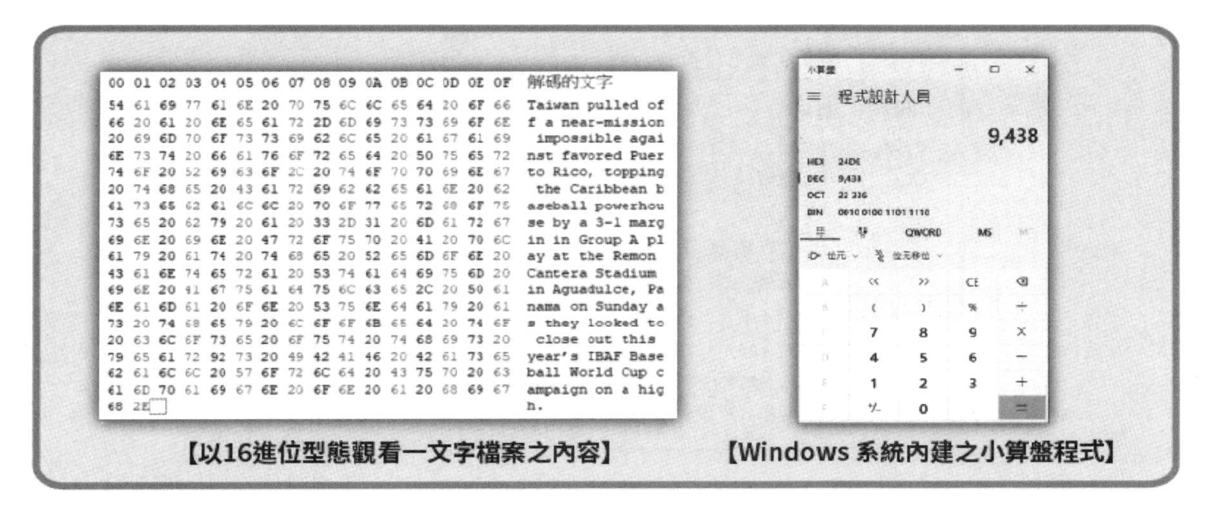

【以16進位型態觀看一文字檔案之內容】　【Windows 系統內建之小算盤程式】

■ 各進位制表示法

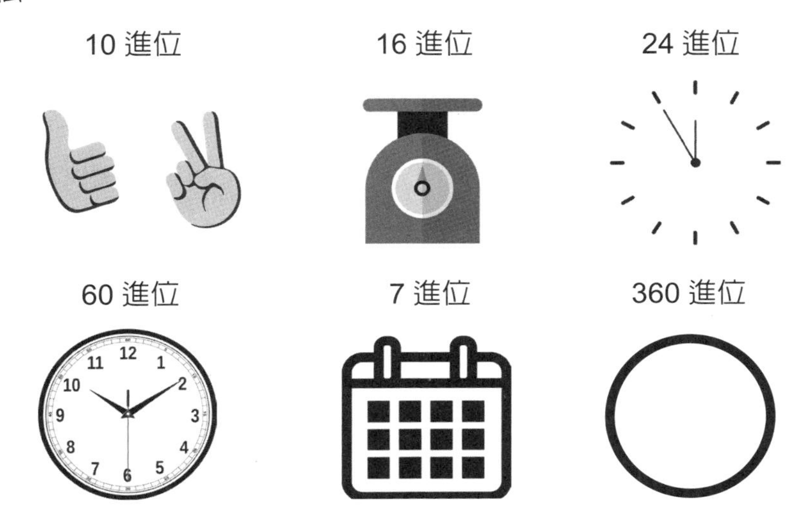

■ 數值資料表示法

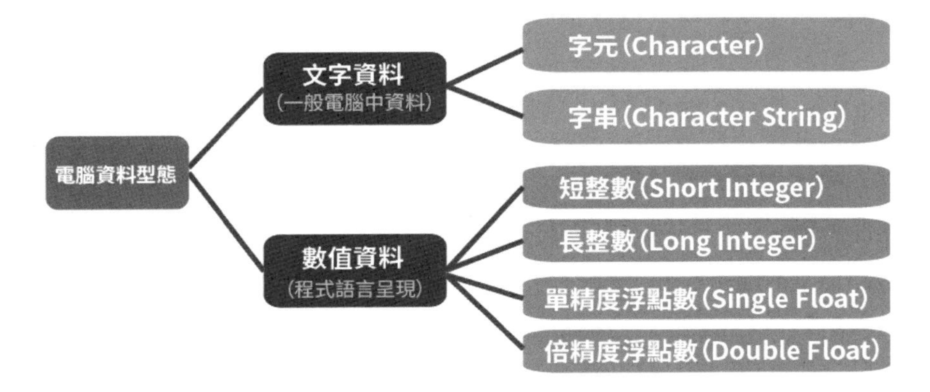

■ 資料的表示單位

單位	中文名稱	英文名稱	準確值
Bit	位元	Bits	最小的單位
Byte	位元組	Bytes	1Byte = 8 Bits
KB	千位元組	Kilobytes	1KB = 2^{10} Bytes = 1024Bytes
MB	百萬位元組	Megabytes	1MB = 2^{20} Bytes = 1024KB
GB	十億位元組	Gigabyte	1GB = 2^{30} Bytes = 1024MB
TB	兆位元組	Terabyte	1TB = 2^{40} Bytes = 1024GB
PB	千兆位元組	Petabyte	1PB = 2^{50} Bytes = 1024TB
EB	百京位元組	Exabyte	1EB = 2^{60} Bytes = 1024PB
ZB	十垓位元組	Zettabyte	1ZB = 2^{70} Bytes = 1024EB
YB	秭位元組	Yottabyte	1YB = 2^{80} Bytes = 1024ZB

■ 資料庫階層表

資料階層	階層描述	資料範例
位元(Bit)	1.電腦中最小的儲存單位，一個單位代表1(開)或0(關)。 2.傳輸資料的基本單位(同一時間能傳達的位元數越多，代表資料傳輸的速度越快)	例如：「0」、「1」
位元組(Byte)	1.由8個位元所組成，1Byte=8 Bits，也就是有256種狀態。 2.通常以一個位元組來表示一個字元，像是一個英文字母及一個數字。	例如：「10100100」
字組(Word)	1.由一或多個位元組(Byte)所組成。 2.透過不同位元組合方式可代表數字、英文字母、符號等，又稱為字元(Character)。 3.一個中文字元：由兩個位元組所組成。	例如：「你好」、「hello」 word / Byte / Bit
欄位(Field)	1.由數個字元(Character)所組成。 2.一個資料欄位可能由中文字元、英文字元、數字或符號字元組合而成。	學號
資料紀錄(Record)	1.描述一個實體(Entity)相關欄位(Field)的集合。 2.數個欄位(Field)組合形成一筆資料紀錄(Record)。	個人學籍資料
資料表(Table)	由相同格式定義之資料紀錄(Record)所組成。	全班學籍資料
資料庫(Database)	由多個相關資料表(Table)所組成。	校務行政資料庫 包括：成績資料表、學籍資料表、選課資料表…等
資料倉儲(Data Warehouse)	1.整合性的資料儲存體，內含各種與主題相關的大量資料來源。 2.可提供企業決策性資訊。	教育部等全國校務行政資料倉儲， 可進行彙整分析，以提供決策資訊。

小試身手

1. (　) 1258291 Bytes 約為？ ① 1.2KB ② 1.2GB ③ 121KB ④ 1.2MB。 [17]

解 1KB=1024 Bytes，1MB=1024 KB，1258291Bytes÷1024 ≈ 1228KB，1228KB÷1024 ≈ 1.2MB。

2. (　) 在電腦系統中，下列有關儲存容量單位的敘述何者錯誤？ ① 1GB=1024MB ② 1MB=1024KB ③ 1KB=1024TB ④ 1TB=1024GB。 [139]

3. (　) 假設某一部個人電腦之記憶體容量為 512MB，則該記憶體容量等於 ① 512000KB ② 1GB ③ 524288KB ④ 2GB。 [140]

解 1 MB(2^{10}) = 1024 KB，512 MB × 1024 = 524288 KB。

4. (　) 下列對 TB(Tera Byte) 的敘述何者正確？ ① 1TB=10 億位元組 ② 1TB=2^{20} X 2^{20}Byte ③ 1TB=1024 X 1024GB ④ 1TB=1024 X 1024 Byte。 [191]

解 KB → 千位元組，MB → 百萬位元組，GB → 十億位元組。

解 1.(4) 2.(3) 3.(3) 4.(2)

檔案類型（副檔名）

- 圖形檔：.jpg、.bmp、.gif（可製成動畫、採用無失真壓縮技術，屬於非破壞性壓縮、可設背景色爲透明）、.tif、.png。
- 音樂檔：.wav、.mid、.mp3（壓縮格式，目前網際網路上最廣爲使用的音樂檔副檔名）、.wma、.cda。
- 影片檔：.avi、.mpeg、.mov、.wmv、.rm、.ram、.mp4。
- 資料庫檔：.mdb。

小試身手

5. (　　) 以下哪一個可爲圖形檔的副檔名？ ① .HTML ② .DOC ③ .GIF ④ .EXE。 [11]

6. (　　) 在各種多媒體播放程式下，下列何種檔案非屬可播放的音樂檔案類型？ ① .mp3 ② .wav ③ .mid ④ .jpg。 [25]

7. (　　) MP3 是下列何種檔案的壓縮格式 ①文字 ②圖片 ③音樂 ④影片。 [158]

8. (　　) 下列檔案中，何者不是圖片檔案格式？ ① test.bmp ② test.mdb ③ test.gif ④ test.tif。 [166]

   解 Test.mdb 爲 Access 資料庫管理系統的資料檔。Microsoft Office Access 是由微軟發布的關聯式資料庫管理系統，不只能用來建立傳統型資料庫，還能透過這個易於使用的工具，快速地建立可自訂的資料庫應用程式。

9. (　　) 下列何者不是 GIF 檔案的特點？ ①可製成動畫 ②屬於非破壞性壓縮 ③可設背景色爲透明 ④具高效率的壓縮比。 [174]

10. (　　) 下列何者爲目前網際網路上最廣爲使用的音樂檔副檔名？ ① mp4 ② mp3 ③ 7z ④ swf。 [233]

電腦語言

- 機器語言（Machine Language），屬於低階語言，它是一種指令集的體系，這種指令集稱爲機器碼（Machine Code），是電腦的 CPU 可直接解讀的資料。
- 自然語言（高階語言）：比高階語言更接近人類語言，被歸類在第四代語言，且高階語言又分爲編譯語言和直譯語言，編譯語言方可由編譯程式轉爲低階語言。
- 編譯程式可將高階語言轉爲低階語言。
  1. 編譯後可產生：診斷訊息、原始程式、目的模組。
  2. 一般編寫流程：編譯、連結 / 載入、執行。

解 5.(3)　6.(4)　7.(3)　8.(2)　9.(4)　10.(2)

小試身手

11. (　　) 程式經編譯 (Compile) 後，不會產生下列哪一種輸出？ ①診斷訊息 (Diagnostic Message) ②列印原始程式 (Source Program Listing) ③可執行模組 (Executable Module) ④目的模組 (Object Module)。 [89]

解 程式經編譯（Compile）後，會產生目的模組（Object Module），之後再經連結載入其他目的模組及函數庫（Function Library），才會成爲可執行模組（Executable Module）。編譯結束後，會產生診斷訊息，也可列印原始程式。

12. (　　) 可以直接被電腦接受的語言是 ①機器語言 ②組合語言 ③ C 語言 ④高階語言。 [98]

解 機器語言（Machine Language）是一種指令集的體系，這種指令集稱爲機器碼（Machine Code），是電腦的 CPU 可直接解讀的資料。

13. (　　) 下列何者可將高階語言的程式碼轉換成機器碼？ ①組譯器 (Assembler) ②編譯器 (Compiler) ③編輯器 (Editor) ④直譯器 (Interpreter)。 [146]

解 組譯器是將高階語言轉換成組合語言（或機器碼）的工具。

計算電腦速度的單位

- 微秒（micro second，簡稱 ms），計量電腦速度的微小時間單位之一，一微秒等於百萬分之一秒。1 微秒 =10^{-6} 秒。
- 皮秒（picosecond，簡稱 ps），一萬億分之一秒，1 秒 (s) = 10^{12} 皮秒 (ps)

小試身手

14. (　　) 微秒 (Microseconds) 是計量電腦速度的微小時間單位之一，一微秒等於 ①千分之一秒 ②十萬分之一秒 ③萬分之一秒 ④百萬分之一秒。 [103]

解 1 微秒 =10^{-6} 秒。

15. (　　) 有一個程式需要執行 2^{40} 個指令，每個指令平均需要 20ps 來執行，請問這個程式執行的時間約爲多少？ ① 2 秒 ② 20 秒 ③ 20 毫秒 ④ 200 毫秒。 [198]

■1 ps（皮秒）= 10^{-12} 秒

$2^{40}\times20\times10^{-12}$

$= 10^{12}\times20\times10^{-12}$

$= 20\times1$

≒ 20秒

【計算提示】

① 2^{40}
$= 10^3\times10^3\times10^3\times10^3$
$= 10^{12}$

② $2^{10} ≒ 10^3$

③ $10^{12}\times10^{-12}$
$=10^0$
$=1$

解 11.(3) 12.(1) 13.(2) 14.(4) 15.(2)

資料處理方式

- 即時處理：立刻處理資料的作業方式。
- 批次處理：將資料收集起來於固定時間一起處理的作業方式。

小試身手

16. (　　) 將類似資料收集起來於固定時間一起處理的作業方式稱爲　①連線處理　②批次處理　③即時處理　④分時處理。 [108]

17. (　　) 在鐵路局網路訂票系統中，下列何者爲不適用的資料處理方式？　①交談式處理　②即時處理　③批次處理　④分散式處理。 [165]

18. (　　) 下列何者適合以即時處理的方式來作業？　①戶口普查統計　②電費帳單處理　③成績單製作　④醫院預約掛號。 [194]

軟體類型

- 作業系統：用來分配與管理電腦軟、硬體資源，例如 Microsoft Windows、Apple Mac OS、UNIX、Linux 等。
- 檔案管理系統：作業系統之一，可讓使用者不需關心檔案之儲存方式與位置。在檔案管理系統中，可將檔案屬性設爲隱藏（隱藏重要的系統檔案和資料夾）、唯讀（只能讀取）、保存（當檔案被修改過，Windows 會標示爲「保存」）。
- 專案開發軟體：依使用者需求開發的軟體。例如：校務行政管理系統。
- 電腦輔助軟體：以電腦協助教學或任務完成的輔助工具。例如：
  1. CAI（Computer-Assisted Instruction）：電腦輔助教學
  2. CAM（Computer-Aided Manufacturing）：電腦輔助製造
  3. CAE（Computer-Aided Engineering）：電腦輔助工程
  4. CAD（Computer-Aided Design）：電腦輔助設計

小試身手

19. (　　) 作業系統提供了一個介於電腦與使用者之間的一個界面，其中該作業系統係包含了下列何種功能，使得使用者不需關心檔案之儲存方式與位置？　①保護系統　②輸出入系統　③記憶體管理系統　④檔案管理系統。 [27]

    解 作業系統的主要系統資源管理功能有：處理管理或行程管理、記憶體管理、設備管理及檔案管理等系統資源分配管理。

20. (　　) 下列哪一種軟體是用來作爲電腦輔助教學之用？　① CAI　② CAM　③ CAE　④ CAD。 [121]

解 16.(2)　17.(3)　18.(4)　19.(4)　20.(1)

21. (　　) 「校務行政管理系統」是屬於 ①作業系統 ②工具程式 ③專案開發軟體 ④驅動程式。 [127]

解 專案：即爲了要產生一個獨特的產品或爲了達成一個目標，在特定時程中，將各有專精的人聚在一起所完成的活動。
1. 小規模的專案：可能只有二至三人或數十人，並於幾天內達成，例如：籌畫一場迎新露營活動、安排一場環保義演或籌備一項賑災公益演唱會等。
2. 大規模的專案：參與者可能多達數千、數萬人，且可能花費數月甚至數年才達成，例如：臺南科學園區的建立、捷運設施之興建等。

22. (　　) 主要用來分配與管理電腦軟、硬體資源，例如 Windows 10、Linux 是屬於 ①作業系統 ②工具程式 ③套裝軟體 ④專案開發軟體。 [128]

23. (　　) 小明與弟弟共用家中電腦，小明有些個人的文件檔案不希望被弟弟看到，請問小明可將檔案屬性設定爲下列哪一項？ ①隱藏 ②保密 ③唯讀 ④保存。 [187]

解 以 Windows 作業系統爲例，於檔案總管中，在欲隱藏的檔案名稱上，按右鍵選「內容」，即可將該檔名「隱藏」。操作步驟如下：
1. 在「Windows 檔案總管」中，選擇「組合管理→資料夾和搜尋選項」。
2. 按一下「資料夾選項」對話方塊中的「檢視」索引標籤。
3. 在「進階設定」中，選取「顯示所有檔案和資料夾」。
4. 取消選取「隱藏已知檔案類型的副檔名」。
5. 按一下「確定」。

電腦專有名詞

- SOHO（Small Office / Home Office）：小型家庭辦公室
- OA（Office Automation）：辦公室自動化
- GPS（Global Positioning System）：全球衛星定位系統
- FA（Factory Automation）：工廠自動化
- EC（Electronic Commerce）：電子商務
- 虛擬實境（VR）：利用電腦類比產生一個三維空間的虛擬世界，只要看著螢幕，就有如親臨現場的技術。
- 後進先出（Last In First Out）：應用於堆疊（Stack）結構，例如把物品由桌面一個一個向上疊放，取用時由最上面一個個向下取用。

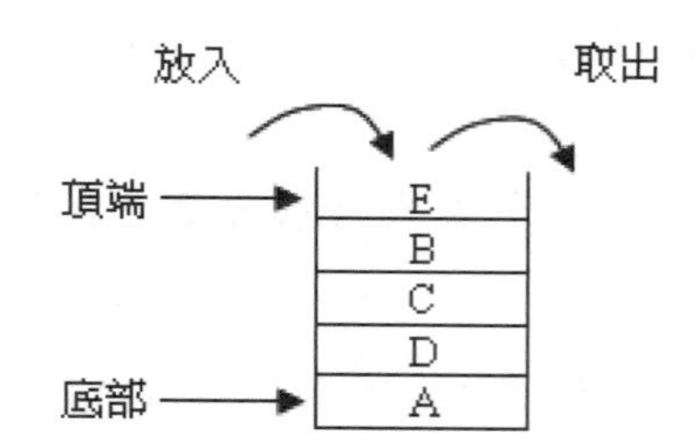

物品 A：最先放入，最後才能取出
物品 E：最後放入，最先被取出

解 21.(3) 22.(1) 23.(1)

小試身手

24. (　　) 下列各專有名詞對照中，何者錯誤？ ① SOHO：小型家庭辦公室 ② OA：全球衛星定位系統 ③ FA：工廠自動化 ④ EC：電子商務。 [152]

25. (　　) 某遊樂場有一「太空船」遊戲設施，只要看著螢幕，就有如親臨現場，相當震撼，這是使用下列哪一種技術？ ①虛擬實境 ②雷射掃描 ③感應體溫 ④眼球虹膜辨識。 [153]

26. (　　) 具有後進先出(Last In First Out)的資料結構是 ①堆疊 ②佇列 ③樹狀 ④串列。[164]
    解 ①堆疊（Stack）：是一種後進先出（LIFO）的資料結構，堆疊加入（Push）與刪除（Pop）於同一端。生活上的應用例如：堆積木、蓋房子。
    ②佇列（Queue）：是一種先進先出（FIFO）的資料結構，佇列加入與刪除於不同端（Front & Rear）。生活上的應用例如：排隊買票、坐公車。

安全設備

- 安全設備不屬於電腦硬體組成的設備。例如不斷電系統（UPS）可提供備用電力，避免電力供給突然中斷，造成電腦內尚未儲存資料的流失。

小試身手

27. (　　) 下列何者不屬於電腦硬體組成的設備？ ①輔助儲存設備 ②安全設備 ③處理設備 ④輸出設備。 [192]

28. (　　) 為避免電力供給突然中斷，造成電腦內尚未儲存資料的流失，可使用下列何種裝置提供備用電力？ ①電壓切換開關 (Voltage Switch) ②穩壓器 ③突波吸收器 ④不斷電系統。 [244]

開放原始碼軟體（Open Source Software）

- 開放原始碼軟體（Open Source Software）：是一種原始碼可以任意取用的電腦軟體，這種軟體的著作權持有人在軟體協定的規定之下保留一部分權利，並允許使用者為學習、修改以及以任何目的，向任何人分發該軟體。
- 開放原始碼的軟體包括程式語言（例如：PHP、Python）、作業系統（例如：Linux、Android）及各種應用軟體（例如：Open Office）。

小試身手

29. (　　) 下列何者不屬於開放原始碼軟體 (Open Source Software)？ ① Android ② C# ③ PHP ④ Python。 [145]

解 24.(2)　25.(1)　26.(1)　27.(2)　28.(4)　29.(2)

輸入法

- 注音（字音）：以注音符號來輸入漢字。
- 倉頡（字根）：按照漢字的字形結構和組字原理組合而成。
- 嘸蝦米（字碼）：一種形碼輸入法，將漢字分拆成字形結構，再以字形結構的形、音、義與英文字母加以聯想，拼出漢字。

小試身手

30. (　　) 下列中文輸入法中，何者不是注音符號輸入法之衍生方法？　①漢音輸入法　②輕鬆輸入法　③嘸蝦米輸入法　④國音輸入法。 [66]

其他

- 積體電路（Integrated Circuit）
  1. 又稱微電路（Microcircuit）、微晶片（Microchip）。
  2. 晶片（Chip）在電子學中是一種將電路（主要包括半導體裝置，也包括被動元件等，例如：電晶體、二極體、電阻）集中製造在半導體晶圓表面上的小型化方式，是目前電腦晶片發展的主要技術。
- 超大型積體電路（Very-Large-Scale Integration，VLSI）
  1. 是一種將大量電晶體組合到單一晶片的積體電路，其整合度大於大型積體電路。
  2. 從 1970 年代開始，隨著複雜的半導體以及通訊技術的發展，積體電路的研究、發展也逐步展開。
- 音效卡：用來將數位資料轉換成類比訊號，並傳送至喇叭的配備。
- 免費軟體：是指不需以金錢購買使用授權的電腦軟體，但使用上會有一種以上的限制。例如：禁止修改軟體原始碼、禁止再次散布出去給其他人使用。免費軟體通常基於事業或商業目的，如擴大市占率，而以免費方式提供免費版（免費版、個人版），所提供的軟體不一定安全。

小試身手

31. (　　) 將電路的所有電子元件，如電晶體、二極體、電阻等，製造在一個矽晶片上之電腦元件稱為　①電晶體　②真空管　③積體電路 (Integrated Circuit)　④中央處理單元 (CPU)。 [111]

32. (　　) 下列何者為目前電腦晶片發展的主要技術？　①真空管　②電晶體　③二極體　④超大型積體電路。 [207]

33. (　　) 下列何種介面卡可用來將數位資料轉換成類比訊號並傳送至喇叭？　①顯示卡　②音效卡　③網路卡　④數據卡。 [208]

解 30.(3)　31.(3)　32.(4)　33.(2)

34. (　　) 關於免費軟體 (freeware) 敘述，下列何者有誤？ ①部分軟體會在程式中鑲入廣告 ②部分軟體發布者希望能獲得自願性資助 ③免費軟體一定安全 ④仍受著作權保護。 [234]

單元二 數字系統、轉換、與邏輯概念

文字表示法

■ ASCII（American Standard Code for Information Interchange，美國標準資訊交換碼），每一字元需使用 7 個位元的記憶體空間。空白字元也會佔用一個位元組。

Dec（Decimal）= 10 進位，Hex（Hexadecimal）= 16 進位，Char（Character）= 字元

Ctrl	Dec	Hex	Char	Code	Dec	Hex	Char	Dec	Hex	Char	Dec	Hex	Char
^@	0	00		NUL	32	20		64	40	@	96	60	`
^A	1	01		SOH	33	21	!	65	41	A	97	61	a
^B	2	02		STX	34	22	"	66	42	B	98	62	b
^C	3	03		ETX	35	23	#	67	43	C	99	63	c
^D	4	04		EOT	36	24	$	68	44	D	100	64	d
^E	5	05		ENQ	37	25	%	69	45	E	101	65	e
^F	6	06		ACK	38	26	&	70	46	F	102	66	f
^G	7	07		BEL	39	27	'	71	47	G	103	67	g
^H	8	08		BS	40	28	(	72	48	H	104	68	h
^I	9	09		HT	41	29	)	73	49	I	105	69	i
^J	10	0A		LF	42	2A	*	74	4A	J	106	6A	j
^K	11	0B		VT	43	2B	+	75	4B	K	107	6B	k
^L	12	0C		FF	44	2C	,	76	4C	L	108	6C	l
^M	13	0D		CR	45	2D	-	77	4D	M	109	6D	m
^N	14	0E		SO	46	2E	.	78	4E	N	110	6E	n
^O	15	0F		SI	47	2F	/	79	4F	O	111	6F	o
^P	16	10		DLE	48	30	0	80	50	P	112	70	p
^Q	17	11		DC1	49	31	1	81	51	Q	113	71	q
^R	18	12		DC2	50	32	2	82	52	R	114	72	r
^S	19	13		DC3	51	33	3	83	53	S	115	73	s
^T	20	14		DC4	52	34	4	84	54	T	116	74	t
^U	21	15		NAK	53	35	5	85	55	U	117	75	u
^V	22	16		SYN	54	36	6	86	56	V	118	76	v
^W	23	17		ETB	55	37	7	87	57	W	119	77	w
^X	24	18		CAN	56	38	8	88	58	X	120	78	x
^Y	25	19		EM	57	39	9	89	59	Y	121	79	y
^Z	26	1A		SUB	58	3A	:	90	5A	Z	122	7A	z
^[	27	1B		ESC	59	3B	;	91	5B	[	123	7B	{
^\	28	1C		FS	60	3C	<	92	5C	\	124	7C	|
^]	29	1D		GS	61	3D	=	93	5D	]	125	7D	}
^^	30	1E	▲	RS	62	3E	>	94	5E	^	126	7E	~
^-	31	1F	▼	US	63	3F	?	95	5F	_	127	7F	⌂*

* ASCII 碼 127 具有代碼 DEL。在 MS-DOS 下，這個代碼與 ASCII 8 (BS) 的效果相同。DEL 代碼可以由 CTRL + BKSP 鍵產生。

■ EBCDIC（Extended Binary Coded Decimal Interchange Code，擴增二進制／十進制交換碼），為 IBM 於 1963 年至 1964 年間推出的字元編碼表，每一字元需使用 8 位元記憶體空間。

■ Unicode（萬國碼）內碼支援多國語言，UTF-16 是 Unicode 字元編碼五層次模型的第三層—字元編碼表（Character Encoding Form，也稱為 Storage Format）的一種實現方式。即把 Unicode 字元集的抽象碼位對映為 16 位元長的整數（即碼元）的序列，用於資料儲存或傳遞。

解 34.(3)

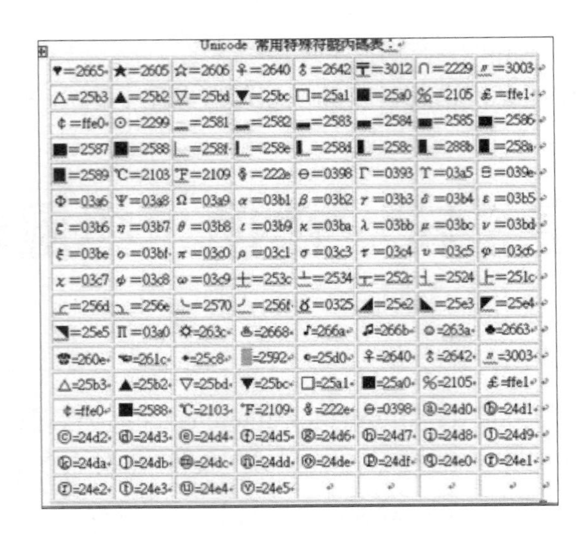

Unicode 常用特殊符號內碼表：

♥=2665	★=2605	☆=2606	♀=2640	♂=2642	〒=3012	∩=2229	〃=3003
△=25b3	▲=25b2	▽=25bd	▼=25bc	□=25a1	■=25a0	℅=2105	￡=ffe1
￠=ffe0	⊙=2299	▁=2581	▂=2582	▃=2583	▄=2584	▅=2585	▆=2586
▇=2587	█=2588	▏=258f	▎=258e	▍=258d	▌=258c	▋=288b	▊=258a
▉=2589	℃=2103	℉=2109	∮=222e	Θ=0398	Γ=0393	Υ=03a5	Ξ=039e
Φ=03a6	Ψ=03a8	Ω=03a9	α=03b1	β=03b2	γ=03b3	δ=03b4	ε=03b5
ζ=03b6	η=03b7	θ=03b8	ι=03b9	κ=03ba	λ=03bb	μ=03bc	ν=03bd
ξ=03be	ο=03bf	π=03c0	ρ=03c1	σ=03c3	τ=03c4	υ=03c5	φ=03c6
χ=03c7	ψ=03c8	ω=03c9	┼=253c	┴=2534	┬=252c	┤=2524	├=251c
╭=256d	╮=256e	╰=2570	╯=256f	♉=0325	◢=25e2	◣=25e3	◤=25e4
◥=25e5	Π=03a0	☼=263c	♨=2668	♪=266a	♫=266b	☺=263a	♣=2663
☎=260e	☜=261c	◈=25c8	▒=2592	◐=25d0	♀=2640	♂=2642	〃=3003
△=25b3	▲=25b2	▽=25bd	▼=25bc	□=25a1	■=25a0	℅=2105	￡=ffe1
￠=ffe0	█=2588	℃=2103	℉=2109	∮=222e	Θ=0398	ⓐ=24d0	ⓑ=24d1
ⓒ=24d2	ⓓ=24d3	ⓔ=24d4	ⓕ=24d5	ⓖ=24d6	ⓗ=24d7	ⓘ=24d8	ⓙ=24d9
ⓚ=24da	ⓛ=24db	ⓜ=24dc	ⓝ=24dd	ⓞ=24de	ⓟ=24df	ⓠ=24e0	ⓡ=24e1
ⓢ=24e2	ⓣ=24e3	ⓤ=24e4	ⓥ=24e5				

小試身手

35. (　　) 在 ASCII Code 的表示法中，下列之大小關係何者錯誤？ ① A ＞ B ＞ C　② c ＞ b ＞ a　③ 3 ＞ 2 ＞ 1　④ p ＞ g ＞ e。 [5]

解 以下擷取部分 ASCII Code 代碼，可比較其大小。

符號	A	B	C	a	b	c	1	2	3	e	g	P
ASCII Code	65	66	67	97	98	99	49	50	51	101	103	112

36. (　　) 以 ASCII Code 儲存字串 "PC-586"，但不包含引號 "，共需使用多少位元組之記憶體空間？ ① 1　② 2　③ 3　④ 6。 [6]

解 “PC-586“共有六個符號，故需要六個位元組之記憶體空間。

37. (　　) 英文字母「A」的 10 進制 ASCII 值為 65，則字母「Q」的 16 進制 ASCII 值為 ① 73　② 81　③ 51　④ 50。 [50]

解
```
16 | 81 ...... 1  ↑
   -----
   16 | 5 ...... 5
      -----
        0
```
⇨ $(51)_{16}$

38. (　　) 在電腦系統中，1 個位元組 (Byte) 由幾個位元 (bit) 組成？ ① 4 個　② 8 個　③ 10 個　④ 16 個。 [142]

解 1 Byte（位元組）＝ 8 Bits（位元）。

39. (　　) EBCDIC 碼使用 X 位元表示一個字元，UTF-16 使用 Y 位元表示一個字元，則 X+Y 等於？ ① 64　② 32　③ 24　④ 16。 [176]

解 EBCDIC 碼一個字元為 8 位元，UTF-16 以 16 位元表示一個字元，故 8 位元 + 16 位元 ＝ 24 位元。

40. (　　) 下列何種內碼可以支援多國語言？ ① Binary 碼　② EBCDIC 碼　③ BIG-5 碼　④ Unicode 碼。 [205]

解 35.(1)　36.(4)　37.(3)　38.(2)　39.(3)　40.(4)

41. (　　) 以 ASCII Code 儲存字串 "Harry Potter"，若不包含雙引號，則共需使用多少位元組之記憶體空間？ ① 10 ② 12 ③ 11 ④ 13。 [214]

解 "Harry Potter" →含空格共 12 個字元。

數字系統 / 進位換算

■ 數字系統的組成符號與基底

1. 數字系統的各種進位表示方式

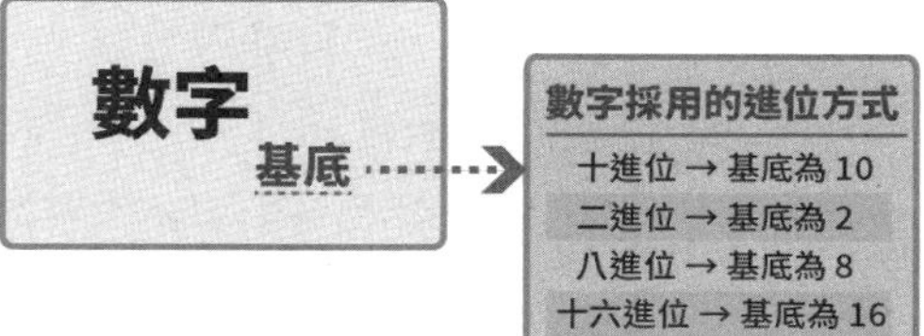

數字系統	基底	進位換算	組成符號	範 例
二進位 (Binary，bin)	2	以2為基數 逢2即進位	0、1	$(1111)_2$
八進位 (Octal，oct)	8	以8為基數 逢8即進位	0、1、2、3、4、5、6、7	$(567)_8$
十進位 (Decimal，dec)	10	以10為基數 逢10即進位	0、1、2、3、4、5、6、7、8、9	$(15)_{10}$ (可省略10)
十六進位 (Hexadecimal，hex)	16	以16為基數 逢16即進位	0、1、2、3、4、5、6、7、8、9、A=10、B=11、C=12、D=13、E=14、F=15	$(2EE)_{16}$或 $(2EE)_H$

2. 數字系統對照表

十進位	二進位	八進位	十六進位	十進位	二進位	八進位	十六進位
0	0000	0	0	16	10000	20	10
1	0001	1	1	17	10001	21	11
2	0010	2	2	18	10010	22	12
3	0011	3	3	19	10011	23	13
4	0100	4	4	20	10100	24	14
5	0101	5	5	21	10101	25	15
6	0110	6	6	22	10110	26	16
7	0111	7	7	23	10111	27	17
8	1000	10	8	24	11000	30	18
9	1001	11	9	25	11001	31	19
10	1010	12	A	26	11010	32	1A
11	1011	13	B	27	11011	33	1B
12	1100	14	C	28	11100	34	1C
13	1101	15	D	29	11101	35	1D
14	1110	16	E	30	11110	36	1E
15	1111	17	F	31	11111	37	1F

解 41.(2)

3. 二進制數字系統

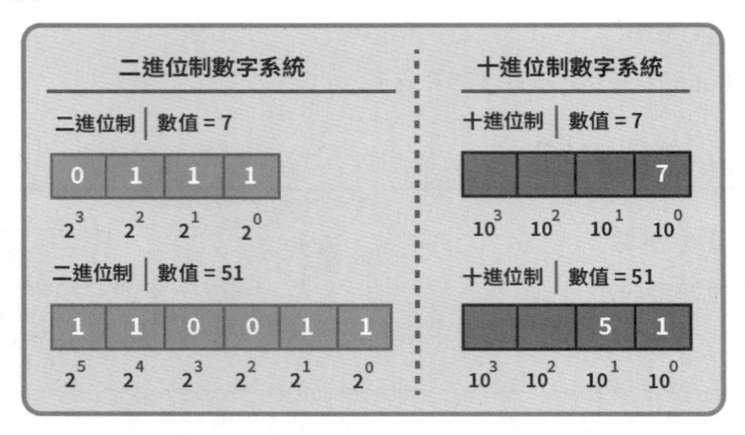

4. 八進制數字系統

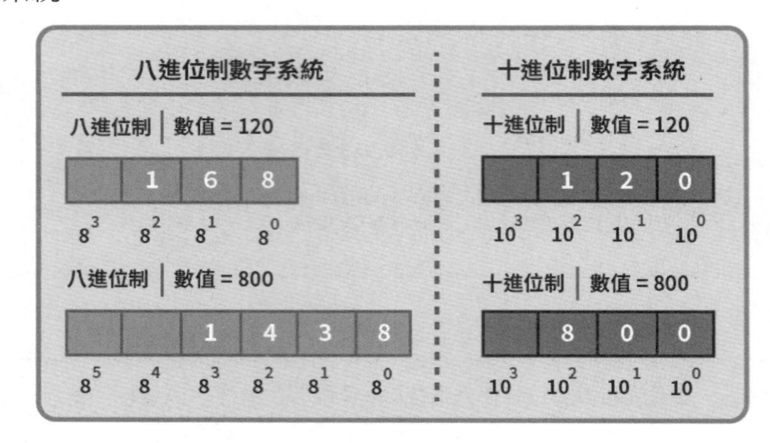

5. 十六進制數字系統

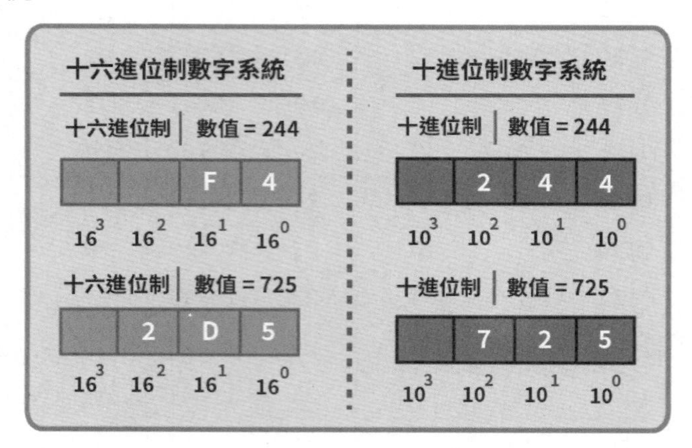

小試身手

42. (　　) 表示 0 到 9 的十進制數值，至少需要幾個二進位位元？ ①4 ②3 ③2 ④1。 [9]

解 $2^1 = 2$，1 個位元可以表示 0~1。$2^2 = 4$，2 個位元可以表示 0~3。$2^3 = 8$，3 個位元可以表示 0~7。$2^4 = 16$，4 個位元可以表示 0~15。

43. (　　) 若一年以 365 日計算，則須使用多少位元才可表示該數目 365？ ①1 ②9 ③18 ④2。 [113]

解 $2^9 = 512$，9 個位元可以表示 0~511。

解 42.(1) 43.(2)

數值資料表示法

■ 整數表示法—帶符號大小表示法（Signed-Magnitude）

1. 帶符號大小（Signed-Magnitude）的正負數符號表示法
   (1) 是最簡單的數值表示法。
   (2) 以最左邊位元作爲「符號位元」，以表示「正數」或「負數」。
   (3) 若符號位元爲「0」，則表示該數值爲「正數」。
   (4) 若符號位元爲「1」，則表示該數值爲「負數」。

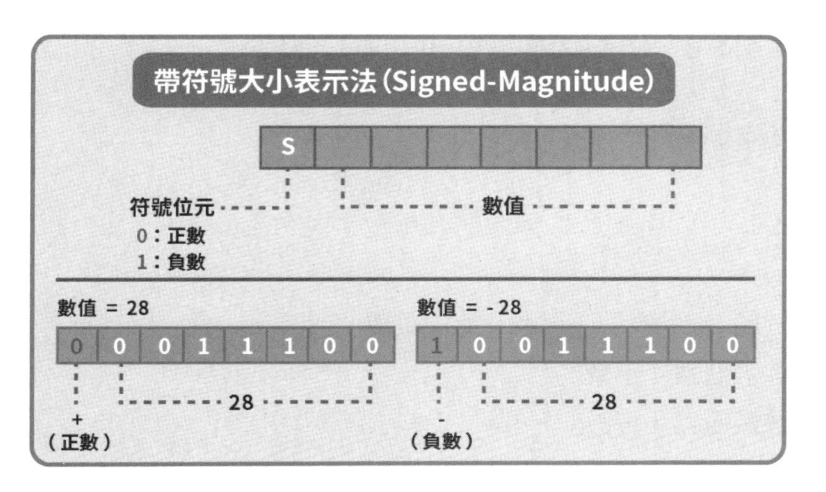

帶符號大小表示法(Signed-Magnitude)對照表

正數表示法		負數表示法	
十進位正數	有號值	十進位負數	有號值
+0	0000	-0	1000
+1	0001	-1	1001
+2	0010	-2	1010
+3	0011	-3	1011
+4	0100	-4	1100
+5	0101	-5	1101
+6	0110	-6	1110
+7	0111	-7	1111
+8	無	-8	無

(使用4位元組儲存整數為例)

■ 整數表示法—補數（complement）

1. 補數（complement）：指兩數相加的和等於某一特定値，則稱這兩個數値互爲該特定值的補數。例如：

1's 補數及 2's 補數表示法對照表

正數表示法			負數表示法		
十進位正數	1' 補數	2' 補數	十進位負數	1' 補數	2' 補數
+0	0000	0000	-0	1111	0000
+1	0001	0001	-1	1110	1111
+2	0010	0010	-2	1101	1110
+3	0011	0011	-3	1100	1101
+4	0100	0100	-4	1011	1100
+5	0101	0101	-5	1010	1011
+6	0110	0110	-6	1001	1010
+7	0111	0111	-7	1000	1001
+8	無	無	-8	無	1000

(使用4位元組儲存整數為例)

■ 整數表示法─ 1's 補數（1's complement）

1. 1's 補數（1's complement）

 (1) 同樣以最左邊位元為「符號位元」，以表示「正數」或「負數」。

 (2) 若符號位元為「0」，則表示該數值為「正數」。

 (3) 若符號位元為「1」，則表示該數值為「負數」。

 (4) 當要表示「負數」時，則必須先將「0 轉換為 1，1 轉換為 0」，轉換後所得到的二進位數值，才是正整數所對應的負整數。

例如：

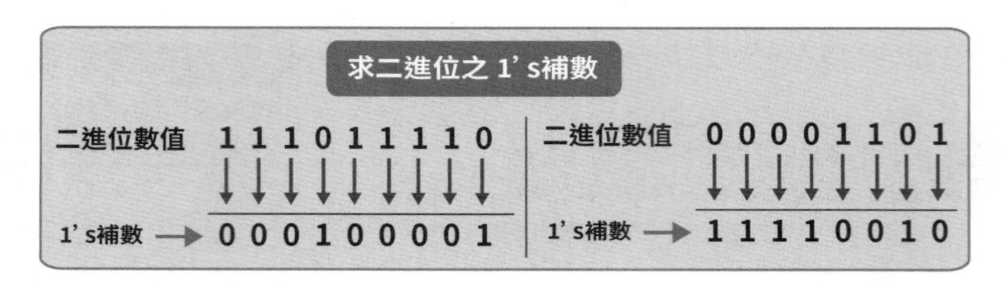

■ 整數表示法─ 2's 補數（2's complement）

1. 2's 補數（2's complement）

 (1) 同樣以最左邊位元為「符號位元」，以表示「正數」或「負數」。

 (2) 若符號位元為「0」，則表示該數值為「正數」。

 (3) 若符號位元為「1」，則表示該數值為「負數」。

 (4) 當要表示「負數」時，則必須先將「0 轉換為 1，1 轉換為 0」之後，得到的二進位數值，再加上「1」，才是正整數所對應的負整數。

例如：

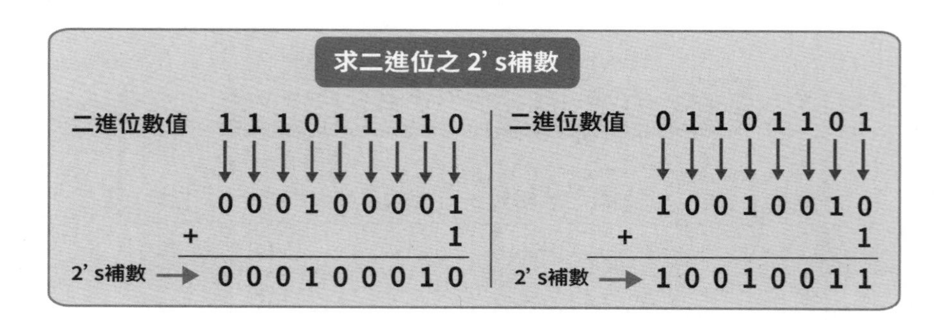

小試身手

44. (　　) 通常電腦內部表示負的整數是用 ① 2 的補數表示法 ② 8 的補數表示法 ③ 10 的補數表示法 ④ 9 的補數表示法。 [39]

解 2's 補數常用來表示有號數，第一個位元用來記錄正負號（正號表示成0、負號表示成1）。

解 44.(1)

45. (　　) 1101111001 之 2 的補數爲下列何者？ ① 1111111001 ② 1101111010 ③ 0010000111 ④ 0010000110。 [51]

解

1101111001
一補數 ➡ 0010000110
\+ 1
二補數 ➡ = 0010000111

46. (　　) 二進制數值「00001101」之「1 的補數」爲何？ ① 11110011 ② 11110010 ③ 10001101 ④ 00001110。 [60]

解

00001101
一補數 ➡ 11110010

47. (　　) 二進位數值「01101101」，其「2 的補數」值爲何？ ① 01101101 ② 10010010 ③ 10010011 ④ 01101110。 [87]

解

01101101
一補數 ➡ 10010010
\+ 1
二補數 ➡ = 10010011

48. (　　) 電腦最基本的運算方式爲何？ ①加法 ②除法 ③減法 ④乘法。 [48]

解 電腦最基本的運算方式爲加法。因電腦上爲了簡化減法與除法的電路設計，因此，遂採用補數的方法來表示負數。利用加法，加其負數（用 2 的補數表示法代替），即得減法功效。

$$X - Y = X + (\underbrace{-Y}_{\text{Y的補數為-Y}})$$

49. (　　) 若利用 5bit 來表示整數型態資料，且最左位元 0 代表正數、1 代表負數，負數與正數間互爲 1 的補數，則可表示之範圍爲 ① 15~-16 ② 16~-15 ③ 15~-15 ④ 16~-16。[141]

解 5 bits 來表示整數型態，以 1 的補數表示之範圍：$2^{5-1}-1$~$-(2^{5-1}-1)$。

50. (　　) 若利用 8bit 來表示整數型態資料，且最左位元 0 代表正數、1 代表負數，負數與正數間互爲 2 的補數，則可表示之範圍爲 ① 128~-128 ② 127~-127 ③ 127~-128 ④ 128~-127。 [143]

解 正數的最大二進位爲 01111111
01111111 → 10000000 (先變爲 1 補數)
\+ 1
10000001 (-127) 但還可以再減 1
\- 1
10000000 (-128) 所以 -128 才是最小值

解 45.(3) 46.(2) 47.(3) 48.(1) 49.(3) 50.(3)

■ 同位性

1. 同位檢查（Parity Checking）：是一種資料錯誤檢查的技術。
2. 偶同位性：具有偶數個 1 稱之。例如：101110000 具有偶同位性，011110100 不具有偶同位性。
3. 同位檢查位元（Parity bit）：爲檢查資料是否正確，常在每筆資料後增加一個核對位元，此位元稱之爲同位檢查位元。檢查位元可分類爲：
   (1) 奇數同位檢查：若資料中 1 的數目爲奇數，則檢查位元設爲 0，爲偶數則設爲 1。
   (2) 偶數同位檢查：若資料中 1 的數目爲偶數，則檢查位元設爲 0，爲奇數則設爲 1。

例：同位位元的計算方式如表：

資料	奇同位元檢查	偶同位元檢查
01101100（4 個 1）	1	0
11011011（6 個 1）	1	0
01100100（3 個 1）	0	1

小試身手

51. (　　) 「同位檢查 (Parity Checking)」是一項資料錯誤檢查的技術，下列何者不具有「偶同位性」？ ① 111111110 ② 101110000 ③ 011110100 ④ 011100001。 [65]

解 同位檢查 (Parity Checking) 是一項資料錯誤檢查的技術。「偶同位性」→1 的個數爲偶數。

52. (　　) 二進位編碼所組成的資料在運用時，通常會另加一個 bit，用來檢查資料是否正確，此 bit 稱爲 ① check bit ② extended bit ③ parity bit ④ redundancy bit。 [80]

解 parity bit 爲同位性的檢查位元，又稱同位元，用來檢測傳送的位元組是否有傳輸錯誤。

53. (　　) 電腦中爲檢查資料是否正確，常在每筆資料後增加一個核對位元，此位元稱之爲同位檢查位元。請問當資料爲 01101111 時，若採偶數同位檢查，則同位檢查位元應爲？ ① 1 ② 0 ③ -1 ④ 101。 [175]

解 01101111 已包含 6 個值爲 1 的位元（偶數個）。採用偶數同位檢查，其同位檢查位元爲 0，使整筆資料中含 1 的位元數爲偶數個。

解 51.(3) 52.(3) 53.(2)

■ 數字系統轉換

1. 二進位、八進位、十六進位轉十進位

(1) 二進位轉換爲十進位

二進位轉換為十進位

	1	0	1	1
加權次方	2^3	2^2	2^1	2^0
指數	3	2	1	0

數值 $= 1\times2^3 + 0\times2^2 + 1\times2^1 + 1\times2^0$

$= 8 + 0 + 2 + 1$

$= 11$

	1	0	0	1	.	1	0	1
加權次方	2^3	2^2	2^1	2^0		2^{-1}	2^{-2}	2^{-3}
指數	3	2	1	0		-1	-2	-3

數值 $= 1\times2^3 + 0\times2^2 + 0\times2^1 + 1\times2^0 + 1\times2^{-1} + 0\times2^{-2} + 1\times2^{-3}$

$= 8 + 1 + 0.5 + 0.125$

$= 9.625_{10}$

◆◇小提示◇◆

◆ $0\times2=0$
0 × 任何數 皆等於 0

◆ $2^0=1$
任何底數的0次方皆等於 1

◆ $2^3=2\times2\times2$
多少次方則依此類推

◆ $2^{-3}=\frac{1}{2\times2\times2}=0.125$
多少次方則依此類推

(2) 八進位轉換爲十進位

八進位轉換為十進位

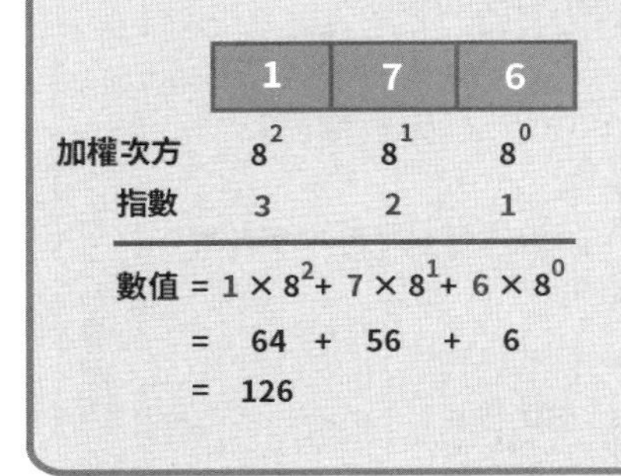

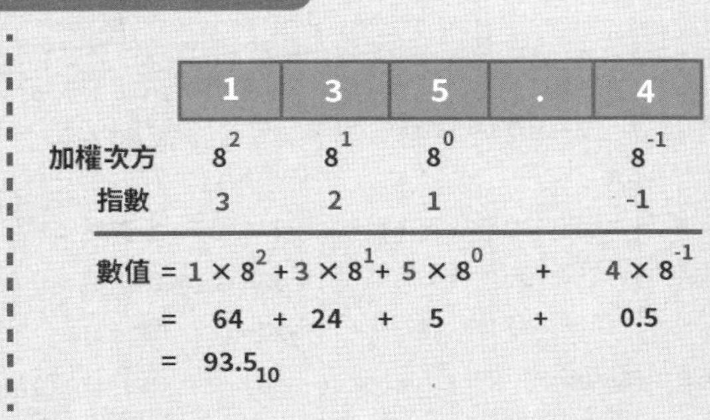

◆◇小提示◇◆

◆ $0\times8=0$
0 × 任何數 皆等於 0

◆ $8^0=1$
任何底數的0次方皆等於 1

◆ $8^3=8\times8\times8$
多少次方則依此類推

◆ $8^{-3}=\frac{1}{8\times8\times8}$
多少次方則依此類推

(3) 十六進位轉換爲十進位

十六進位轉換為十進位

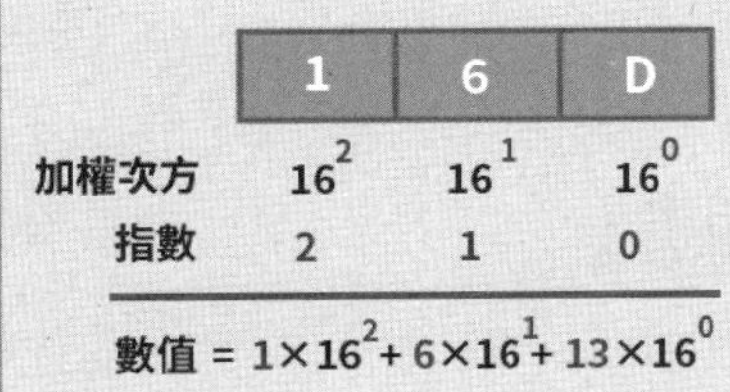

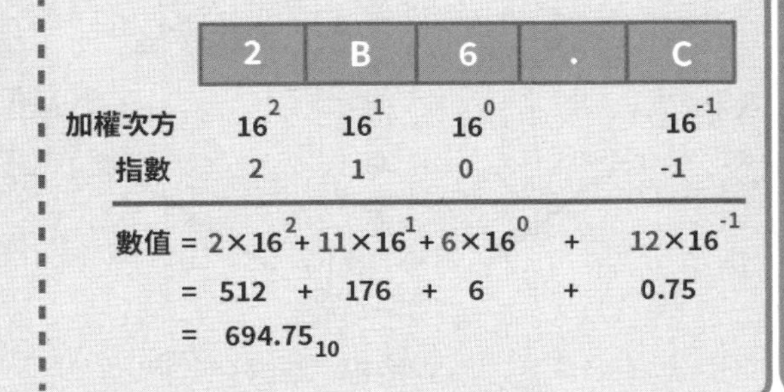

◆◇小提示◇◆

◆ $0\times16=0$
0 × 任何數 皆等於 0

◆ $16^0=1$
任何底數的0次方皆等於 1

◆ $16^3=16\times16\times16$
多少次方則依此類推

◆ $16^{-3}=\frac{1}{16\times16\times16}$
多少次方則依此類推

2. 十進位轉二進位、八進位、十六進位

(1) 十進位轉換為二進位

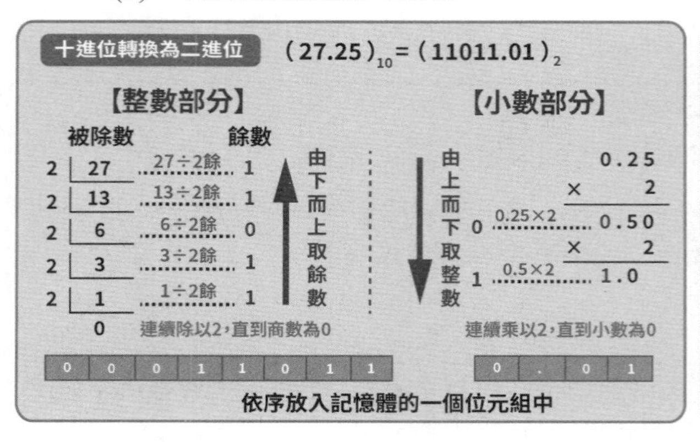

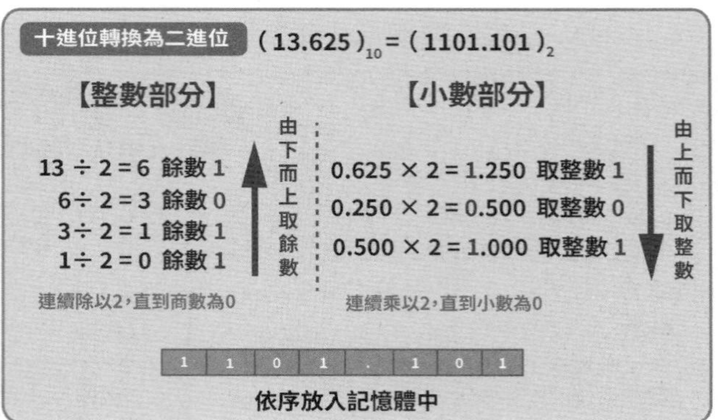

(2) 十進位轉換為八進位

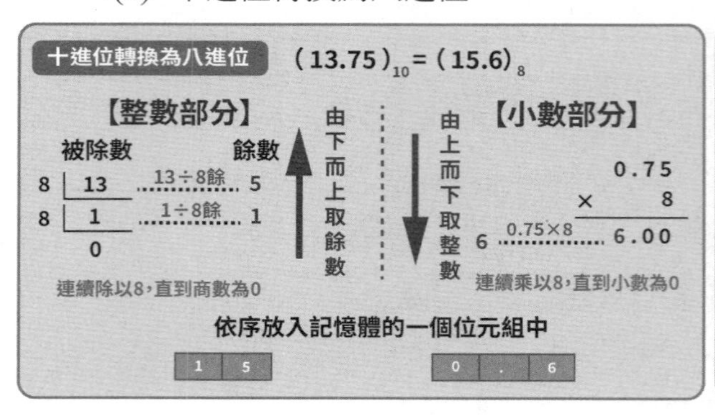

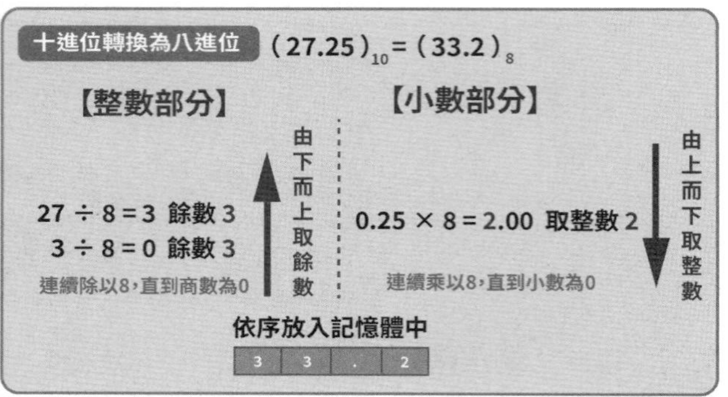

(3) 十進位轉換為十六進位

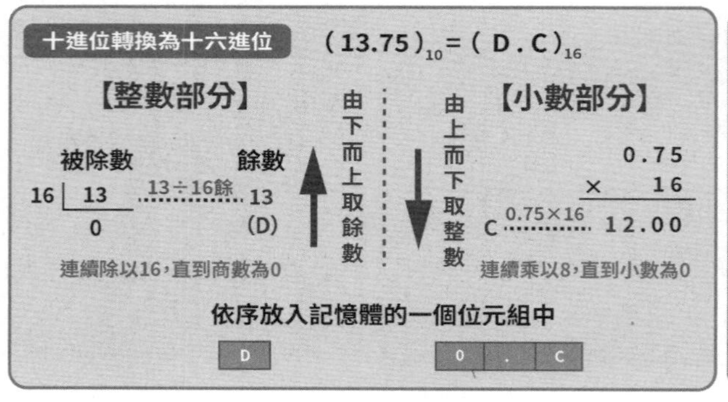

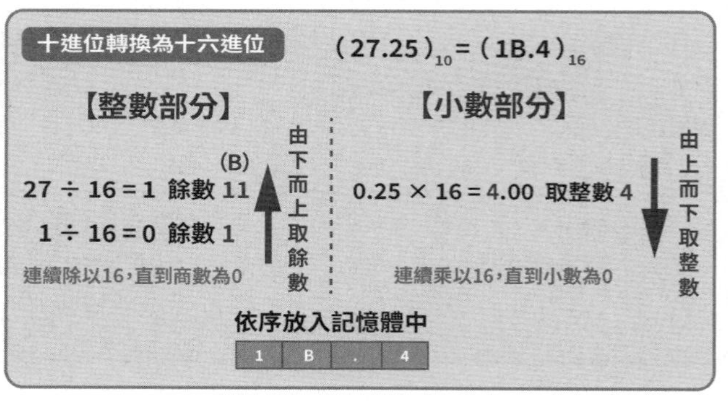

(4) 二進位與八進位之轉換，數制間轉換方法—進位換算方式

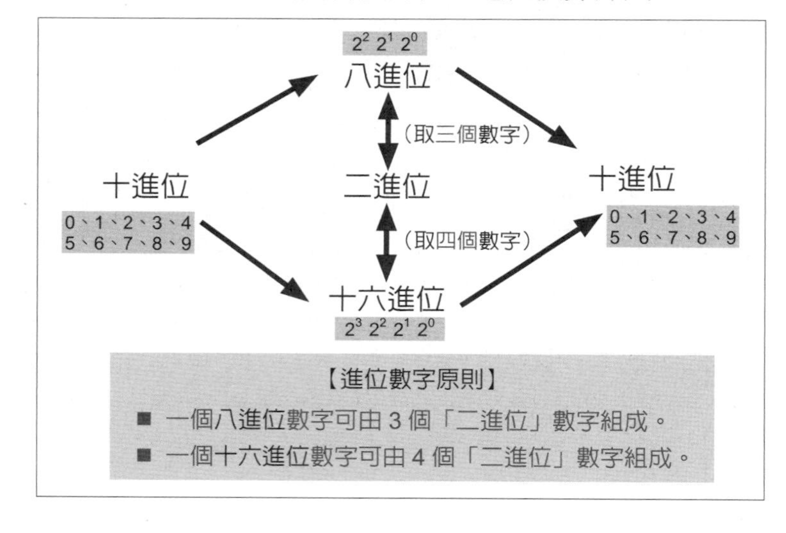

a. 二進位轉換爲八進位

二進位轉換為八進位

$(11011.101010)_2 = (33.52)_8$

不足三位數，補0

二進位 011 011 . 101 010
八進位 3 3 . 5 2

即 $(11011.101010)_2 = (33.52)_8$

二進位轉換為八進位

$(1011001010.1101101)_2 = (1312.664)_8$

不足三位數，補0　　不足三位數，補0

二進位 001 011 001 010 . 110 110 100
八進位 1 3 1 2 . 6 6 4

即 $(1011001010.1101101)_2 = (1312.664)_8$

一個八進位數字可由 3 個「二進位」數字組成。

一個十六進位數字可由 4 個「二進位」數字組成。

b. 八進位轉換爲二進位

八進位轉換為二進位

$(253.34)_8 = (10101011.0111)_2$

八進位 2 5 3 . 3 4
棄除　　棄除
二進位 010 101 011 . 011 100

即 $(253.34)_8 = (10101011.0111)_2$

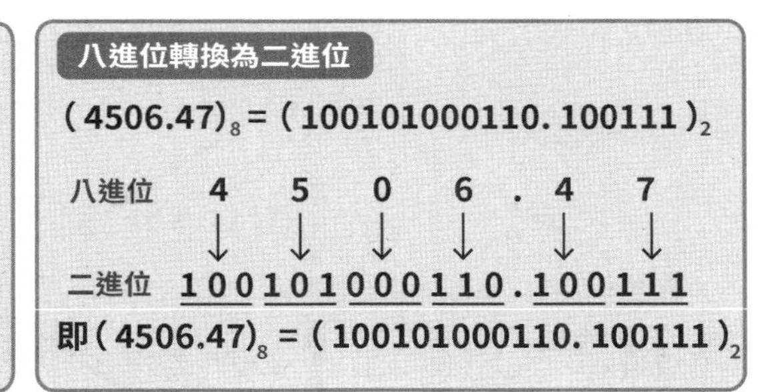

一個八進位數字可由 3 個「二進位」數字組成。

一個十六進位數字可由 4 個「二進位」數字組成。

(5) 二進位與十六進位之轉換，數制間轉換方法—進位換算方式

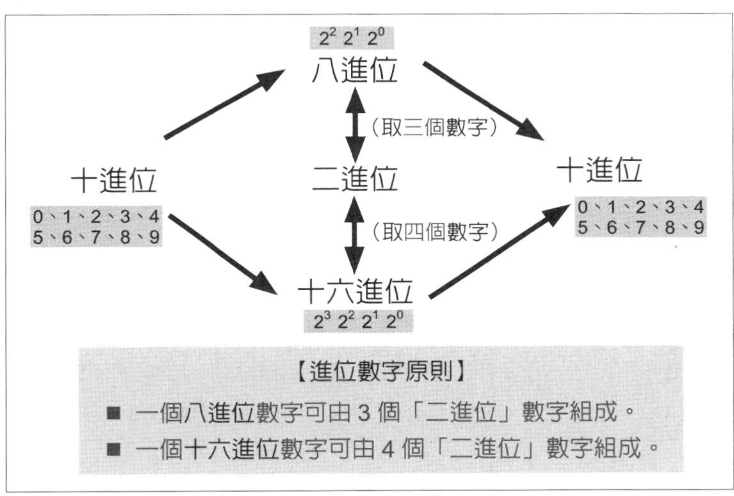

a. 二進位轉換爲十六進位

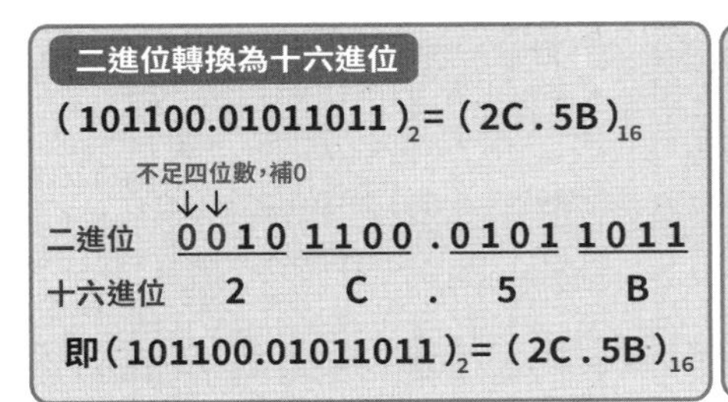

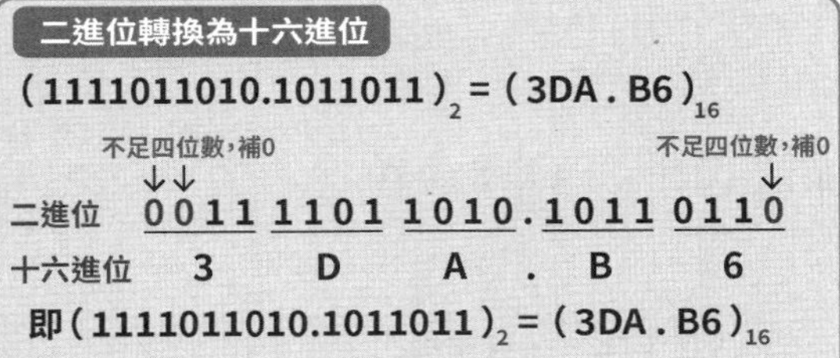

一個八進位數字可由 3 個「二進位」數字組成。

一個十六進位數字可由 4 個「二進位」數字組成。

b. 十六進位轉換爲二進位

十六進位轉換為二進位

$(2BD.53)_{16}=(1010111101.01010011)_2$

八進位	2	B	D .	3	4
十六進位	0010（棄除前兩個0）	1011	1101 .	0101	0011

即 $(2BD.53)_{16}=(1010111101.01010011)_2$

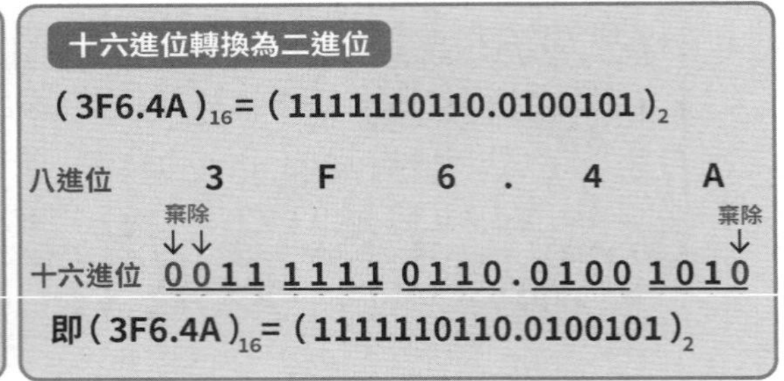

一個八進位數字可由 3 個「二進位」數字組成。

一個十六進位數字可由 4 個「二進位」數字組成。

(6) 八進位與十六進位之轉換，數制間轉換方法—進位換算方式

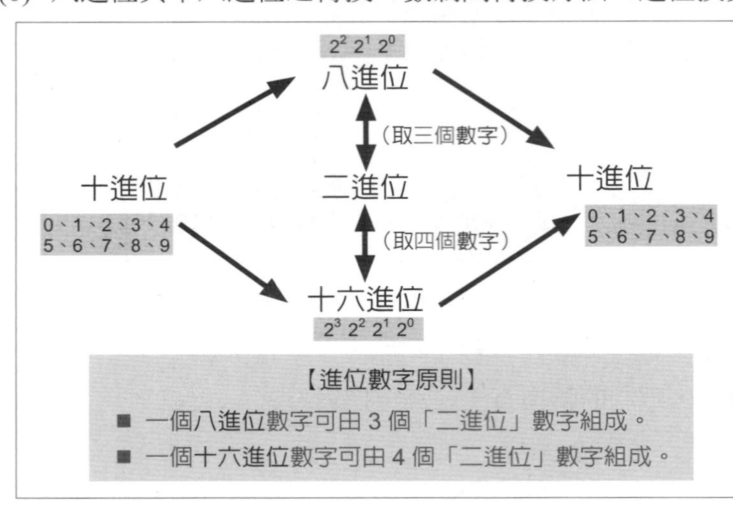

二進位與八進位對照表

二進位	八進位	十進位
000	0	0
001	1	1
010	2	2
011	3	3
100	4	4
101	5	5
110	6	6
111	7	7

a. 八進位轉換爲十六進位

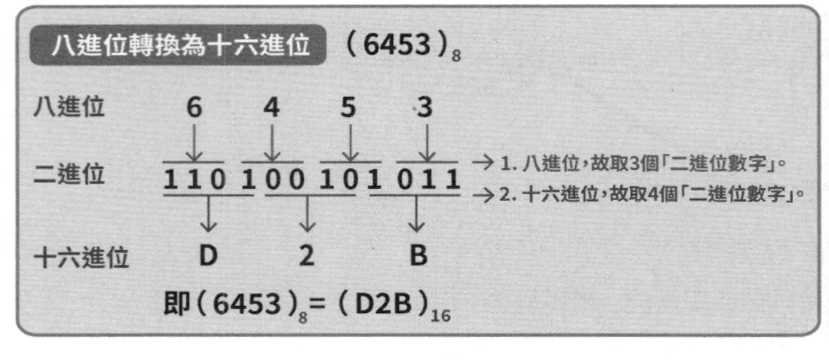

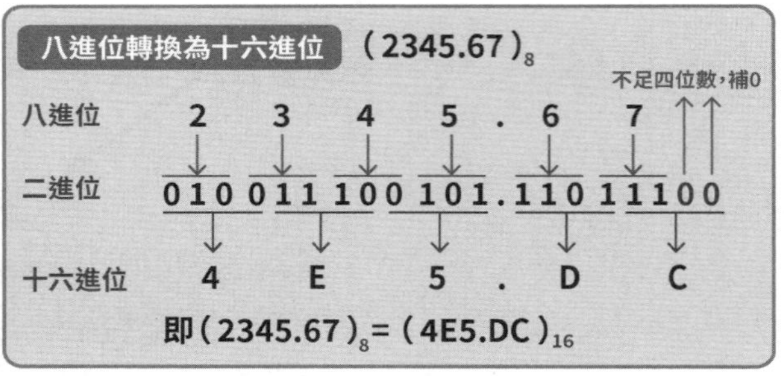

b. 十六進位轉換爲八進位

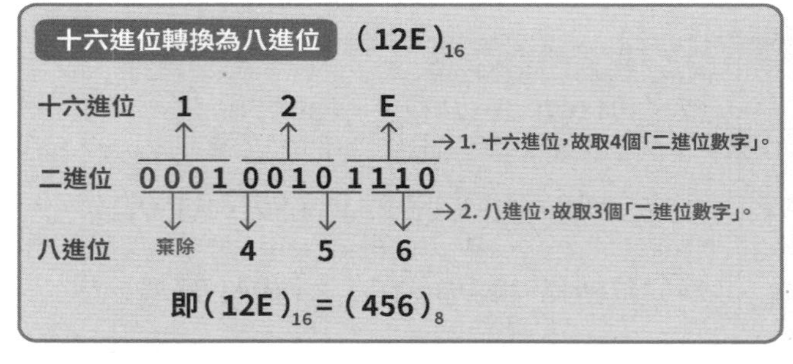

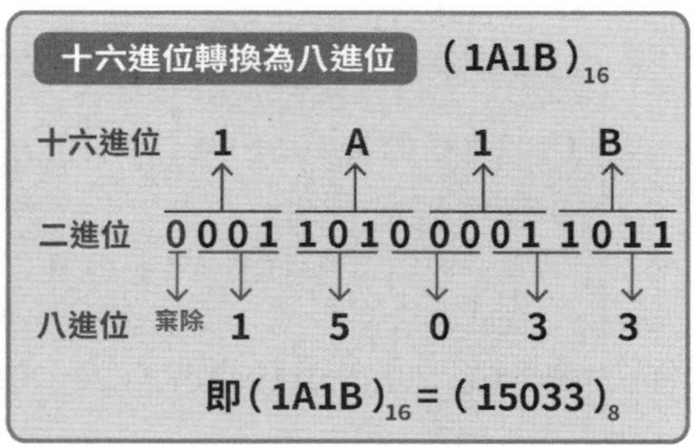

■ 數值運算

1. 二進位的四則運算—加法運算與減法運算

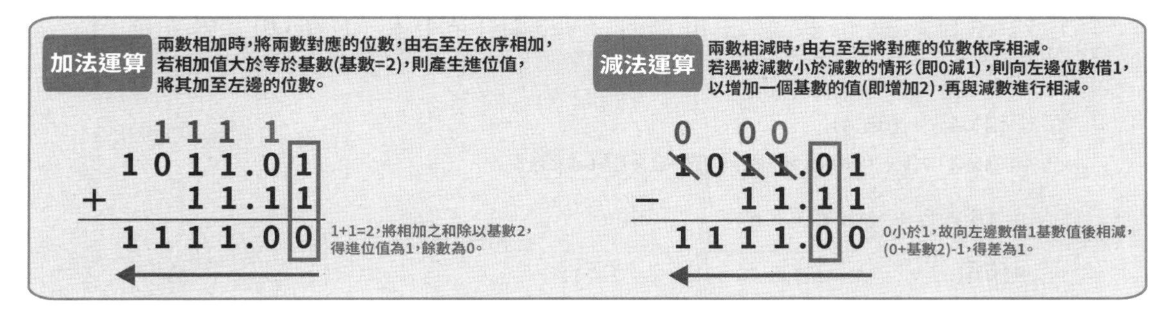

2. 二進位的四則運算—加法運算（其他方法）

二進位加法運算 $(101)_2+(111.11)_2$

$(101)_2$

$= 1\times2^2+0\times2^1+1\times2^0+0\times2^{-1}+1\times2^{-2}$

$= 4 + 0 + 1 + 0 + 0.25$

$= (5.25)_{10}$

$(111.11)_2$

$= 1\times2^2+1\times2^1+1\times2^0+1\times2^{-1}+1\times2^{-2}$

$= 4 + 2 + 1 + 0.5 + 0.25$

$= (7.75)_{10}$

$5.25 + 7.75 = 13$

3. 二進位的四則運算—乘法運算與除法運算

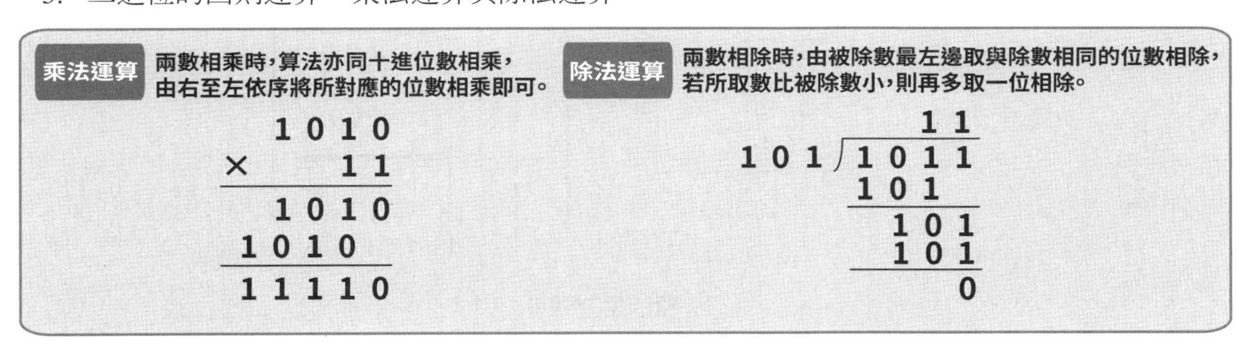

小試身手

54. (　　) 下列兩個八進位數值之和為何？(23.4)+(56.4)=　① (66.0)　② (102.0)　③ (79.8)　④ (515.10)。 [84]

解 $(23.4)_8 + (56.4)_8$

$= 2\times8^1+3\times8^0+4\times8^{-1}+5\times8^1+6\times8^0+4\times8^{-1}$

$= 16 + 3 + \frac{4}{8} + 40 + 6 + \frac{4}{8}$

$=(66)_{10}$

$=(102)_8$

除數	被除數	餘數
8	66	2
8	8	0
8	1	1
	0	

⇨ 102

55. (　　) 「十進制數的 17」等於十六進制數的多少？　① 17　② 11　③ 10　④ 21。 [26]

解

除數	被除數	餘數
16	17	1
16	1	1
	0	

⇨ $(11)_{16}$

【計算提示】
$(11)_{16}$
$= 1\times16^1+1\times16^0$
$=(17)_{10}$

56. (　　) 十進制數 (60.875) 以二進制表示為何？　① 110110.111　② 101110.110　③ 111100.111　④ 110100.110。 [74]

解 十進制轉二進制

【方法一】

除數	被除數	餘數
2	60	0
2	30	0
2	15	1
2	7	1
2	3	1
2	1	1
	0	

0.875 × 2 = ①.75
0.75 × 2 = ①.5
0.5 × 2 = ①

1 1 1

⇨ 111100.111

【方法二】

$60.875 = 1\times2^5 + 1\times2^4 + 1\times2^3 + 1\times2^2 + 0\times2^1 + 0\times2^0 + 1\times2^{-1} + 1\times2^{-2} + 1\times2^{-3}$

57. (　　) 「十進位數 77」等於「八進位數」的　① 115　② 116　③ 117　④ 114。 [133]

解

除數	被除數	餘數
8	77	5
8	9	1
8	1	1
	0	

⇨ 115

解 54.(2)　55.(2)　56.(3)　57.(1)

58. (　　) 十進位的 29.5，若以十六進位表示，結果爲何？　① 1D.8　② 1D.9　③ 1D.A　④ 1D.B。 [201]

解【方法一】

$$(29.5)_{10}$$
$$=(11101.1)_2$$
$2^4\ 2^3\ 2^2\ 2^1\ 2^0$
$$=(0001\ 1101.1000)_2$$
$$=(1D.8)_{16}$$

【十進位轉二進位】

0.5 × 2 = ① → 1

⇨ 0.1

【方法二】

【整數部分】

16 | 29 ……13 (D)

1

【小數部分】

0.5 × 16 = ⑧.0 ×

⇨ 0.8

⇨ $(1D.8)_{16}$

59. (　　) 十進位數的 0.25，以二進位數表示爲下列何者？　① 0.1　② 0.01　③ 0.001　④ 0.11。 [220]

解

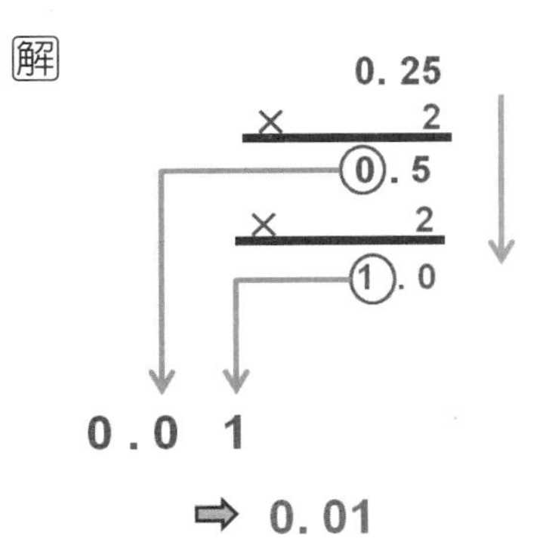

⇨ 0.01

60. (　　) 「二進位數 01111」等於「十進位數」的　① 10　② 16　③ 15　④ 1000。 [132]

解

•••	2^7	2^6	2^5	2^4	2^3	2^2	2^1	2^0
•••	128	64	32	16	8	4	2	1
				0	1	1	1	1

← 將各個位元數字對應

16×0 + 8×1 + 4×1 + 2×1 + 1×1 = 15

解 58.(1)　59.(2)　60.(3)

61. ( ) 「十六進位數 7D1」等於「十進位數」的 ① 2003 ② 2101 ③ 2001 ④ 2103。 [134]

解

•••	16^5	16^4	16^3	16^2	16^1	16^0
•••	1048576	65536	4096	256	16	1
				7	D(13)	1

← 將各個位元數字對應

256×7 + 16×13 + 1×1 = 2001

62. ( ) 「八進位數 123」等於「十進位數」的 ① 83 ② 38 ③ 79 ④ 97。 [137]

解

•••	8^6	8^5	8^4	8^3	8^2	8^1	8^0
•••	262144	32768	4096	512	64	8	1
					1	2	3

← 將各個位元數字對應

64×1 + 8×2 + 1×3 = 83

63. ( ) 下列哪個數值與其他不同？ ① 12_{16} ② 22_8 ③ 10000_2 ④ 18_{10}。 [190]

解 將所有數值均轉換爲二進位數：

選項 ①
$(12)_{16}$
$= (0001\ 0010)_2$ （2^0, 2^1）
$= (1\,0\,0\,1\,0)_2$

選項 ②
$(22)_8$
$= (010\ 010)_2$ （2^1, 2^1）
$= (1\,0\,0\,1\,0)_2$

選項 ④
$(18)_{10}$
$= (1\,0\,0\,1\,0)_2$ （2^4, 2^1）
$= 16 + 2 = 18$

64. ( ) 下列哪個十進位數值爲兩個二進位數值 101.01 及 111.11 相加的結果？ ① 12.5 ② 12 ③ 13 ④ 13.75。 [229]

解 二進制轉十進制

$(101.01)_2$
$= 1\times2^2 + 0\times2^1 + 1\times2^0 + 0\times2^{-1} + 1\times2^{-2}$
$= 4 + 0 + 1 + 0 + 0.25$
$= 5.25$

5.25+7.75=13

$2^{-1} = \frac{1}{2^1}$

$2^{-2} = \frac{1}{2^2}$

$(111.11)_2$
$= 1\times2^2 + 1\times2^1 + 1\times2^0 + 1\times2^{-1} + 1\times2^{-2}$
$= 4 + 2 + 1 + 0.5 + 0.25$
$= 7.75$

65. ( ) 二進制數值 1101001 轉換爲十六進制時，其值爲 ① 69 ② 39 ③ 8A ④ 7A。 [41]

解

【方法一】

$(1\,1\,0\,1\,0\,0\,1)_2$
$= (0\,1\,1\,0)(1\,0\,0\,1)_2$ （$2^3\ 2^2\ 2^1\ 2^0$ / $2^3\ 2^2\ 2^1\ 2^0$）
$= (69)_{16}$

【方法二】

1 1 0 1 0 0 1 （2^6 2^5 2^3 2^0）
$= 64 + 32 + 8 + 1$
$= (105)_{10}$
➡ $(69)_{16}$

解 61.(3) 62.(1) 63.(3) 64.(3) 65.(1)

66. (　　) 二進制數 1011 1001 1100 0011 以十六進制表示爲何？ ① C9E3 ② A9D3 ③ B9C3 ④ C8E4。 [75]

解

1011100111000011

$(1011)(1001)(1100)(0011)_2$

$2^3\ 2^2\ 2^1\ 2^0$

$= (B9C3)_{16}$

67. (　　) 「二進位數 1010101」等於「八進位數」的 ① 123 ② 125 ③ 521 ④ 522。 [131]

解

$(1010101)_2$

$= (001)(010)(101)$

$2^2\ 2^1\ 2^0$

$= (125)_8$

68. (　　) 1 個「八進位」的數字可由幾個「二進位」的數字組成 ① 2 ② 3 ③ 4 ④ 5。 [138]

解 一個八進位數字可由 3 個「二進位」數字組成。一個十六進位數字可由 4 個「二進位」數字組成。

69. (　　) 「十六進位數 F0」等於「二進位數」的 ① 00001111 ② 11110000 ③ 11000011 ④ 00111100。 [136]

解 $(F0)_{16}$

$= (1111\ 0000)_2$

70. (　　) 「八進位數 66」等於「二進位數」的 ① 110011 ② 101101 ③ 011011 ④ 110110。 [173]

解 $(66)_8$

$= (110\ 110)_2$

71. (　　) 八進位數值 (2345.67) 轉換成十六進位數值爲 ① (59.13) ② (95.13) ③ (45E.DC) ④ (4E5.DC)。 [85]

解

$(2345.67)_8$

$= (010\ 011\ 100\ 101\ .\ 110\ 111)_2$

$= (0100)(1110)(0101).(1101)(1100)$

$2^3\ 2^2\ 2^1\ 2^0$

$= (4E5.DC)_{16}$

72. (　　) 八進位數值 (456) 轉換成十六進位數值爲何？ ① 12F ② 12E ③ 12D ④ 228。 [88]

解

$(456)_8$

$= (100\ 101\ 110)_2$

$= (0001)(0010)(1110)$

$2^3\ 2^2\ 2^1\ 2^0$

$= (12E)_{16}$

解 66.(3) 67.(2) 68.(2) 69.(2) 70.(4) 71.(4) 72.(2)

73. (　　) 「十六進位數 1A1B」等於「八進位數」的 ① 977 ② 6684 ③ 1123 ④ 15033。[135]

解

(1A1B)$_{16}$

= (0001 1010 0001 1011)$_2$

= (001 101 000 011 011)$_2$

= (15033)$_8$

■ 邏輯閘

邏輯閘爲在積體電路上的基本組件，簡單的邏輯閘可由電晶體組成。這些電晶體的組合可以使代表兩種訊號的高低電平在通過它們之後產生高電平或者低電平的訊號。高、低電平可以分別代表邏輯上的「眞」與「假」或二進位當中的 1 和 0，從而實現邏輯運算。

1. AND：二個皆爲 1，則爲 1。口訣：兩個輸入不同，輸出 1，反之輸出 0。

A	B	Result
0	0	0
0	1	0
1	0	0
1	1	1

2. OR：任一個爲 1，則爲 1。口訣：任一輸入 1，則輸出 1。

A	B	Result
0	0	0
0	1	1
1	0	1
1	1	1

3. NOR：任一個爲 1，則爲 0。口訣：任一輸入 1，則輸出 0。

A	B	OR 閘	NOR 閘
0	0	0	1
0	1	1	0
1	0	1	0
1	1	1	0

4. XOR：二端輸入不同則爲 1，反之爲 0。口訣：兩個輸入不同，輸出 1，反之輸出 0。

例：(00111100) XOR (11000011) (11111111)

```
 0 0 1 1 1 1 0 0
 1 1 0 0 0 0 1 1
----------------
 1 1 1 1 1 1 1 1
```

小試身手

74. (　　) 一個邏輯閘，若有任一輸入爲 1 時，其輸出爲 0，則此邏輯閘爲 ① XOR 閘 ② AND 閘 ③ NOR 閘 ④ OR 閘。[40]

75. (　　) 一個邏輯閘，若有任一輸入爲 1 時，其輸出爲 1，則此邏輯閘爲 ① AND 閘 ② OR 閘 ③ NAND 閘 ④ NOR 閘。[126]

解 73.(4) 74.(3) 75.(2)

76. (　　) 在二進位數系統中，(00111100)XOR(11000011) 的結果為　① 11111111　② 00000000　③ 00111100　④ 00001111。[124]

解

```
      00111100
XOR   11000011
----------------
=     11111111
```

■XOR閘：兩個輸入不同，輸出1，反之輸出0。

布林代數運算

布林代數的運算包含下列幾種，基本包含「與」（AND）、「或」（OR）、「非」（NOT），由這三種基本布林代數又可組合成 NAND（與非）、NOR（或非）、XOR（互斥或）與 XNOR（互斥或非）。

常見使用記號：「・」表示 AND，「+」表示 OR（如 CNF 和 DNF 中）或者 XOR（如 ANF 中）；$\overline{A}$ 中 A 上面的一橫表示 NOT；⊕表示 XOR；⊙表示 XNOR。

1+1 = 1 or 1 = 1

0+1 = 0 or 1 = 1

0+0 = 0 or 0 = 0

0+x = ?（x 非布林代數）

小試身手

77. (　　) 布林 (Boolean) 代數的運算中，下列何者不正確？　① 1+1=1　② 0+1=1　③ 0+0=0　④ 0+x=0。[125]

單元三　電腦基礎架構

資料處理（Data Processing）

電腦的運作，必定包含「輸入→運算→輸出」3 個過程。

解 76.(1)　77.(4)

電腦五大單元

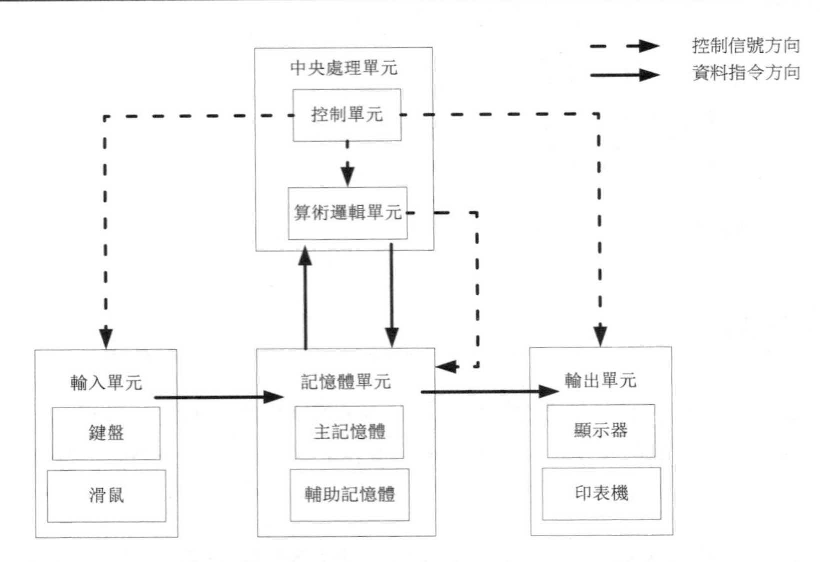

- 輸入單元（Input Unit）：將訊息或資料輸入電腦的管道，常見的設備有：鍵盤、滑鼠、讀卡機、掃描器、手寫板、觸控式螢幕、數位相機等。這些設備將聲音、文字、條碼、影像等資料轉成電腦看得懂的電子訊號後 ，交給電腦內部處理。
- 輸出單元（Output Unit）：資料經過電腦運算處理後，轉換成使用者看得懂的文字、圖像、音訊、視訊顯示出來。常見的輸出單元有：螢幕、印表機、喇叭、繪圖機、智慧型終端機（例如 ATM 提款機、收銀機）等。
- 記憶單元（Memory Unit）：存放資料的地方。記憶單元分成兩類：一種是主記憶體（Main Memory），存放正在處理的程式和資料，例如：RAM。另一種是輔助記憶體（Auxiliary Memory），用來存放所有程式和資料， 例如硬碟、光碟等。
- 算術與邏輯單元（ALU）：如果接收到的資訊需要運算或邏輯判斷，則交給算術與邏輯單元（Arithmetic/Logic Unit）。ALU 內有數個暫存器（Register），可以用來暫時存放運算過程中使用到的資料或程式，主要功能是執行加、減及邏輯運算。
- 控制單元（CU）：利用控制單元（Control Unit）解讀指令，指揮各個單元之間的運作，是電腦的控制中樞，有如指揮管制中心，負責控制電腦內其他各單元之間的工作配合及各項資料傳送，可從記憶體讀取資料、指令並解釋（解碼），再送到算術邏輯單元執行。

中央處理單元（CPU）

中央處理單元的工作主要在於管理與運算， 因此 CPU 是由控制單元（CU）與算術邏輯單元（ALU）所組成。以下為 CPU 的特點：

- CPU 會先將位址存於位址暫存器，再到記憶體存取資料。
- CPU 速度的衡量單位為 MIPS，計算執行速度為 GHz，速度會影響運算執行的快慢程度。
- CPU 的暫存器是速度最快的記憶體。
- CPU 機器週期是指執行一個指令的過程。
- CPU 規格：

1. Intel Core 2 Duo E6700 2.67GHz（其中的 2.67GHz 是指時脈）
2. AMD AM3 Athlon II X4 640 3.0 GHz（其中的 X4 是指具有 4 核心）

■ 個人電腦 CPU 可分 16、32、64 位元等，其位元所代表的是字組長度。

程式計數器

程式計數器（Program Counter，PC）是一個 CPU 中的暫存器，用於指示電腦在其程式序列中的位置。它叫做指令指標（Instruction Pointer，IP），有時又稱爲指令地址暫存器（Instruction Address Register，IAR）、指令計數器，即下一個要執行的指令之所在位址。

協同處理機

協同處理器（Coprocessor）是用來分擔 CPU 的工作，使 CPU 能專心處理計算和控制各個程式的執行。常用的協同處理器有算術處理器（Math Coprocessor），專門用來做浮點運算，以及常用的函數運算，如三角函數運算、指數對數運算等。

小試身手

78. (　　) 下列何者爲計算機的心臟，且由控制單元與算術邏輯單元所組成？ ① ALU ② CU ③ Register ④ CPU。 [12]

解 ALU：算術邏輯單元。CU：控制單元。Register：暫存器。CPU 中央處理器：由 ALU 算術邏輯單元、CU 控制單元及 MU 記憶單元組合而成。

79. (　　) 設 B=5，C=10，則計算 A=B+C 時，控制單元是到何處取出代表 B 及 C 之值，再送到 ALU 相加？ ①輸入單元 ② CPU ③記憶體 ④輸出單元。 [14]

80. (　　) CPU 必先將要存取的位址存入何處，才能到主記憶體中存取資料？ ①資料暫存器 ②位址暫存器 ③輸出單元 ④指令暫存器。 [15]

解 資料暫存器：即用來存放資料的地方。位址暫存器：用來記錄資料存放在記憶體的位址。指令暫存器：通常設置在控制單元內，用來存放目前被執行的指令。

81. (　　) 下列何者不是 CPU 內控制單元的功能？ ①讀出程式並解釋 ②控制程式與資料進出主記憶體 ③計算結果並輸出 ④啓動處理器內部各單元動作。 [31]

解 電腦的計算功能：由算數邏輯單元（ALU 單元）負責。輸出工作：由輸入 / 輸出單元（I/O 單元）負責。

82. (　　) 下列何者可以分擔部分 CPU 的浮點計算工作，以提高系統的速度？ ①快取記憶體控制器 (Cache Controller) ②前端處理器 (Front-End Processor) ③磁碟控制器 (Disk Controller) ④協同處理機 (Coprocessor)。 [35]

解 浮點運算處理器是輔助 CPU 進行數學運算之協同處理機。所謂「浮點運算」，實際上含括所有涉及小數的運算。浮點運算器一定會有誤差。科學及工程計算仍大量的依靠浮點運算器（在程式設計時就必須考慮精確度問題）。

解 78.(4)　79.(3)　80.(2)　81.(3)　82.(4)

83.(　　) CPU 中的控制單元主要功能在控制電腦的動作，下列何者不是控制單元所執行的動作？ ①控制 ②解碼 ③執行 ④計算。 [36]

解 算術邏輯單元負責電腦內部之算術運算（+、-、×、÷）及邏輯運算（AND、OR）。控制單元負責解碼、指揮及控制各單元的運作，它會適時發送出控制訊號，使電腦系統能正確的執行指令。

84.(　　) 下列何者會影響電腦執行數值運算的速度？ ① CPU 的速度 ②硬式磁碟機存取資料的速度 ③電流強弱 ④打字員的打字速度。 [54]

85.(　　) 電腦的哪一個部分負責從主記憶體讀取並解釋指令？ ①控制單元 ②主記憶體 ③輸出／入單元 ④算術邏輯單元。 [59]

解 控制單元負責解碼、指揮及控制各單元的運作，它會適時發送出控制訊號，使電腦系統能正確的執行指令。

86.(　　) 在主記憶體中，提供程式執行輸入或輸出敘述，存取資料記錄的暫時儲存區，稱之爲 ①緩衝區 ②記錄區 ③磁區 ④控制區。 [82]

87.(　　) 有關「CPU」的描述，下列何者有誤？ ①個人電腦的 CPU 一定是 16 位元 ② CPU 中具有儲存資料能力的是暫存器 ③一部電腦中可以有二個以上的 CPU ④一部電腦的執行速度主要是由 CPU 的處理速度決定。 [96]

88.(　　) 「程式計數器 (Program Counter)」的作用爲何？ ①存放錯誤指令的個數 ②存放資料處理的結果 ③存放程式指令 ④存放下一個要被執行的指令位址。 [97]

89.(　　) 算術及邏輯單元負責執行所有的運算，而主記憶體與 ALU 之間的資料傳輸，由誰負責監督執行？ ①監督程式 ②主記憶體 ③控制單元 ④輸入輸出裝置。 [104]

90.(　　) 下列何者是「中央處理單元」的英文縮寫？ ① I/O ② PLC ③ CPU ④ UPS。 [105]

解 中央處理器（Central Processing Unit，CPU）。

91.(　　) 「資料處理 (Data Processing)」的基本作業是 ①輸出、處理、輸入 ②輸入輸出、處理、列印 ③輸入、處理、輸出 ④輸入輸出、顯示、列印。 [106]

92.(　　) 假設電腦係由五大部門所組成，則專門負責電腦系統之指揮及控制的爲何？ ①控制單元 ②輸出入單元 ③算術／邏輯單元 ④記憶單元。 [114]

93.(　　) 「MIPS」爲下列何者之衡量單位？ ①印表機之印字速度 ② CPU 之處理速度 ③螢幕之解析度 ④磁碟機之讀取速度。 [119]

解 MIPS（Millions of Instrustion Per Second）：用來表示 CPU 之處理速度，其表示每一秒中，CPU 可以執行多少個百萬個指令，MIPS 值越高，代表 CPU 的運算速度越快。

【補充資料】大型電腦：採用 MFLOPS 作爲速度計算單位，即每秒執行百萬個浮點運算數。超級電腦：採用 GFLOTS 計算運算速度的單位。

94.(　　) 一般衡量電腦執行速率，主要是比較下列哪一個單元？ ①輸入單元 ②輸出單元 ③記憶單元 ④中央處理單元。 [150]

解 83.(4) 84.(1) 85.(1) 86.(1) 87.(1) 88.(4) 89.(3) 90.(3) 91.(3) 92.(1) 93.(2) 94.(4)

95. (　　) CPU 存取下列何種記憶體的速度最快？ ①快取記憶體 (Cache Memory) ②暫存器 (Register) ③主記憶體 (RAM) ④輔助記憶體 (Auxiliary Memory)。 [203]

96. (　　) CPU 執行一個指令的過程為何？ ①擷取週期 ②執行週期 ③機器週期 ④儲存週期。 [204]

97. (　　) 下列何者用來存放中央處理單元常用的指令或資料？ ①快取記憶體 ②算術邏輯單元 ③控制單元 ④硬碟。 [206]

98. (　　) 下列何種單位是用來表示 CPU 的執行速度？ ① GHz ② CPS ③ LPM ④ Mbytes。 [209]
解 個人電腦 CPU 的工作頻率常用的單位為 GHz（十億赫茲）或 MHz（百萬赫茲）。

99. (　　) 中央處理單元 (CPU) 內部的 ALU 功能為何？ ①執行資料傳輸 ②執行加法、減法及邏輯運算 ③執行中斷程式 ④執行控制作業。 [210]

100.(　　) 若一 CPU 的規格為 AMD AM3 Athlon II X4 640 3.0GHz，則此 CPU 的核心數為何？ ①單核心 ②雙核心 ③四核心 ④六核心。 [215]

101.(　　) 觸控螢幕屬電腦四大單元中何者？ ①記憶單元 ②算術邏輯單元 ③輸出 / 輸入單元 ④控制單元。 [243]

102.(　　) 若某桌上型電腦的 CPU 規格為 Intel Core 2 Duo E6700 2.67GHz，則 2.67 是表示 CPU 的何種規格？ ①內部記憶體容量 ②出廠序號 ③時脈頻率 ④電源電壓。 [226]
解 時脈頻率是 CPU 的工作頻率，為電腦衡量速度的指標。

103.(　　) CPU 可從下列何者找到下一個要執行的指令之所在位址？ ①指令暫存器 (IR) ②旗標暫存器 (FR) ③程式計數器 (PC) ④位址暫存器 (MAR)。 [227]

104.(　　) 某廠商推出 64 位元 CPU，該 64 位元所代表的意義為何？ ①可定址的主記憶體容量 ② CPU 的工作頻率 ③ CPU 的字組長度 ④ L1 快取記憶體的位元數。 [232]
解 微處理器每一次能夠處理的資料量稱為「字組（Word）」，字組長度愈大，就代表處理效能愈快。

記憶體類型

■ 唯讀記憶體（ROM）

1. 以微程式規劃（Micro-programming）技術，利用積體電路儲存資料的方式，亦稱為韌體，如 ROM、PROM（可程式唯讀記憶體）、EPROM。
2. 資料僅能讀出，不能寫入。
3. 電源關閉後，資料仍存在。
4. 常用來存放系統程式，且能存取資料（如 BIOS，存放基本輸出輸入系統，是個人電腦啟動時載入的第一個軟體）。

■ 隨機存取記憶體（RAM）

1. 資料可讀取，也能寫入。
2. 電源關閉後，資料會消失。

解 95.(2) 96.(3) 97.(1) 98.(1) 99.(2) 100.(3) 101.(3) 102.(3) 103.(3) 104.(3)

3. 一般電腦所稱的記憶體即為 RAM。
4. 常見的 RAM 有兩種：
   (1) DRAM 是今日電腦標準的系統主記憶體。DRAM 需要不斷地充電以維持電位，所以稱為「動態」。DRAM 存取速度較慢，但價格較便宜，又可細分為 FPM DRAM、EDO DRAM 等，其中 SDRAM 速度最快。
   (2) SRAM：和 DRAM 的差異在於，DRAM 得隨時充電，而 SRAM 不需隨時充電，會出現充電動作只有寫入動作時。如果沒有寫入的指令，SRAM 不會有任何更動，因此被稱為「靜態」。SRAM 比 DRAM 快得多。缺點則是它比 DRAM 貴，通常被用來作為快取記憶體（Cache Memory）。

■ 快閃記憶體（F lash Memory）

1. 資料不會消失（不需要電力來維持已儲存的資料）。
2. 具有可重覆讀寫及電源關閉時資料仍保留的特性。
3. PDA、數位相機、隨身碟等消費性電子設備（3C）大多使用此類儲存媒體。

■ 記憶體速度排序（快 ➔ 慢）

暫存器、快取記憶體（Cache memory，內建於中央處理器以做為 CPU 暫存資料，可以增進程式的整體執行速度）、靜態隨機存取記憶體（SRAM）、動態隨機存取記憶體（DRAM，主記憶體）、輔助記憶體（如硬碟）。

小試身手

105.(　　) 下列關於「個人電腦所使用之記憶體」的敘述中，何者是錯誤的？ ①軟碟與磁帶均屬於輔助記憶體 ② ROM 常用來存放系統程式 ③ ROM 中之資料僅能存入，不能被讀出 ④電腦關機後，RAM 內部所儲存之資料會消失。 [1]

解 ROM（Read-Only Memory，唯讀記憶體），ROM 裡面的資料僅能讀出，不能被寫入，所以常用來存放啓動系統的系統程式。

106.(　　) 下列有關「記憶體」之敘述中，何者錯誤？ ①隨機存取記憶體 (RAM) 可讀取且可寫入 ②唯讀記憶體 (ROM) 只能讀取，但不可寫入 ③一般而言，主記憶體指的是 RAM ④ ROM 儲存應用程式，且電源關閉後，所儲存的資料將消失。 [13]

解 ROM（Read-Only Memory，唯讀記憶體）儲存應用程式，且電源關閉後，所儲存的資料不會消失，因為資料是直接燒入 ROM 中。

107.(　　) 下列關於「RAM」的敘述中，哪一項是錯誤的？ ①儲存的資料能被讀出 ②電源關掉後，所儲存的資料內容都消失 ③能寫入資料 ④與 ROM 的主要差別在於記憶容量大小。 [20]

解 ROM（Read-Only Memory，唯讀記憶體）：ROM 裡面的資料僅能讀出，不能被寫入，所以常用來存放啓動系統的系統程式。
RAM（Random Access Memory，隨機存取記憶體）：可重寫次數超過 10 萬次。
RAM 與 ROM 的差別：RAM 可以寫入資料，但 ROM 不行，ROM 只能讀取資料。

解 105.(3)　106.(4)　107.(4)

108.(　　) 下列哪一種記憶體內的資料會隨電源中斷而消失？ ① RAM ② ROM ③ PROM ④ EPROM。 [76]

解 RAM（Random Access Memory，隨機存取記憶體）：當電源關閉以後資料立刻消失，屬於「揮發性記憶體（Volatile Memory）」。

ROM（Read-Only Memory，唯讀記憶體）：ROM 儲存應用程式，且電源關閉後，所儲存的資料不會消失，因為資料直接燒入 ROM 中。

PROM（Programmable Read-Only Memory，可程式化唯讀記憶體）：可寫入一次的 ROM。

EPROM（Erasable Programmable Read Only Memory，紫外線可抹除之可程式唯讀記憶體）：可以多次寫入 ROM。

109.(　　) 將軟體程式利用硬體電路方式儲存於 ROM、PROM 或 EPROM 中，此種「微程式規劃(Micro-programming)」技術，我們稱之為 ①硬體 ②軟電路 ③軟體 ④韌體。 [78]

解 韌體為硬體與軟體之間的橋樑，材質介於軟硬體之間，是一種具備程式碼的硬體裝置。

110.(　　) 下列何者是「可程式唯讀記憶體」之縮寫？ ① PROM ② BIOS ③ RAM ④ ROM。 [91]

解 PROM（Programmable read-only memory）：可程式唯讀記憶體。

BIOS（Basic Input / Output System）：基本輸出入系統。

RAM（Random Access Memory）：隨機存取記憶體。

ROM（Read-Only Memory）：唯讀記憶體。

111.(　　) 「BIOS(基本輸入輸出系統)」通常儲存於下列何種記憶體中？ ①軟碟 ②硬碟 ③ ROM ④ RAM。 [92]

112.(　　) 電源關掉後，記憶體內之資料內容仍然存在的記憶體稱為 ① RAM ② DRAM ③ SRAM ④ ROM。 [110]

解 RAM（Random Access Memory）：隨機存取記憶體。

DRAM（Dynamic Random Access Memory）：動態隨機存取記憶體。

SRAM（Static Random Access Memory）：靜態隨機存取記憶體。

ROM（Read-Only Memory）：唯讀記憶體。

113.(　　) 下列何者是「揮發性」記憶體？ ① DRAM ② PROM ③ EEPROM ④ flash memory。 [154]

解 DRAM（Dynamic Random Access Memory）：動態隨機存取記憶體。當電源關閉以後資料立刻消失，屬於「揮發性記憶體（Volatile Memory）」。

PROM（Programmable Read-Only Memory）：可程式化唯讀記憶體，可寫入一次的 ROM。

EEPROM（Electrically-Erasable Programmable Read-Only Memory）：電子抹除式可複寫唯讀記憶體。

flash memory：快閃記憶體，屬非揮發性記憶體，是一種電子清除式可程式唯讀記憶體的形式，不需電力來維持資料的儲存，是一種允許被多次抹除或寫入的記憶體，此種科技主要用於一般性資料儲存，以及在電腦與其他數位產品間交換傳輸資料，如記憶卡與隨身碟。

解 108.(1) 109.(4) 110.(1) 111.(3) 112.(4) 113.(1)

114.( ) 下列哪一種記憶體是利用紫外線光的照射來清除所儲存的資料？ ① SRAM ② PROM ③ EPROM ④ EEPROM。 [155]

解 SRAM（Static Random Access Memory）：靜態隨機存取記憶體。
PROM（Programmable Read-Only Memory）：可程式化唯讀記憶體。
EPROM（Erasable Programmable Read Only Memory）：紫外線可抹除之可程式唯讀記憶體。
EEPROM（Electrically-Erasable Programmable Read-Only Memory）：電子抹除式可複寫唯讀記憶體。

115.( ) PDA、數位相機、隨身碟等消費性電子設備，大多是使用何種儲存媒體？ ① RAM ② ROM ③ PROM ④ flash memory。 [156]

解 快閃記憶體（Flash Memory）不需要電力來維持已儲存的資料，其小體積、大容量的特性，使快閃記憶體廣泛應用於許多可攜式3C產品，例如：PDA、手機、數位相機等裝置，並搭配使用數位記憶卡（例如：CF、MMC、SM Card）、讀卡機、行動碟、轉接卡等。

116.( ) 行動裝置所使用的記憶體，除了可供讀出與寫入外，在電源關閉後，記憶的資料也不會消失，下列何種記憶體最符合這項需求？ ①可程式唯讀記憶體 ②快閃記憶體 ③動態隨機存取記憶體 ④靜態隨機存取記憶體。 [189]

解 可程式化唯讀記憶體（Programmable Read-Only Memory，PROM）是僅一次寫入記憶體，電源關閉後，資料保存於記憶體中不會消失。
快閃記憶體（Flash Memory）屬非揮發性記憶體，是一種電子清除式可程式唯讀記憶體的形式，不需電力來維持資料的儲存，是一種允許被多次抹除或寫入的記憶體，此種科技主要用於一般性資料儲存，以及在電腦與其他數位產品間交換傳輸資料，如記憶卡與隨身碟。
動態隨機存取記憶體（Dynamic Random Access Memory，DRAM）。
靜態隨機存取記憶體（Static Random Access Memory，SRAM）。

117.( ) 下列何種記憶體的存取速度最慢？ ①暫存器 ②快取記憶體 ③靜態隨機存取記憶體 ④動態隨機存取記憶體。 [212]

118.( ) 下列何種記憶體需要週期性充電？ ①快閃記憶體 ②唯讀記憶體 ③靜態隨機存取記憶體 ④動態隨機存取記憶體。 [222]

119.( ) 下列何種記憶體具有可重覆讀寫及電源關閉時資料仍保留的特性？ ① DRAM ② SRAM ③ Flash Memory ④ PROM。 [223]

解 快閃記憶體（Flash Memory）不需要電力來維持已儲存的資料。

120.( ) BIOS 儲存在下列何種記憶體中？ ①隨機存取記憶體 ②唯讀記憶體 ③輔助記憶體 ④快取記憶體。 [224]

121.( ) 下列何者爲快取記憶體 (Cache Memory) 的主要功能？ ①作爲輔助記憶體 ②可以降低主記憶體的成本 ③可以增進程式的整體執行速度 ④可以減少輔助記憶體的空間需求。 [225]

解 當CPU處理資料時，它會先到快取記憶體（Cache）中去尋找，如果資料因之前的操作已經讀取而被暫存其中，就不需要再從主記憶體（Main Memory）中讀取資料。

解 114.(3) 115.(4) 116.(2) 117.(4) 118.(4) 119.(3) 120.(2) 121.(3)

系統匯流排

■ 系統匯流排為 CPU 與外部訊號連接時使用。

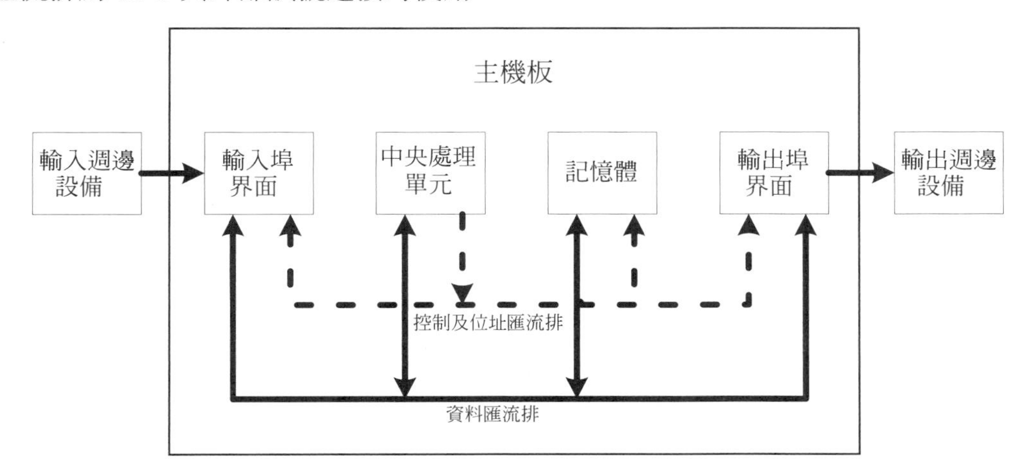

■ 匯流排類別

1. 資料匯流排：具有雙向流通性（即雙向傳輸，稱為全雙工。若只能單向傳輸則稱半雙工）。一般所稱之 32、64 或 128 位元之個人電腦是指 CPU 的資料匯流排傳輸量。
2. 控制匯流排：用來傳送控制信號的線路，負責傳送 CPU 執行指令時所發出的訊號，由於信號僅由 CPU 發出，所以是單向輸出的排線。
3. 位址匯流排：用來傳送記憶體位址的線路，CPU 要先將存取的位址存入位址匯流排，才能到主記憶體存取資料，是一種 CPU 對記憶體單向輸出的排線，它決定 CPU 可支援的最大記憶體空間。

■ 系統匯流排並不包含通用匯流排。通用匯流排是連線電腦系統與外部裝置的一個串列埠匯流排標準，被廣泛應用於個人電腦和行動裝置等訊息通訊產品，如 USB。

小試身手

122.(　　) 資料傳輸時可作雙向傳輸，但無法同時雙向傳輸的傳輸方法為何？ ①單工 ②半雙工 ③多工 ④全雙工。 [23]

解 單工：僅能單一方向傳輸資料，如廣播。半雙工：當傳送時停止接收，當接收時停止傳送，如對講機。多工：指一部電腦具備同時執行 2 個以上的程式能力。全雙工：同時交互傳送及接收資料，如電話。

123.(　　) 「CPU 80586」具 64 位元的資料匯流排及 32 位元的位址匯流排，其可定址的最大線性記憶體空間為 ① 1GB ② 4GB ③ 8GB ④ 16GB。 [37]

解 $(2^{32}) = 2^{2} \times 2^{30} = 4$ GB

124.(　　) 所謂「32 位元個人電腦」之 32 位元是指 CPU 的 ①控制匯流排 ②位址匯流排 ③資料匯流排 ④輸入／輸出匯流排 為 32 位元。 [46]

解 122.(2)　123.(2)　124.(3)

125.( ) 下列何者為主機與週邊設備溝通時不可或缺之管道？ ①匯流排 (Bus) ②音效卡 ③ 9-Pin 接頭 ④電話線。 [55]

126.( ) I/O 裝置、CPU 與記憶體間之資料傳送，經由系統匯流排傳送，下列何者不是系統匯流排？ ①資料匯流排 ②位址匯流排 ③通用匯流排 ④控制匯流排。 [69]

127.( ) 微處理器與外部連接之各種訊號匯流排，何者具有雙向流通性？ ①資料匯流排 ②狀態匯流排 ③控制匯流排 ④位址匯流排。 [70]

128.( ) 下列何種匯流排決定 CPU 可支援的最大記憶體空間？ ①資料匯流排 ②記憶匯流排 ③位址匯流排 ④控制匯流排。 [202]

解 位址匯流排的寬度，決定有多少的記憶體可以被存取。

129.( ) 下列資料單位何者為由小而大順序排列？ ① GB TB KB MB ② TB MB GB KB ③ KB MB GB TB ④ MB KB GB TB。 [49]

130.( ) 電子計算機的記憶體容量之大小與 2 的次方有關，所謂 1M 是指 2 的幾次方？ ① 15 ② 10 ③ 20 ④ 50。 [109]

解 $1\ M=2^{20}$

131.( ) 假設某一 CPU 共有 20 條位址線，請問可定址出之實體記憶空間為 ① 1MB ② 512KB ③ 16MB ④ 64KB。 [79]

解 $2^{20}=1\ MB$

132.( ) 假設某一記憶體具有 14 條位址線，則此記憶體共有多少位址空間？ ① 24KB ② 24B ③ 16MB ④ 16KB。 [120]

解 $(2^{14}) = 2^4\times2^{10} = 16KB$

133.( ) 若某電腦可定址的最大記憶體容量為 4GB，則該電腦有幾條位址線？ ① 4 ② 8 ③ 16 ④ 32。 [211]

解 $4GB = 2^2\times2^{30} = (2^{32})$，故共 32 條位址線。

134.( ) 若 CPU 可直接存取 1GB 的記憶體，則該部電腦最少應有幾條位址線？ ① 30 ② 28 ③ 24 ④ 2。 [217]

解 $1"GB" = 1\times2^{30} = (2^{30})$，故共 30 條位址線。

135.( ) 若某電腦有 34 條位址線，則此電腦可定址的最大空間為何？ ① 128MB ② 512MB ③ 16GB ④ 8GB。 [218]

解 34 條位址線可定址最大空間：$2^{34} = 2^4\times2^{30} = 16GB$。

資料緩衝區

■ 程式執行時，在主記憶體中提供輸入或輸出資料的暫時存放區域，以備進一步做處理，使輸入／輸出與 CPU 運算能分工並重疊進行。

解 125.(1) 126.(3) 127.(1) 128.(3) 129.(3) 130.(3) 131.(1) 132.(4) 133.(4) 134.(1) 135.(3)

- 記憶空間：小到大依序為 Bit（二進位位元，0 或 1）< Character（字元，例如：「A」）< Field（欄位，例如：姓名欄）< Record（資料紀錄，例如：學生資料）。其中，一筆紀錄（Record）由數個欄位（Field）組成，一個欄位（Field）內有數個字元（Character），一個字元（Character）有 8 或 16 個位元（Bit）。

小試身手

136.(　　) 「資料緩衝區 (Data Buffer)」的作用為何？　①防止因斷電所造成之資料流失　②暫存資料，以做後續處理　③增加硬碟 (Hard Disk) 之容量　④避免電腦當機。 [52]

137.(　　) 設 A 為 bit，B 為 Record，C 為 Field，D 為 Character，通常在電腦內所佔空間的大小，由小到大之順序為　① ABCD　② ADCB　③ ACDB　④ ACBD。 [144]

單元四　週邊設備

輸入單元

- 輸入設備：鍵盤、滑鼠、光碟機（CD-ROM，Read Only）、條碼閱讀機、觸控螢幕、硬碟（為防資料中毒或流失，應定期執行備份工作）。
- 輸入媒體：能儲存輸入裝置資料，且能在輸入裝置進行傳送資料的媒體，如商品包裝條碼（Barcode）、提款卡晶片。

輸出單元

- 輸出設備：印表機（連接在主機的 LPT1 上）、繪圖機、雷射印表機、終端顯示器、光碟機（CD-R/W，可讀寫）、觸控螢幕、硬碟，放大顯示閱讀機（可查閱儲存在電腦縮影膠片的資料）、磁碟機（輔助記憶體）。
- 觸控螢幕與硬碟同時屬於輸入與輸出單元。
- 主機與週邊設備的溝通必須透過匯流排，與浮點運算處理機無關。

※ 註：浮點運算處理機是為了使 CPU 具有更高精度浮點運算做準備，可提升計算精度和速度。

小試身手

138.(　　) 金融機構所提供之「提款卡」，可提供使用者進行提款之作業，則該提款卡此方面之資料處理作業上係屬於　①輸出設備　②輸出媒體　③輸入設備　④輸入媒體。 [2]

解 ATM 讀取提款卡的磁條或晶片中的資料，來核對密碼，以辨識使用者身分。

139.(　　) 以下哪種裝置只能做為輸出設備使用，無法做為輸入設備使用？　①印表機　②鍵盤　③觸摸式螢幕　④光筆。 [7]

解 136.(2)　137.(2)　138.(4)　139.(1)

140.( ) 硬式磁碟機爲防資料流失或中毒，應常定期執行何種工作？ ①查檔 ②備份 ③規格化 ④用清潔片清洗。 [16]

141.( ) 要查閱儲存在電腦縮影膠片的資料，可利用下列哪一種裝置？ ①光學字體閱讀機 (OCRReader) ②條碼閱讀機 (BarCode Reader) ③讀卡機 ④放大顯示閱讀機 (Magnifying Display Viewer)。 [22]

142.( ) 印表機通常可以連接在主機的何處？ ① COM1 ② COM2 ③ LPT1 ④ Game Port。 [28]

143.( ) 繪圖機是屬於何種裝置？ ①輸出裝置 ②記憶裝置 ③處理裝置 ④輸入裝置。 [33]

144.( ) 雷射印表機是一種 ①輸出設備 ②輸入裝置 ③利用打擊色帶印字機器 ④撞擊式印表機。 [34]

145.( ) 處理機與週邊裝置間之訊息溝通並不通過下列那一部分？ ①通道 (Channel) ②匯流排 (Bus) ③界面線路 (Interface Circuit) ④浮點運算處理器 (Floating Point Coprocessor)。 [32]

解 浮點運算處理器是輔助 CPU 進行數學運算之協同處理機。

146.( ) 以下哪一種設備是輸出裝置？ ①滑鼠 ②鍵盤 ③繪圖機 (Plotter) ④光筆。 [47]

147.( ) 下列何者屬於輸出裝置？ ①數位板 ②終端顯示器 ③鍵盤 ④滑鼠。 [62]

解 終端顯示器：主要套用於對顯示要求比較低的場合或系統中。例如：只要能通過終端顯示器控制臺上所顯示的文字，就可以控制整個機電系統的簡單場合和機械中。

148.( ) 條碼閱讀機屬於 ①輸出設備 ② CPU ③輸入設備 ④記憶設備。 [83]

149.( ) 鍵盤是屬於 ①輸出設備 ②輸出媒體 ③輸入設備 ④輸入媒體。 [94]

150.( ) 下列何者屬於輔助記憶體？ ① RS-232 介面卡 ②算術邏輯單元 ③控制單元 ④磁碟機。 [95]

151.( ) 下列何者不屬於週邊設備？ ①印表機 ② CPU ③鍵盤 ④ CD-ROM。 [101]

152.( ) 關於「CD-ROM 光碟機」之描述，下列何者正確？ ①只能用來錄音樂 ②只能讀取預先灌錄於其內的資料 ③可備份硬式磁碟機中的資料 ④能讀寫各種媒體資料。 [102]

解 CD-ROM（Compact Disc - Read Only Memory）唯讀記憶光碟，指一種以光碟作爲媒體的唯讀記憶體（CD-ROM Disc）。

介面卡

介面卡是主機板和周邊設備（如螢幕）溝通的橋樑。如果沒有介面卡，CPU 下達的命令就無法傳達給這些周邊設備。安裝設備時通常需要在主機板上安插介面卡。其中 RS232 是美國電子工業聯盟制定的序列資料通訊介面標準，它被廣泛用於電腦序列介面外設連接，如 COM1、COM2 介面。

解 140.(2) 141.(4) 142.(3) 143.(1) 144.(1) 145.(4) 146.(3) 147.(2) 148.(3) 149.(3) 150.(4) 151.(2) 152.(2)

小試身手

153.(　　) 在微電腦系統中，要安裝週邊設備時，常在電腦主機板上安插一硬體配件，以便系統和週邊設備能適當溝通，其中該配件名稱為何？ ①介面卡 ②讀卡機 ③繪圖機 ④掃描器。 [8]

解 介面卡：用於擴充主機板外加功能，例如網路卡、電視卡、顯示卡等。

154.(　　) RS-232C 介面是屬於 ①序列式介面 ②顯示介面 ③搖桿介面 ④並列式介面。 [81]

解 RS-232 介面是介於資料終端設備與資料通訊設備間，交換序列式二進位資料的介面。序列式傳輸簡單的說，就是 1 次傳送 1 個 bit 的傳送方式，意即：一條單線道，假如有 80 輛車要通過，那麼 80 輛車要排成一列，一輛一輛通過，總共要通過 80 次。

印表機

- 點陣式印表機（Dot Matrix Printer）：為撞擊式印表機，速度單位為 CPS（Character Per Second），列印品質以 DPI（Dot Per Inch）的大小來決定。因撞擊功能可產生複寫能力。
- 雷射印表機（Laser Printer）：列印品質以 DPI 決定（如 1200 dpi/inch 表示每一英吋可列印 1200 個點），速度單位為 PPM（Page Per Minute）。
- 高速印表機之印表速度的計量單位則為 LPS（Line Per Second）。

小試身手

155.(　　) 下列何者為撞擊式印表機？ ①靜電式 ②噴墨式 ③點陣式 ④雷射式。 [43]

156.(　　) 評量點矩陣印表機速度的單位是 ① DPI(Dot Per Inch) ② CPS(Character Per Second) ③ BPS(Bit Per Second) ④ BPI(Byte Per Inch)。 [61]

解 DPI（Dot Per Inch）為每英吋幾個點（像素）。例如：印表機輸出可達 600DPI 的解析度，表示印表機可在每一平方英吋的面積中輸出 600X600 ＝ 360,000 個輸出點。CPS（Character Per Second）：每秒列印字元數（點陣式印表機）。BPS（Bit Per Second）：位元 / 秒。BPI（Byte Per Inch）：每英吋可存的位元組數。

157.(　　) 下列何者是決定列表機列印品質的最重要因素？ ①與主機連接介面 ② DPI(Dot per Inch) 的大小 ③緩衝區 (Buffer) 大小 ④送紙方面。 [57]

158.(　　) 一般高速印表機之印表速度的計量單位為何？ ① TPI(Track Per Inch) ② CPS(Character Per Second) ③ DPI(Dot Per Inch) ④ LPS(Line Per Second)。 [64]

解 TPI（Track Per Inch）：每英吋磁軌數，表示磁碟容量密度。CPS（Character Per Second）：每秒列印字數，表示低速印表機列印速度。DPI（Dot Per Inch）：每英吋幾個點（像素）。LPS（Line Per Second）：每秒列印行數，表示高速印表機列印速度。

159.(　　) 要將資料列印在複寫式三聯單上，使用下列哪一種印表機最適合？ ①事務機 ②噴墨印表機 ③點陣式印表機 ④雷射印表機。 [148]

解 153.(1)　154.(1)　155.(3)　156.(2)　157.(2)　158.(4)　159.(3)

160.(　　) 下列何者是一般用來表示雷射印表機的列印速度？ ①DPI(Dot Per Inch) ②BPS（Byte Per Second） ③PPM(Page Per Minute) ④CPI(Character Per Inch)。 [149]

解 DPI（Dot Per Inch）：每英吋幾個點（像素）。

BPS（Byte Per Second）：電腦一般都以Bps顯示速度，但有時會跟傳輸速率混淆，例如ADSL宣稱的頻寬爲1Mbps，但在實際應用中，下載速度沒有1MB，只有1Mbps/8 = 128kBps也就是說，與傳輸速度有關的b一般指的是bit。與容量有關的B一般指的是Byte。

PPM（Page Per Minute）：指一分鐘可以印幾頁，是雷射印表機、噴墨印表機等頁印式印表機（Page Printer）用來描述列印速度的衡量標準。

CPI（Character Per Inch）：沿頁面的水平方向，計算每平方英吋內可列印之字元數目。

161.(　　) 若某彩色雷射印表機標示爲1200dpi，則下列何者正確？ ①每分鐘可以列印1200個英文字元 ②最多可以列印出1200種不同的顏色 ③每小時可以列印1200頁A4大小紙張的內容 ④每一英吋可以列印1200個點。 [219]

解 DPI（Dot Per Inch）：每英吋幾個點（像素）。1200dpi表示每一英吋可列印1200個點。

終端機（螢幕）

- 螢幕的信號線插頭必須插在主機的顯示卡插頭。
- 終端機發生上下跳動問題時，可調整V-HOLD旋轉鈕。
- 若顯示卡最高支援1024×768全彩（24色）顯示，則該顯示卡至少需要4MB容量的Video RAM。因爲1024(bits)×768(bits)×24/8/1024=2304KB，但記憶體需爲2^n，2048KB（2MB）的記憶體容量不夠承載，故需4096KB（4MB）才夠。

小試身手

162.(　　) 螢幕的信號線插頭須插在主機的何處？ ①LPT1 ②顯示卡接頭 ③Game Port ④COM1。 [29]

163.(　　) 電腦終端機的畫面發生上下跳動時，可調整下列哪一個旋轉鈕以使畫面恢復穩定？ ①V-WIDTH ②V-HOLD ③BRIGHT ④V-SIZE。 [68]

解 電腦終端機（電腦螢幕）的旋轉鈕功能：V-WIDTH：垂直寬度。V-HOLD：垂直穩定。BRIGHT：亮度。V-SIZE：上下高度。

164.(　　) 若某顯示卡最高支援1024×768全彩顯示，則該顯示卡至少需要多少容量的Video RAM？ ①2MB ②4MB ③8MB ④16MB。 [199]

解 紅、綠、藍三原色，每個顏色都是8位元（Bits），所以全彩爲8 × 3 = 24位元。1024 × 768 × 24bits（全彩）÷ 8 = 2.25 $\times 2^{20}$Bytes = 2.25MB > 2MB，故答案選4MB。

解 160.(3)　161.(4)　162.(2)　163.(2)　164.(2)

資料存取方式

- 循序存取（Sequential access）：在計算機科學中，循序存取意指一組序列（例如存於磁帶中的資料）是以預先安排，有秩序的方式被人存取。
- 隨機存取（Random accesss）：有時亦稱直接存取，代表同一時間存取一組序列中的一個隨意元件。
- 循序存取與隨機存取之差別，以現代的例子來看，就如比較卡式磁帶（循序：我們必須快速跳過早前的歌曲才可聆聽後期的歌曲）及一張 CD（隨機：我們可以隨意跳至我們想要之處）。

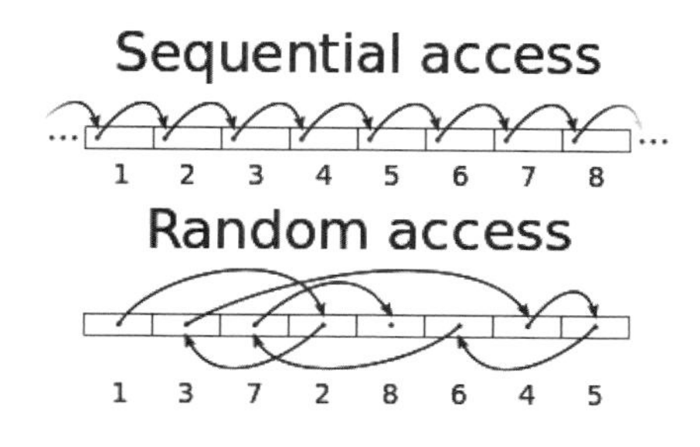

小試身手

165.(　　) 磁帶是採用下列哪一種存取方式？　①索引存取　②直接存取　③循序存取　④隨機存取。 [42]

166.(　　) 磁碟機讀寫頭移到正確磁軌所花的時間稱爲　①找尋時間 (Seek Time)　②設定時間 (Setting Time)　③資料傳輸速率 (Data Transfer Rate)　④延遲時間 (Latency)。 [63]

硬碟構造

- 磁軌（Trace）：磁碟每一面都由很多同心圓組成，這些同心圓稱爲磁軌，通常磁頭固定，硬碟轉一圈的記憶空間稱之。
- 磁區（Sector）：每個磁軌被等分爲若干個弧段，這些弧段便是硬碟的磁區，它是硬碟最小儲存物理量，約 512bytes。
- 磁柱（Cylinder）：在多個碟片構成的盤組中，由不同碟片的面，但處於同一半徑圓的多個磁軌組成的一個圓柱面。
- 找尋時間（Seek Time）：指磁碟機讀寫頭移到正確磁軌所花的時間。
- 存取單位

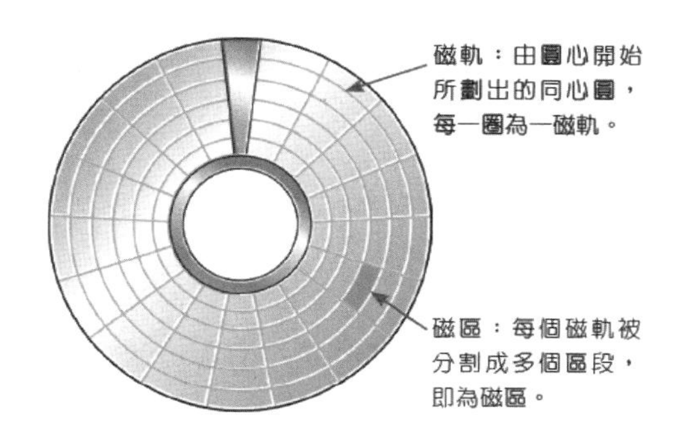

解 165.(3)　166.(1)

■ 傳輸技術

1. IDE（Advanced Technology Attachment，ATA）：是用傳統 40-pin 並列數據線連接主機板與硬碟，外部介面速度最大為 133MB/s，因為並列線的抗干擾性太差，且排線佔空間，不利電腦散熱，且不支援熱插拔，逐漸被 SATA 所取代。
2. SATA（Serial ATA，意即使用串列的 ATA 介面）：因抗干擾性強，且對數據線的長度要求比 ATA 低很多，支持熱插拔等功能，已逐漸讓使用者所接受。SATA-I 的外部介面速度已達到 150MB/s，SATA-II 更升至 300MB/s，SATA 的前景很廣闊，而 SATA 的傳輸線比 ATA 細得多，有利於機箱內的空氣流通。
3. SCSI（Small Computer System Interface，小型電腦系統介面）：經歷多代的發展，從早期的 SCSI-II，到目前的 Ultra320 SCSI 以及 Fiber-Channel（光纖通道），介面型式也很多樣。SCSI 硬碟廣為工作站級個人電腦以及伺服器所使用，因此會使用較為先進的技術，如碟片轉速 15000rpm 的高轉速，且資料傳輸時 CPU 占用率較低。

■ 硬碟轉速：硬碟電機主軸的轉速，轉速是決定硬碟內部傳輸率的關鍵因素之一，它的快慢可直接影響硬碟的速度，同時轉速的快慢也是區分硬碟好壞的重要指標之一。若一硬碟的轉速為 5000RPM（轉），則該硬碟旋轉一圈需要 0.012 秒。
因為 60 秒 /5000 轉＝ 0.012 秒 / 轉

小試身手

167.(　　) 磁碟每一面都由很多同心圓組成，這些同心圓稱為 ①磁區 (Sector) ②磁軌 (Track) ③磁頭 (Head) ④磁柱 (Cylinder)。 [90]

168.(　　) 在個人電腦中，磁碟機存取資料時，何者可為其存取單位？ ① DPI ② Sector ③ Track ④ bit。 [100]

169.(　　) 下列哪一個不是磁碟機的資料傳輸介面技術？ ① IDE ② SATA ③ SCSI ④ LPT。 [129]

解 IDE（Integrated Drive Electronics）：整合驅動電子裝置。
SATA（Serial Advanced Technology Attachment）：是一種電腦匯流排，負責主機板和大容量儲存裝置（如硬碟及光碟機）之間的數據傳輸。
SCSI（SAS：Serial Attached）：是一種電腦集線的技術，其功能主要是作為週邊零件的數據傳輸，例如：硬碟、CD-ROM 等設備而設計的介面。
LPT（Line Printer Terminal）：並列埠，又稱平行埠，舊型印表機或大型印表機的連接埠，是電腦上資料以並列方式傳遞的埠，也就是說，至少應該有兩條連接線用於傳遞資料。

170.(　　) 下列何種連接埠不支援熱插拔？ ① USB ② IDE ③ e-SATA ④ IEEE 1394。 [197]

解 熱插拔（Hot swapping 或 Hot plugging）：即隨插即用（Plug-and-Play）、帶電插拔，可以在電腦運作時插上或拔除硬體。
IDE（Integrated Drive Electronics）：整合驅動電子裝置。
E-SATA（External Serial ATA）：即外部 SATA 介面，它等於是將 SATA 介面拉到外部，讓電腦可以用外接的方式連接硬碟，並保有 SATA 介面的高速優勢，甚至還支援熱插拔。

解 167.(2) 168.(2) 169.(4) 170.(2)

IEEE 1394：別名火線（FireWire）介面，是由蘋果公司領導的開發聯盟開發的一種高速傳送介面。

171.(　　) 主機板的 SATA 插槽是用來連接下列何種裝置？ ①硬碟 ②印表機 ③鍵盤 ④顯示卡。 [200]

解 SATA（Serial Advanced Technology Attachment）是一種電腦匯流排，負責主機板和大容量儲存裝置（如硬碟及光碟機）之間的數據傳輸。

172.(　　) 若一硬碟的轉速爲 5000RPM，則該硬碟旋轉一圈需要幾秒？ ① 0.002 ② 0.12 ③ 0.012 ④ 0.025。 [216]

解 RPM（Revolution Per Minute）：表示每分鐘所轉的圈數。60 秒 / 5000RPM = 0.012 秒 / 圈。

通用串列匯流排（Universal Serial Bus，USB）

- 通用串列匯流排（Universal Serial Bus，USB）：支援隨插即用（Hot Swapping，Plug & Play）及全雙工，並採用發送列表區段來進行數據發包。
- USB 2.0 傳輸速度爲 480Mbit/s，USB3.0 爲 5Gbit/s，二者相差 10 倍（5 X 1024 ÷ 480，約等於 10 倍）。
- USB 3.0 的設計相容 USB 2.0 與 USB 1.1 版本，並採用三級多層電源管理技術，可以爲不同裝置提供不同的電源管理方案，可做爲 3C 產品充電使用。

小試身手

173.(　　) 下列何者不是通用串列匯流排 (USB) 的特色？ ①高傳輸速率 ②支援熱插拔 (Hot Swapping) 功能 ③支援隨插即用 (Plug and Play) 功能 ④僅能使用於儲存裝置。 [123]

174.(　　) 下列何種連接埠可用來爲 MP3 Player、手機等 3C 產品充電？ ① DVI ② PS/2 ③ RJ-45 ④ USB。 [213]

解 DVI（電腦螢幕連接埠）。PS/2（鍵盤連接埠）。RJ-45（網路線連接埠）。

175.(　　) 下列何種連接埠支援隨插即用及熱插拔的功能？ ① LPT ② COM ③ USB ④ PS/2。 [221]

解 COM（通訊連接埠）。LPT（並列埠，Parallel Port，又稱平行埠）。PS/2（鍵盤連接埠）。

176.(　　) 下列何者不是主機板的 I/O 連接埠？ ① USB ② DVI ③ CPU ④ PS/2。 [230]

解 DVI（電腦螢幕連接埠）。PS/2（鍵盤連接埠）。

177.(　　) 電腦傳輸介面 USB 3.0 的最高傳輸速度規格是 USB 2.0 的幾倍？ ① 10 ② 20 ③ 8 ④ 2。 [241]

解 171.(1)　172.(3)　173.(4)　174.(4)　175.(3)　176.(3)　177.(1)

輔助儲存元件

- 硬碟、隨身碟、光碟機皆是輔助儲存元件。
- 光碟機速度（倍速）：指光碟機每秒可以傳輸的檔案大小，一倍速爲 150KB/s。例如，一倍速光碟機的轉速爲每分鐘 500 轉，四倍速光碟機的資料傳輸速率一般爲 600KB/sec，八倍速光碟機爲 1200KB/sec，而更高倍速的光碟機以此倍數成長。

小試身手

178.(　　) 下列哪一個元件不屬於輔助儲存元件？ ①光碟 ②硬碟 ③隨身碟 ④記憶體。 [130]

179.(　　) 光碟機規格所標示的倍速是指下列何者？ ①資料的傳輸速度 ②搜尋速度 ③抹除資料的速度 ④馬達的轉速。 [231]

其他

- 像素（Pixel）：Pix 是英語單詞 Picture 的常用簡寫，加上英語單詞「元素」Element，就得到 Pixel，故「像素」表示「畫像元素」之意，有時亦被稱爲 Pel（Picture Element）。相機最大可拍攝的解析度即以像素爲單位。若解析度爲每吋 200 pixel，則長 2 吋、寬 1 吋之圖像爲 200×200×2=80000（pixels）。
- 光的三原色：每個像素可有各自的顏色值，可採三原色顯示，分成紅、綠、藍三種顏色（RGB 色域）。
- 光學字元辨識軟體（OCR）：將文字資料的圖像檔案進行分析辨識處理，取得文字及版面資訊的過程之軟體。
- PC99 規格書：目前符合 PC99 規格音效卡的插孔上，都會標註不同的顏色，以代表不同的聲音訊號。它們分別爲：
  1. 青綠色：耳機、喇叭音源輸出插孔。
  2. 淺藍色：音源輸入插孔。
  3. 粉紅色：麥克風輸入插孔。
  4. 黃色：MIDI/ 搖桿連接埠。

小試身手

180.(　　) 有一台數位相機擁有 800 萬像素，此處「800 萬像素」是指？ ①內建儲存容量 ②記憶卡最大容量 ③最大可拍攝的解析度 ④照片每一個點的顏色成分。 [157]

解 像素意即圖像元素，其爲解析度的尺寸單位，而不是畫質。照片實際大小是像素決定的。一個像素很大的照片，若將解析度設置很大的話，列印出來的照片可能並不大（但是很清晰）。反之，一個像素並不是很大的照片，若將解析度設置得很小，那麼列印出來的照片可能很大（但是不清晰）。

解 178.(4)　179.(1)　180.(3)

181.(　　) 一張長 2 英吋、寬 1 英吋的照片，若以解析度為 200dpi 的掃描器掃描進入電腦，該影像的像素為 ① 80000 ② 120000 ③ 100000 ④ 60000。 [169]

解 200dpi × 2 英吋 × 200dpi × 1 英吋 = 80,000

182.(　　) 螢幕上的像素是由光的三原色組合而成，下列何者不是三原色 ①紅色 ②綠色 ③藍色 ④白色。 [170]

183.(　　) 有一份紙本文件經由掃描器轉換影像文件，若要編輯該影像文件的文字部分，應先利用下列何種軟體做辨識？ ① OCR ② Photoshop ③ MS Word ④ ADC。 [171]

解 光學字元辨識（Optical Character Recognition，OCR）指對文字資料的圖像檔案進行分析辨識處理，取得文字及版面資訊的過程。

184.(　　) 個人電腦的插孔顏色，依 PC99 規格書建議，「麥克風插孔」是何種顏色？ ①黃色 ②淺藍色 ③粉紅色 ④青綠色。 [242]

單元五 網路與通訊

傳輸設備

- 光纖（Optical Fiber）：是一種由玻璃或塑料製成的纖維，利用光在這些纖維中以全內反射原理傳輸的光傳導工具，是目前傳輸速度最快的介質，資料傳輸速度單位為 BPS（Bits per Second）。
- 雙絞線（Twisted Pair）：是由兩條相互絕緣的導線，按照一定的規格互相纏繞（一般以順時針纏繞）在一起而製成的一種通用配線，屬於資訊通訊網路傳輸媒介。一般住家網路長度小於 100 公尺，電腦要透過 ADSL 寬頻數據機上網可使用此類傳輸媒介。
- 各種傳輸媒介傳輸速度由快而慢，依序為光纖 > 雙絞線 > 同軸電纜 > 電話線。

小試身手

185.(　　) 下列何者之傳輸速度最快？ ①電話線 ②光纖 ③同軸電纜 ④雙絞線。 [3]

186.(　　) 下列何者為資料傳輸速度的單位？ ① BPI ② CPI ③ BPS ④ CPS。 [4]

解 BPI（Byte Per Inch）：每英吋儲存多少位元組，為磁帶儲存的單位。CPI（Character Per Inch）：每英吋儲存多少字元。BPS（Bits per Second）：位元／秒，每一秒鐘所傳送資料的位元數，資料傳輸速度單位（例如：網路速度、USB）。CPS（Characters Per Second）：點陣列表機速度，意即每秒鐘可列印的字元數。

187.(　　) 以電腦通訊傳輸媒體的傳輸速度而言，下列何種介質最快？ ①雙絞線 ②光纖 ③電話線 ④同軸電纜。 [99]

188.(　　) 一般住家網路長度小於 100 公尺，電腦要透過 ADSL 寬頻數據機上網，考量經濟因素，應選購下列哪一種傳輸媒介？ ①光纖 ②雙絞線 ③粗同軸電纜 ④細同軸電纜。 [160]

解 ADSL 寬頻數據機大多以「雙絞線」為主要傳輸媒介。

解 178.(4) 179.(1) 180.(3) 181.(1) 182.(4) 183.(1) 184.(3) 185.(2) 186.(3) 187.(2) 188.(2)

189.(　　) 使用透明玻璃纖維材質來傳輸資料，具有體積小、傳輸速度快、訊號不易衰減等特性的傳輸媒介是　①光纖　②雙絞線　③同軸電纜　④微波。 [159]

解 光纖的材質為玻璃纖維。

網際網路（Internet）

- 網際網路（Internet）：是由許多網路互相連結而成，以 TCP/IP 作為通訊協定，屬於國際全球性範圍。相關應用及特性如下：
  1. 若想藉由網際網路提供世界各地的客戶預訂產品，則應該架設 WWW（全球資訊網）。
  2. 使用者可應用搜尋引擎尋找相關旅遊網站及資訊。
  3. WWW 網頁常使用 .htm 格式，資料呈現包括圖片、語音、動畫等方式。
  4. 所提供的免費服務包括 BBS、WWW、e-mail 等。
- TCP/IP 協定為網際網路（Internet）使用的通訊協定，設定時需包含：IP 位址、子網路遮罩、閘道器。例如：

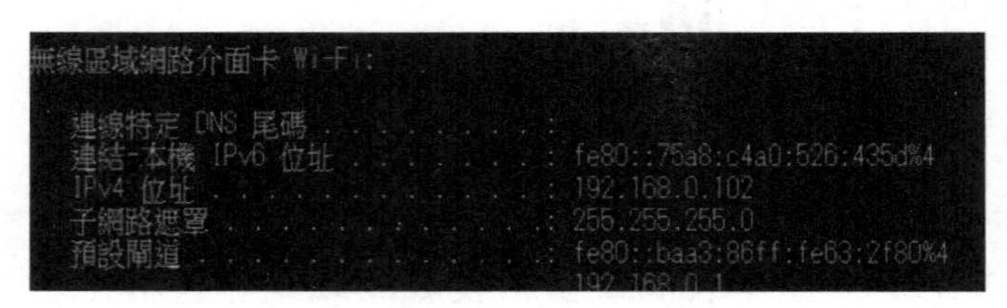

- 使用網際網路（Internet）時，為了安全性與保密性，必須向網際網路服務供應商（Internet Service Provider，ISP）申請，取得一組帳號和密碼後，才能上網。

小試身手

190.(　　) Internet 是採用下列何種通訊協定？　① TCP/IP　② ISO 的 OSI　③ X.25　④ HDLC。 [38]

解 TCP/IP：全名為 Transmission Control Protocol (TCP) / Internet Protocol (IP)，是一種網際網路的通訊協定，所謂通訊協定為上網時大家都需遵循的一些規則，有了這些規則，即使是不同的電腦設備與作業環境，都可以透過這些通訊協定來互通訊息。
ISO 的 OSI：開放系統介面。
X.25：資料終端設備通訊協定。
HDLC：全名為 High-level Data Link Control，是一種同步串列式傳輸協定。

191.(　　) 小明想查詢網際網路 (Internet) 上有關旅遊的網站，您建議他最好應該如何做？　①買一本 Internet Yellow Page　②購買旅遊雜誌　③使用搜尋引擎尋找　④接收 E-MAIL。 [44]

解 在搜尋引擎（例如：Google、Yahoo）鍵入「旅遊」關鍵字，按「搜尋」鈕即可進行搜尋。

192.(　　) 「創新小點子」商店，想藉由網際網路 (Internet) 提供世界各地的客戶預訂產品，他們應該架設何種系統？　① FTP 伺服器　② WWW 伺服器　③ DNS 伺服器　④ Mail 伺服器。[45]

解 FTP 伺服器：FTP 為檔案傳輸協定。
WWW 伺服器：架設 WWW Server，可以提供客戶上網瀏覽、訂購商品。
DNS 伺服器：DNS 為網域名稱伺服器。

解 189.(1)　190.(1)　191.(3)　192.(2)

193.(　　) 在網際網路 (Internet) 上，用什麼來識別電腦？ ① URL ② IP Address ③ computer ID ④ computer name。 [53]

解 每一部電腦均有唯一識別的 IP Address。

194.(　　) 下列何種網路的應用可呈現圖片、語音、動畫的效果？ ① BBS ② Eudora ③ FTP ④ WWW。 [71]

解 WWW 爲全球資訊網，具有圖片、語音及動畫效果的展示。

195.(　　) 一般若要使用 Internet，爲了安全性與保密性，必須要有密碼及 ①帳號 ②信用卡號 ③身份證字號 ④學號 才能進入。 [77]

196.(　　) 「全球資訊網(World Wide Web)」使用最普遍的是哪一種格式？ ① .doc ② .htm ③ .txt ④ .dbf。 [86]

解 .doc：Word 檔。.htm：網頁檔。.txt：文字檔。.dbf：database 檔（資料庫檔）。

197.(　　) 關於「網際網路 (Internet)」的敘述，下列何者正確？ ① Internet 是起於 40 年代 ② Internet 是國際的範圍 ③ Internet 只是現成可用於防禦部門和研究大學 ④ Internet 使用者數目可無限制擴張。 [93]

解 網際網路（Internet）起源於 1970 年代，是一種國際性資訊網路，使用於各行各業，其使用數目很多，但是是有限制的。例如：IPv4 或 IPv6，表示其 IP 位址爲 4 位元組或 16 位元組。目前 Internet 定址方法是 IPv4，可以提供位址總數約爲 256×256×256×256 個。

198.(　　) 下列哪一項不屬於 Internet 的服務？ ① BBS ② WWW ③ e-mail ④ RFC。 [107]

199.(　　) 在 Windows 作業系統中，以手動方式設定 TCP/IP 網路連線，設定項目包含 IP 位址、子網路遮罩及下列何種設備的 IP 位址？ ①集線器 (Hub) ②橋接器 (Bridge) ③交換器 (Switch) ④閘道器 (Gateway)。 [167]

200.(　　) 下列何種網路設備具備協定轉換功能？ ①數據機 ②中繼器 ③閘道器 ④集線器。 [188]

解 數據機：其功能爲數位 / 類比訊號轉換。
中繼器：用以放大訊號。
閘道器：用以轉換不同通訊協定的網路內容。
集線器：用於星狀網路，作爲中央連接器。

網址

- 網址是網頁或檔案在網路上的位置。例如：www.google.com.tw。
- 在 www.labor.gov.tw 當中，labor 爲組織代號，gov 爲組織類型，tw 爲國家或地理區域之網域。
- 網域命名法則

  例如：www.myweb.com.tw 之組成爲 www. 該公司或單位的網域名稱 . 組織類別 . 國家或地理區域之網域。

  組織類別包括：gov（政府機構）、edu（教育機構）、com（商業機構）、mil（軍事機關）、net（網路服務供應商）、org（非營利組織）。

解 193.(2)　194.(4)　195.(1)　196.(2)　197.(2)　198.(4)　199.(4)　200.(3)

■ SSL 技術

1. 建立加密連結的標準安全技術。網址列若以 https 作爲網址開頭，則網站採用此技術建立安全通道。
2. 運作原理：是以一種終端使用者看不見的程序叫做「SSL 握手」（SSL handshake），可在網路伺服器和瀏覽器之間創造安全連結。它以三把金鑰打造一個對稱式會話金鑰，再以此加密所有傳輸資料。它使 Web 服務器和 Web 瀏覽器之間創建安全的加密連接。

小試身手

201.(　　) 以「http://www.labor.gov.tw」來表示，則下列何者代表國家或地理區域之網域？ ① www ② labor ③ gov ④ tw。 [10]

解 在 www.labor.gov.tw 中，www：全球資訊網，labor 爲該公司或單位的網域名稱，gov 爲組織類別，tw 爲國家或地理區域之網域。

202.(　　) 若網址列以「https」作爲網址開頭，則該網站採用下列何種技術建立安全通道？ ① DES ② RSA ③ SET ④ SSL。 [56]

203.(　　) 以「http://www.myweb.com.tw」而言，下列何者代表公司的網域？ ① www ② myweb ③ com ④ tw。 [112]

解 www.myweb.com.tw 之組成爲 www. 該公司或單位的網域名稱 . 組織類別 . 國家或地理區域之網域。

組織類別包括：gov（政府機構）、edu（教育機構）、com（商業機構）、mil（軍事機關）、net（網路服務供應商）、org（非營利組織）。

204.(　　) 在網際網路的網域組織中，下列敘述何者是錯誤的？ ① gov 代表政府機構 ② edu 代表教育機構 ③ net 代表財團法人 ④ com 代表商業機構。 [115]

解 net：網際網路服務供應商（提供網路伺服器的機構），例如：hinet.net（中華電信）。
org：非營利組織，例如：www.1980.org.tw（張老師全球資訊網）。

205.(　　) 在網際網路的網域組織中，下列敘述何者是錯誤的？ ① gov 代表政府機構 ② edu 代表教育機構 ③ org 代表商業機構 ④ mil 代表軍方單位。 [116]

解 org：非營利組織，例如：www.csf.org.tw（電腦技能基金會）。
com：代表商業機構，例如：www.google.com（Google）。

電子郵件（E-ma÷）

■ 電子郵件（E-mail）格式，例如：hello@mymail.com.tw，其中 @ 的左邊「hello」爲郵件帳號，@ 爲 at，mymail.com.tw 爲郵件網域。發送電子郵件（E-mail）時可以對相同或不同網域（例如：yahoo、gmail、hinet 等）的使用者發送郵件。

■ 若郵件上出現紅色「！」符號，表示此封郵件爲「急件」。

■ 若郵件上出現「迴紋針」符號，表示此封郵件爲含有「附加檔案」的郵件。

解 201.(4) 202.(4) 203.(2) 204.(3) 205.(3)

小試身手

206.(　　) 以「hello@mymail.com.tw」來表示，@ 的左邊「hello」代表的是　①個人的網址　②個人的姓名　③個人的密碼　④個人的帳號。 [18]

解 hello@mymail.com.tw，其中 @ 的左邊「hello」為郵件帳號，@ 為 at，mymail.com.tw 為郵件網域。

207.(　　) 電子郵件允許你發送訊息到？　①只有在相同網域的使用者　②可以在相同或不同網域的使用者　③只可以發給認識的人　④只可以發給通訊錄上的人。 [19]

解 發送電子郵件（E-mail）時可以對相同或不同網域（例如：yahoo、gmail、hinet 等）的使用者發送郵件。

208.(　　) 在接收郵件時，若郵件上出現「迴紋針」符號，表示此封郵件　①為「急件」　②為「已刪除」郵件　③含有「附加檔案」的郵件　④帶有病毒的郵件。 [21]

解 若郵件上出現「迴紋針」符號，表示此封郵件是含有「附加檔案」的郵件。

209.(　　) 在接收郵件時，若郵件上出現紅色「！」符號，表示此封郵件　①為「急件」　②帶有病毒的郵件　③含有「附加檔案」的郵件　④為「已刪除」郵件。 [30]

解 若郵件上出現「!」符號，表示此封郵件為「急件」。

區域網路標準

- Ethernet（星狀網路 / 拓樸）：乙太網路，屬於廣播式網路，每個節點都會收到訊息。若網路標示為「10BaseT 乙太網路（Ethernet）」則表示具有 10 Mbps 的頻寬。若數台電腦以網路線與集線器（Hub）連接，亦屬此類網路架構。通訊協定是採 IEEE 802.3 標準。
- Token Ring（環狀網路 / 拓樸）：信號環網路，每個工作站以固定的順序，傳遞一個稱之為記號（Token）的訊框，收到此記號的電腦，如果需要傳輸資料，則會檢查該記號是否閒置，若為閒置，則將資料填入記號中，並設定記號為忙碌，接著將記號傳給下一部電腦。通訊協定是採 IEEE 802.5 標準。
- ARCnet（匯流排網路 / 拓樸）：採用令牌匯流排（Token-Bus）方案來管理 LAN 上的工作站和其他設備之間的共享線路，其中，LAN 伺服器總是在一條匯流排上連續循環地發送一個空訊息框。當有設備要發送訊息時，它就在空訊息框中插入一個「令牌」以及相應的訊息。當目標設備或 LAN 伺服器接收到該訊息後，就將「令牌」重新設置為 0，以便該訊息框可被其他設備重複使用。通訊協定是採 Datapoint Arcnet 標準。

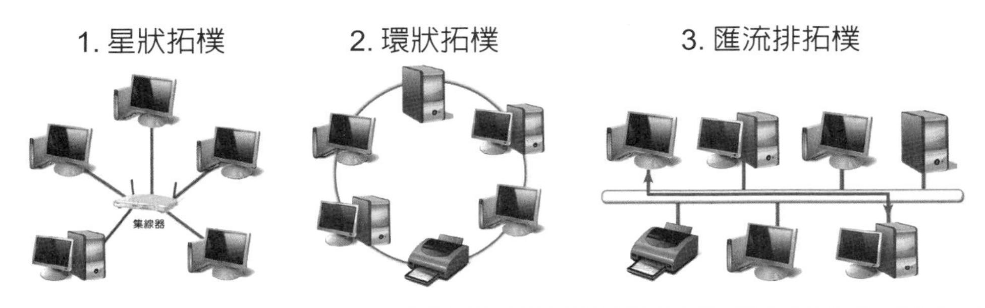

解 206.(4)　207.(2)　208.(3)　209.(1)

■ Ethernet（星狀網路 / 拓樸，乙太網路）架構必須在每一部電腦上安裝網路卡，並編有一個獨一無二的網路卡實體位址，稱爲「MAC（Media Access Control）位址」，或稱 Physical address 或配接卡位址，是每張網路卡出廠時即擁有一個獨一的識別號碼，MAC 位址是由 6Bytes（位元組）組成，即以 6 組 00-FF 代碼所組成，例如：00:D0:A0:5C:C1:B5。

小試身手

210.(　　) 下列何者不屬於區域網路的標準？ ① Ethernet ② Token Ring ③ ARCnet ④ Seednet。 [24]

解 Ethernet（星狀網路 / 拓樸）：乙太網路，屬於廣播式網路，採用星狀網路結構的一種區域網路，通訊協定是採 IEEE 802.3 標準。

Token Ring（環狀網路 / 拓樸）：信號環網路，採用 Token Passing 傳輸方式，通訊協定是採 IEEE 802.5 標準。

ARCnet（匯流排網路 / 拓樸）：是早期工業界廣泛使用的網路，由 Datapoint 公司設計，通訊協定是採 Datapoint Arcnet 標準。

Seednet：是一個網際網路服務提供者（ISP），屬於廣域網路，不是區域網路。

211.(　　) 每張 Ethernet 網路卡都編有一個獨一無二的位址，這個位址稱爲「MAC(Media Access Control) 位址」，MAC 位址是以 ① 4Bytes ② 6Bytes ③ 7Bytes ④ 8Bytes 表示。 [161]

解 Ethernet（星狀網路 / 拓樸，乙太網路）架構必須在每一電腦上安裝網路卡，並編有一個獨一無二的網路卡實體位址，稱爲「MAC（Media Access Control）位址」，或稱 Physical address 或配接卡位址，是每張網路卡出廠時即擁有一個獨一的識別號碼，MAC 位址是由 6Bytes（位元組）組成，即以 6 組 00-FF 代碼所組成，例如：00:D0:A0:5C:C1:B5。

212.(　　) 某辦公室內有數台電腦，將這些電腦以網路線與集線器 (Hub) 連接，此種連接方式爲 ①匯流排網路 ②星狀網路 ③環狀網路 ④網狀網路。 [162]

解 星狀網路以集線器（Hub）或交換器（Switch）爲連接中心，呈放射狀的網路。

213.(　　) 「10BaseT 乙太網路 (Ethernet)」，其中 10 表示頻寬爲多少 Mbps？ ① 1 ② 10 ③ 20 ④ 100。 [172]

解 10BaseT：表示乙太網路頻寬爲 10Mbps。而 T 表示其傳輸線爲 Twisted Pair（雙絞線）。

IP Address

■ Internet 上的每一台電腦主機都有一個唯一的識別號，即爲 IP address，例如：210.59.15.20。IP 主要以二種形式呈現：

1. IPv4

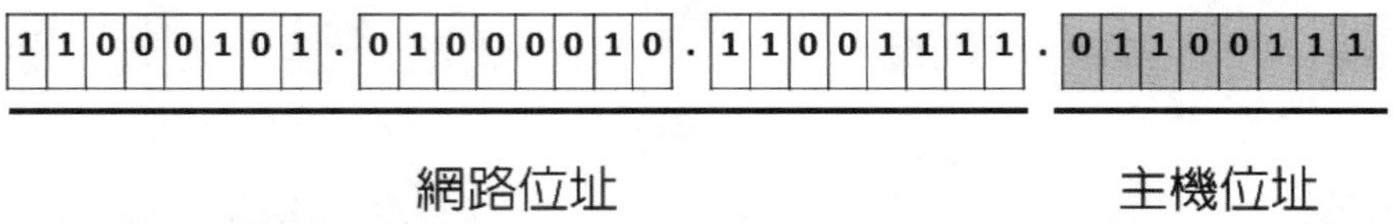

11000101 . 01000010 . 11001111 . 01100111

網路位址　　主機位址

32 Bit 的 P 位址是由網路位址與主機位址兩部份所組成

解 210.(4)　211.(2)　212.(2)　213.(2)

(1) 由 4 組八位元組成（共 32 位元），分五級（A-E）。

Class A： 0.xx.xx.xx – 127.xx.xx.xx （大型網路，如國際企業）
Class B：128.xx.xx.xx – 191.xx.xx.xx （中型網路，如中型機構）
Class C：192.xx.xx.xx – 223.xx.xx.xx （小型網路，如小型公司）
Class D：224.xx.xx.xx – 239.xx.xx.xx （IP 多點傳送）
Class E：240.xx.xx.xx – 255.xx.xx.xx （測試用途）
註：Class D 可作爲群播（multicast）的功用，Class E 則是保留網段。

(2) 每組數字由 8 個二進位組成 00000000-01111111（十進位爲 0-255）。例如：210.59.15.20 可轉爲 11010010.00111011.00001111.00010100。

2. IPv6
由 8 組十六位元組成（共 128 位元），每組 4 個十六進位（0000-FFFF），共 32 個 16 進位，例如：2001:e10:6840:4:bd40:638d:2ca4:3e8a。

■ 網域名稱系統（Domain name server，DNS）：它將人們可讀取的網域名稱（例如：www.amazon.com）轉換爲機器可讀取的 IP 位址（例如：192.0.2.44）。

小試身手

214.(　　) 哪一種服務可將「Domain Name」對應爲「IP Address」？ ① WINS ② DNS ③ DHCP ④ Proxy。 [58]
解 WINS：Windows 網際網路名稱服務。
DNS（Domain Name Server，網域名稱系統）：根據網址來查出 IP 位址，並回報給用户端。
DHCP（Dynamic Host Configuration Protocol，動態主機設定協定）的主要功能是讓一部機器能夠透過自己的 Ethernet Address 廣播，向 DHCP Server 取得有關 IP、Netmask、Default gateway、DNS 等設定。
Proxy：代理伺服器。

215.(　　) 在 Internet 上的每一台電腦主機都有一個唯一的識別號，這個識別號就是 ① CPU 編號 ②帳號 ③ IP 位址 ④ PROXY。 [72]
解 每一部電腦均有唯一識別的 IP Address。

216.(　　) IP 位址通常是由四組數字所組成的，每組數字之範圍爲何？ ① 0 ～ 999 ② 0 ～ 127 ③ 0 ～ 255 ④ 0 ～ 512。 [73]

217.(　　) 網際網路的 IP 位址長度係由多少位元所組成？ ① 16 ② 32 ③ 48 ④ 64。 [117]
解 網際網路的 IP 位址由四段 8 位元所組成。IPv4 的 IP 位址由 4 組 0 至 255 的十進位數字組成。

218.(　　) 已知網際網路的 IP 位址係由四組數字所組成，請問下列表示法中何者是錯誤的？ ① 140.6.36.300 ② 140.6.20.8 ③ 168.95.182.6 ④ 200.100.60.80。 [118]
解 每一組數字範圍爲：0 ～ 255。

解 214.(2) 215.(3) 216.(3) 217.(2) 218.(1)

219.(　　) IP 位址 200.200.200.200 應該是屬於哪個 Class 的 IP ？ ① Class A ② Class B ③ Class C ④ Class D。 [151]

220.(　　) IPv4 將 IP 分為多少個等級？ ① 4 ② 5 ③ 6 ④ 7。 [184]

221.(　　) IPv6 是以何者方式來表示其位址？ ① 32 個 8 進位 ② 16 個 16 進位 ③ 32 個 10 進位 ④ 32 個 16 進位。 [238]

開放式通訊系統互連參考模型（Open System Interconnectçn Reference Model，OSI）

- 開放式通訊系統互連參考模型（Open System Interconnection Reference Model，OSI）是一種制定網路標準都會參考的概念性架構，並非一套標準規範，也不是用來提供實現的方法，而是透過觀念描述，協調各種網路功能發展時的標準制定。

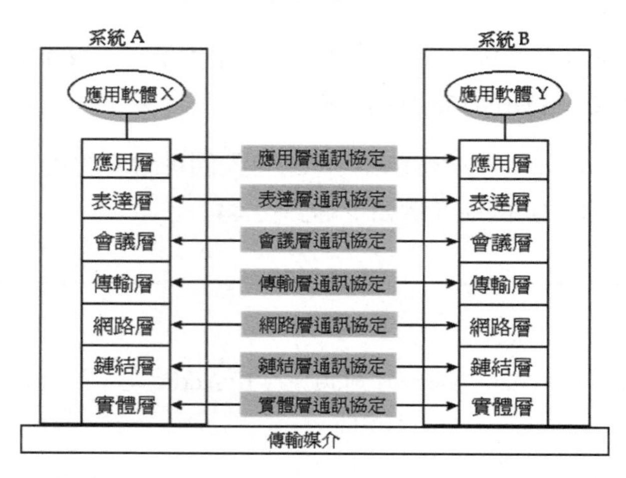

- 通訊軟體 Line：屬於應用層。

小試身手

222.(　　) ISO 所提出的 OSI 架構共分成幾層？ ① 9 ② 7 ③ 5 ④ 3。 [163]

223.(　　) 通訊軟體 LINE 屬 ISO 所規範的 OSI 架構中的哪一層？ ①應用層 ②會議層 ③傳輸層 ④表達層。 [186]

解 應用層：規範並提供各種網路服務（包括：電子郵件 E-mail、檔案傳輸軟體、即時通訊軟體、社群軟體 LINE、Internet Explorer、WWW 等）的使用者介面，讓使用者可存取或分享網路中的資源。

數位簽章

- 數位簽章是一種運用公鑰加密領域的技術，功能類似於寫在紙上的普通簽名，用以鑑別數位訊息的方法。一套數位簽章通常會定義兩種互補的運算，一種用於簽名，另一種用於驗證。
- 法律用語中的電子簽章與數位簽章代表之意義並不相同。
  1. 電子簽章指的是依附於電子文件並與其相關連，用以辨識及確認電子文件簽署人身分、資格及電子文件真偽。

解 219.(3) 220.(2) 221.(4) 222.(2) 223.(1)

2. 數位簽章則是以數學演算法或其他方式運算對其加密而形成的電子簽章。例如，用雜湊函數產生訊息摘要、傳送者以私鑰將訊息摘要加密、接收者以傳送者公鑰將訊息摘要解密、比對訊息摘要。

■ 數位簽章相關流程如下：

1. 達成數位簽章的首要步驟爲雜湊（Hash）產生訊息摘要的功能。
2. 經過雜湊運算之後，產生訊息的檢查碼（MAC），再使用 MAC 做爲私密金鑰加密的資料來源。
3. 最後將訊息和加密之後的檢查碼一起傳送給資訊的接收端。
4. 在接收端經解密取得資訊之後，可將資訊輸入到相同的雜湊函式之中，計算出檢查碼。
5. 接著利用公開金鑰將加密之後的檢查碼解密，比對兩者的檢查碼是否相同。
6. 如果檢查的結果相同，表示資訊沒有遭到修改。

■ 數位簽章的關鍵因素如下：

1. 使用者私密金鑰的保護。
2. 安全的雜湊函式。

■ 金鑰演算法類別

1. RSA：非對稱加密演算法，使用一對金鑰。
2. ASE：對稱式加密演算法，使用同一把金鑰，等級比 DES 高。
3. DES：對稱加密演算法。

■ 數位簽章可加強電子文件的「機密性」，以確保電子文件的簽署者是本人，讓電子文件在簽署後，不會被竄改的「完整性」，以及簽署電子文件後的來源「不可否認性」。

小試身手

224.(　　) 數位簽章運作流程，不包含下列何者？ ①用傳送者的公鑰將訊息摘要加密 ②用傳送者的公鑰將訊息摘要解密 ③利用雜湊函數產生訊息摘要 ④比對訊息摘要。 [178]

解 數位簽章的作法：將要傳送的文件先透過雜湊函數運算後產生訊息摘要，並利用傳送者的私鑰將摘要加密後連同文件一起傳送。接收者必須用傳送者的公鑰將訊息摘要「解密」，並比對訊息摘要。

225.(　　) 下列敘述何者正確？ ① RSA 是對稱式加密演算法 ② AES 是對稱式加密法 ③ DES 是非對稱式加密演算法 ④對稱式加密法是採用不同的金鑰進行加、解密。 [179]

解 RSA：非對稱加密演算法，使用一對金鑰。
ASE：對稱式加密演算法，使用同一把金鑰，等級比 DES 高。
DES：對稱加密演算法。

226.(　　) 在公開金鑰密碼系統中，A 將機密資料傳給 B，B 應該使用下列哪種金鑰來解密？ ① A 的公開金鑰 ② A 的私人金鑰 ③ B 的私人金鑰 ④ B 的公開金鑰。 [180]

解 公開金鑰密碼系統屬於非對稱加密，其加密與解密使用不同的金鑰。A 首先要取得 B 的公開金鑰來加密文件，再送到網路上傳給 B，B 取得加密後文件，B 用自己擁有的私人金鑰來解密資料。

解 224.(1)　225.(2)　226.(3)

電子商務

- 電子商務就是把傳統的商業活動搬到新興的網際網路（Internet）上來進行。
- 電子商務包括四種流程（四流）：
  1. 商流：指產品（Prouduct）流程，將實體產品的策略模式移至網路上來執行與管理。
  2. 物流：指通路（Place）流程，產品從生產者移轉到經銷商、消費者的整個流通過程。
  3. 金流：指價格（Price）流程，在網路上透過安全的認證機制，是企業與企業間、個人與企業間的資金轉移，或是各種支付方式。
  4. 資訊流：指促銷（Promotion）流程，就是網站的架構，一個好的網站架構就好比一個好的賣場，消費者可以快速找到自己要的產品，有舒適的購物空間，各式各樣的促銷活動，有服務櫃台，產品均有詳細的說明。好的資訊流是電子商務成功的先決條件。
- 電子商務簡稱 B 是 Business，意思是企業。C 是 Customer，意思是消費者。G 是 Government，意思是政府。2 則是 to 的諧音。
  1. B2B：企業（Business）對（to）企業（Business），是企業對企業的電子商務模式。
  2. B2C：企業（Business）對（to）消費者（Consumer），是企業對消費者的電子商務模式。
  3. B2G：企業（Business）對（to）政府（Government），是企業對政府的電子商務模式。
  4. C2C：消費者（Consumer）對（to）消費者（Consumer），是消費者（Consumer）與消費者之間的電子商務模式。

小試身手

227.(　　) 在電子商務行爲中，下列何者是指消費者個人與消費者個人之間利用網際網路進行商業活動？ ①B2B ②B2C ③B2G ④C2C。 [122]

228.(　　) 電子商務之四流，不包含？ ①商流 ②物流 ③金流 ④訂單流。 [181]
解 電子商務之四流：商流、物流、金流、資訊流，不含訂單流。

電腦病毒

- 電腦病毒（Computer Virus）能將自己附著在合法的執行檔上。如果使用者企圖執行該執行檔，那麼病毒就有機會運行，所以具有感染其他檔案的特性。
- 勒索病毒（Ransomware）：又稱勒索軟體，是一種特殊的惡意軟體，又被歸類爲「阻斷存取式攻擊」（Denial-Of-Access Attack），與其他病毒最大的不同在於手法以及中毒方式。
  1. 其中一種勒索軟體僅是單純地將受害者的電腦鎖起來，而另一種則爲系統性地加密受害者硬碟上的檔案。
  2. 所有的勒索軟體皆會要求受害者繳納贖金，以取回對電腦的控制權，或是取回受害者根本無從自行取得的解密金鑰以便解密檔案。
  3. 勒索軟體通常透過木馬病毒的形式傳播，將自身掩蓋爲看似無害的檔案，通常會利用假冒成普通的電子郵件等方法欺騙受害者點擊連結下載，但也有可能與蠕蟲病毒一樣，利用軟體的漏洞在上網的電腦間傳播。

解 227.(4)　228.(4)

4. 此病毒使用非對稱式加密法來達到目的，被勒索者需要取得解密的金鑰才能解開檔案，勒索者以握有金鑰來進行威脅。

小試身手

229.(　　) 有關勒索病毒的運作原理，下列那一項煳述有誤？ ①使用非對稱式加密法來達到目的。 ②被勒索者需要取得解密的金鑰才能解開檔案 ③這是屬於破壞性的攻擊手法 ④勒索者以握有金鑰來進行威脅。 [193]

230.(　　) 下列哪種惡意程式是具有感染其他檔案的特性？ ①電腦蠕蟲 ②電腦病毒 ③特洛伊木馬 ④後門程式。 [228]

其他

- BBS（Bulletin Board System，電子佈告欄系統）：是一種網站系統，允許使用者使用終端程式透過數據機撥接或者網際網路來進行連接。BBS 站台提供佈告欄、分類論壇、新聞閱讀、軟體下載與上傳、遊戲與其他使用者線上對話等功能。
- ADSL（Asymmetric Digital Subscriber Line，非對稱數位使用者線路）：是一種非同步傳輸模式（ATM），因為上行（從用戶到電信服務提供商方向，如上傳動作）和下行（從電信服務提供商到用戶的方向，如下載動作）頻寬不對稱（即上行和下行的速率不相同），因此稱為非對稱數位用戶線路。
- RSS（Really Simple Syndication，簡易資訊聚合）：是一種訊息來源格式規範，用以聚合經常發布更新資料的網站，例如部落格文章、新聞、音訊或視訊的網路摘要。簡單來說，RSS 能夠讓使用者訂閱個人網站個人部落格，當訂閱的網站有新文章時能夠獲得通知。
- POP3（Post Office Protocol – Version 3，郵件協定第三版）：POP3 伺服器會保留內送的電子郵件訊息，直到您檢查電子郵件為止，而郵件會在那個時候傳輸到您的電腦，是個人電子郵件最常見的帳戶類型。郵件通常會在您檢查電子郵件時，從伺服器刪除。其使用之 Port number 為 110。
- Bluetooth（藍牙通訊技術）：運用於無線耳機等週邊設備，成本低，無方向障礙，使用 2.4GHz 頻段。
- QR Code（Quick Response Code，快速響應矩陣碼）：是二維條碼的一種，在世界各國廣泛運用於手機讀碼操作，其比普通一維條碼具有快速讀取和更大的資料儲存容量，也不需要像一維條碼般，在掃描時需要直線對準掃描器，其特色為具容錯能力，且能以多種方向掃描，外表呈正方形，角落會有類似「回」字的圖案。
- HomeRF（Home Radio Frequency）：無線網路規範家庭設備，以現在的無線通訊應用來說，2.4GHz 頻帶是一個被普遍使用的頻帶，因為此頻帶之頻率範圍為 2.400 ~ 2.4835 MHz，正是所謂不用額外申請的 ISM Band，而在 2.4 GHz 頻帶中目前最常使用的通訊種類，大概可區分為三類通訊規範，分別是：Wireless LAN（2.4GHz IEEE 802.11b）、Short range Bluetooth 以及 HomeRF（Home Radio Frequency）。

解 229.(3)　230.(2)

- GPS（Global Positioning System，全球定位系統）：為美國所研發的衛星導航系統，由至少 24 顆衛星所組成，無需訂閱或安裝費，其可在世界任何地方及任何天氣條件下，全天候 24 小時運作。運用 GPS 可找出自己所在地附近的相關資訊。
- 第四代行動通訊技術（The Fourth Generation Of Mobile Phone Mobile Communication Technology Standards，4G）：具有第四代行動通訊技術標準（4G）的行動裝置，使用者在高速移動狀態下傳輸速率可達 100 Mbps，5G 則可高達 10 Gbps。
- 測試本機電腦：可使用 ping 127.0.0.1 測試本機網路卡是否正常。
- 跨站腳本攻擊（Cross-Site Scripting，XSS）：是一種網站應用程式的安全漏洞攻擊，它利用網頁開發時留下的漏洞，利用巧妙的方法插入惡意指令代碼到網頁與 Script 中，使用戶載入並執行攻擊者惡意製造的網頁程式。
- 網路犯罪：在網路從事斂財騙色的詐欺行為（網路詐騙），或散播不實或未經證實的訊息（網路謠言）。前述內容皆屬於網路犯罪行為。調查此類犯罪是由我國國內查緝網路犯罪的偵九隊單位負責。

小試身手

231.(　　) 電腦名詞「BBS」是指 ①電子郵件 ②電子佈告欄 ③區域網路 ④網際網路。 [67]

232.(　　) 下列何者是在某些網頁中插入惡意的 HTML 與 Script 語言，藉此散布惡意程式，或是引發惡意攻擊？ ①零時差攻擊 (Zero-day Attach) ②跨站腳本攻擊 (Cross-Site Scripting, XSS) ③網站掛馬攻擊 ④阻斷服務攻擊 (Denial of Service, DoS)。 [147]

解 攻擊者利用網站漏洞把惡意的腳本代碼（通常包括 HTML 代碼和客户端 JavaScript 腳本）注入到網頁中，當其他用户瀏覽這些網頁時，就會執行其中的惡意代碼，對受害用户可能採用 Cookie 資料竊取、會話劫持、釣魚欺騙等各種攻擊。

233.(　　) 下列有關非對稱數位用戶線路 (ADSL) 的敘述，何者不正確？ ①可以同時上傳與下載 ②可以同時使用電話及上網 ③是透過現有的電話線路連接至電信公司的機房 ④資料上傳與下載速度相同。 [168]

解 非對稱數位用户線路（ADSL）透過現有的電話線路連接至電信公司的機房，可以同時使用電話及上網，上網時可以同時上傳與下載，但「資料上傳與下載」速度不相同，因此稱為非對稱式，通常下載速度會比較快。

234.(　　) 下列有關網路犯罪相關描述，何者有誤？ ①我國國內查緝網路犯罪的單位是偵九隊 ②在網路從事斂財騙色的詐欺行為，是屬網路詐騙 ③大量寄送廣告郵件，造成他人困擾，是屬散播惡意軟體 ④散播不實或未經證實的訊息，是屬網路謠言。 [177]

解 大量寄送廣告郵件，郵件內若無病毒，只能算是造成困擾，還不算是散播惡意軟體。

235.(　　) 下列何種機制可藉由訂閱方式，即時取得他人部落格的最新內容？ ① CSS(Cascading Style Sheets) ② RSS(Really Simple Syndication) ③ FTP(File Transfer Protocol) ④ SET(Secure Electronic Transaction)。 [182]

解 CSS（Cascading Style Sheets，階層式樣式表）：是一種類似 HTML 的網頁語言，主

解 231.(2) 232.(2) 233.(4) 234.(3) 235.(2)

要用於網頁的美化處理。

RSS（Really Simple Syndication，簡易資訊聚合）：是一種以 XML 傳送內容，可以取得部落格訊息或看到所「訂閱」的文章。

FTP（File Transfer Protocol，檔案傳輸協定）：用於上傳或下載檔案。

SET（Secure Electronic Transaction，安全電子交易）：用來保護在任何網路上信用卡交易的開放式規格，是確保消費信用卡的安全電子交易規範。

236.(　　) 下列網路服務預設的 Port Number，何者對應有誤？　① HTTP:80　② Telnet:23　③ POP3:120　④ FTP:21。　[183]

解 Port Number（埠號）：一個 IP 位址可以對應幾個 port，每個 port 都有一個編號；並由軟體來監控該 port 的封包進出；POP3 應爲 110。

237.(　　) 行動電話所使用的無線耳機，最常採用下列何種通訊技術？　① WiMAX　② RFID　③ Wi-Fi　④ Bluetooth。　[185]

解 WiMAX（Worldwide Interoperability for Microwave Access，全球互通微波存取）：是比 Wi-Fi 涵蓋範圍更廣的無線上網通訊協定。

RFID（Radio Frequency IDentification，無線射頻辨識）：是利用 RF 無線電波來進行無線資料的辨識及擷取，例如捷運悠遊卡、寵物植入晶片、商品管理等。

Wi-Fi：又稱「無線熱點」或「無線網路」，是 Wi-Fi 聯盟的商標，一個基於 IEEE 802.11 標準的無線區域網路技術。

Bluetooth（藍牙通訊技術）：運用於無線耳機等週邊設備，成本低，無方向障礙，使用 2.4 GHz 頻段。

238.(　　) 下列何種無線傳輸方式，因成本較低、無固定傳輸方向障礙等優點，廣泛應用於手機、平板電腦、無線耳機等周邊設備的傳輸工作？　①微波　②雷射　③藍牙　④紅外線。　[195]

解 微波：適合長距離、跨國跨洲的無線傳輸。雷射：適合長距離、大頻寬、空曠無遮掩的點對點傳輸。紅外線：有正、負 15 度的方向限制。

239.(　　) 下列何者不是 QR-Code 的特色？　①具容錯能力　②能以多種方向掃描　③須使用 RFID 感應器讀取　④外表成正方形，角落會有類似「回」字的圖案。　[196]

240.(　　) HomeRF 無線網路規範家庭設備與藍芽 (Bluetooth) 是在下列哪個頻段上通訊？　① 25MHz　② 2.4GHz　③ 1GHz　④ 100MHz。　[235]

解 HomeRF 屬於 2.4 GHz ISM 頻段，它結合 IEEE 802.11 FH（無線數據網路標準）和 DECT（數位無線電話標準），以滿足家庭網路需求。

241.(　　) 小英使用手機利用業者服務，想找出距離自己 100 公尺內的停車場，這種應用屬於下列何者？　①行動推播　②無線傳銷　③行動定位　④無線接取。　[236]

242.(　　) 下列何者不是 QR Code 主要的應用面？　①將機密資訊加密　②下載商家折價卷　③自動取得網站上的推銷資訊　④將數位內容下載至手機。　[237]

解 QR Code 經軟體辨識後就能連至網頁，取得所要資訊，處理上並不適合用於將機密資訊加密。

解 236.(3)　237.(4)　238.(3)　239.(3)　240.(2)　241.(3)　242.(1)

243.(　　) 具有第四代行動通訊技術標準 (4G) 的行動裝置，使用者在高速移動狀態下傳輸速率可達多少 bps？ ① 100M ② 200M ③ 400M ④ 600M。 [239]

解 3G 可達 54Mbps。4G 可達 100Mbps。

244.(　　) 要測試電腦本機網路卡是否正常，可執行下列何種指令測試？ ① ping 127.0.0.1 ② ping 126.0.0.1 ③ ping 255.0.0.1 ④ ping 245.0.0.1。 [240]

解 ping 用以測試區域網路或廣域網路中的電腦或設備是否連線。ping 127.0.0.1 則是測試電腦本機網路卡是否正常。

單元六 大數據（Big Data）

大數據

- 大數據具有大量、高速、多變等特性，其資料來源基礎如下：
  1. 含影片及電子郵件等非結構化資料。
  2. 需考量資料來源的合法性。
  3. 盡量使用全部資料來分析（例如零售業可用來擬定特價商品）。

小試身手

245.(　　) 有關大數據 (Big Data) 的敘述，下列何者正確？ ①具大量、高速、多變等特性 ②皆為結構化資料，不會有非結構化資料 ③不包含影片及電子郵件等資料 ④不需考慮資料來源的合法性。 [245]

246.(　　) 進行大數據 (Big Data) 分析時，通常應該使用多少資料來分析？ ①盡量使用全部資料 ②最近儲存時間的 30% 資料 ③單筆資料量較大的前 30% 資料 ④變化量較快的 30% 資料。 [246]

247.(　　) 大數據 (Big Data) 對生活產生了改變。下列何者較適合依據大數據的分析結果直接執行？ ①司法判決 ②逮捕可疑人犯 ③開病人處方簽 ④擬定特價商品。 [247]

大數據的特性

- 可用「大、快、雜、疑」四字箴言代表大數據，其中大、快、雜合稱 3V 或 3Vs。
  1. 大（Volume，大量性）：表示「資料量」，Data Volume（Amount Of Data），數據由機器、網路、人與人之間的社群互動來生成。例如點擊滑鼠、來電、簡訊、網路搜尋、線上交易等，都可累積成龐大的數據，因此資料量很容易就能達到數 TB（Tera Bytes，兆位元組），甚至上看 PB（Peta Bytes，千兆位元組）或 EB（Exabytes，百萬兆位元組）等級。
  2. 快（Velocity，即時性）：表示「資料輸入輸出速度」，Data Velocity（Speed Of Data In and Out），資料的傳輸流動（Data Streaming）是連續且快速的，隨著資料成長，反應資料的

解 243.(1) 244.(1) 245.(1) 246.(1) 247.(4)

速度已成為最大的挑戰，許多資料要能即時得到結果才能發揮最大的價值，因此也有人將 Velocity 認為是「時效性」。

3. 雜（Variety，多樣性）：表示「資料類型」，Data Variety（Range Of Data Types And Sources），大數據的來源十分多樣化，最簡單的方法是分兩類，結構化與非結構化。非結構化資料主要是文字、電子郵件、網頁、社交媒體、視訊、音樂、圖片等等，這些非結構化的資料造成儲存（Storage）、探勘（Mining）、分析（Analyzing）上的困難。
4. 疑（Veracity，眞實性）：表示「眞實性」，Data Veracity（Uncertainty Of Data），由 Inderpal Bhandar 在波士頓大數據創新高峰會的演講中提出，認為大數據分析應考慮資料偏差、偽造、異常的部分，防止 Dirty Data 損害到資料系統的完整與正確性，進而影響決策。

■ 大數據來源為原始數據（Raw Data），多由歷史資料累積而來，分析時採用原始數據（Raw Data）處理，常常會發現以前因為科技所限制而忽略的資料，這類資料稱為暗資料（Dark Data）。最能夠直觀呈現大數據特點的分析方法是可視化分析（Visibility Analysis）。

小試身手

248.(　　) 大數據 (Big Data) 的 3Vs 中，與資料輸出入速度有關的是何者？ ① Volume ② Velocity ③ Variety ④ Veracity。 [253]

249.(　　) 大數據 (Big Data) 資料來源種類包羅萬象，最簡單分類為結構化與非結構化。非結構化資料從早期的文字資料類型，已擴展到網路影片、視訊、音樂、圖片等，複雜的非結構化資料類型造成儲存、探勘、分析的困難。這樣的特性指的是？ ① Volume ② Velocity ③ Variety ④ Value。 [254]

250.(　　) 大數據 (Big Data) 分析中的”大量數據”，指的是哪個特性？ ① Volume ② Velocity ③ Variety ④ Veracity。 [255]

251.(　　) 大數據 (Big Data) 分析的標的來源為何？ ①原始數據 (Raw Data) ②依據統計理論取樣本 ③隨機取夠多樣本即可 ④分類取樣本。 [256]

解 大數據（Big Data）分析的標的來源以全體資料為主。

252.(　　) 大數據 (Big Data) 對於即時性的資料可以快速加入分析，這特性指的是？ ① Volume ② Velocity ③ Variety ④ Veracity。 [257]

253.(　　) 大數據 (Big Data) 分析方式中，最能夠直觀呈現大數據特點的方法是？ ①可視化分析 (Visibility Analysis) ②資料探勘 (Data Mining) ③資料管理分析 (Data Management Analysis) ④預測性分析 (Predictive Analysis)。 [258]

254.(　　) 大數據 (Big Data) 分析因為採用原始數據 (Raw Data) 處理，常常會發現以前因為科技所限制而忽略的資料，這類資料稱為 ①千兆級資料 (Peta data) ②交互式資料 (Interaction data) ③灰色資料 (Gray data) ④暗資料 (Dark data)。 [259]

解 248.(2)　249.(3)　250.(1)　251.(1)　252.(2)　253.(1)　254.(4)

Hadoop

- Hadoop 是一個能夠儲存並管理大量資料的雲端平台，為 Apache 軟體基金會底下的一個開放原始碼、社群基礎、而且完全免費的軟體，被各種組織和產業廣為採用，非常受歡迎。它最主要的兩項功能：

  1. 儲存資料（Store） 2. 處理資料（Process）
- Hadoop 2.0 家族主要成員與元件包括：管理工具 Ambari、分散式檔案系統 HDFS、分散式資源管理器 YARN、分散式平行處理 MapReduce、記憶體型計算架構 Spark、資料流程即時處理系統 Storm、分散式鎖服務 ZooKeeper、分散式資料庫 HBase、資料倉儲工具 Hive，以及其他工具如 Pig、Oozie、Flume、Mahout 等。
- Sqoop 是一個用來將 Hadoop 和關係型資料庫中的資料相互轉移的工具，可以將一個關係型資料庫（例如：MySQL、Oracle、Postgres 等）中的資料導進到 Hadoop 的 HDFS 中，也可以將 HDFS 的資料導進到關係型資料庫中。
- 分散式檔案系統（HDFS）為資料的儲存方式，Hadoop 是一個叢集系統（Cluster System），也就是由單一伺服器擴充到數以千計的機器，整合應用起來像是一台超級電腦。而資料存放在這個叢集中的方式，則是採用 HDFS 分散式檔案系統（Hadoop Distributed File System）。存取特性如下：

  1. 用數以千計的節點來存放資料。
  2. 資料分割成數小塊（Block），通常每小塊的大小是 64 MB，而且把每小塊拷貝成三份（Data Replication）。

     (1) 一為機器老大（Master Node）使用 NameNode 監控。

     (2) 二為機器小弟（Slave/Worker Node）使用 DataNode 存資料。

     (3) 三為防資料遺失，NameNode 會尋找其他 DataNode 上的副本（Replica）進行複製。
  3. 常使用 NoSQL 資料庫，例如 MongoDB、HBase，其中 HBase 是 Hadoop 2.0 的內建資料庫。

HDFS 架構圖

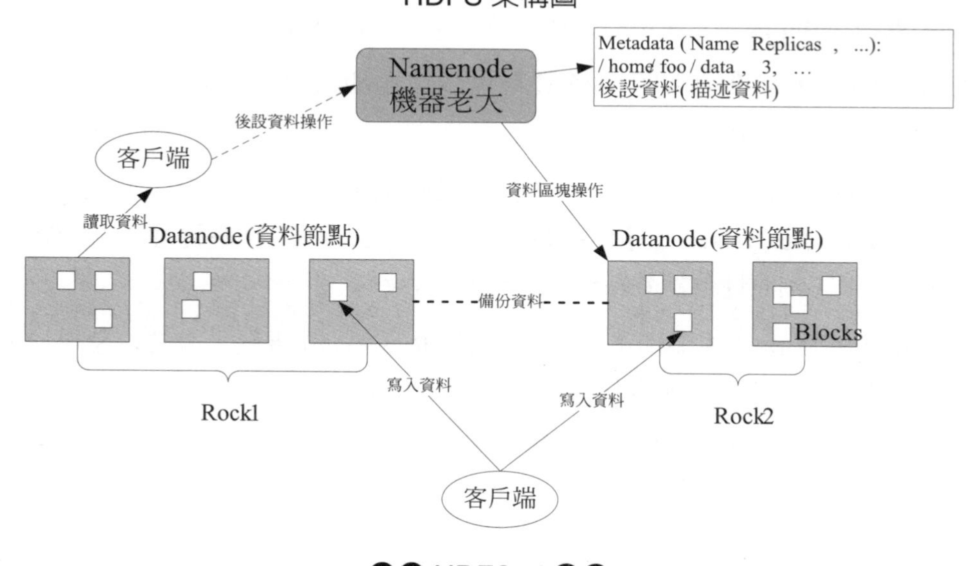

●● HDFS.ai ●●

資料來源：hadoop 官方網站（https://hadoop.apache.org/）

- Replica Placement（複本置放）：Hadoop 的 HDFS 檔案系統具有高容錯性與高可靠性，主要來自檔案系統的複本機制。一個 Hadoop Cluster，在預設的情況下，複本數爲 3，代表每一個檔案擁有三份重複的檔案內容。爲了達到寫入效率與取用的可靠性，若寫入資料的主機爲 Hadoop Cluster 的資料節點（Datanode），第一份複本會放置在該主機上；若非資料節點（Datanode），會任意選擇一台資料節點置放。第二份複本會放置在與第一份複本所在位置不同的機架（Rack）上。第三份複本會放置在與第二份複本相同機架（Rack）但不同資料節點（Datanode）上。

  分散存放在不同機架（Rack），可以提高容錯與可靠性，尤其當不同機架（Rack）放置在不同機房，更能達到異地備援的效果。第三份複本與第二份複本在同一個 Rack，能避免複本過度分散而影響取用時的效能。

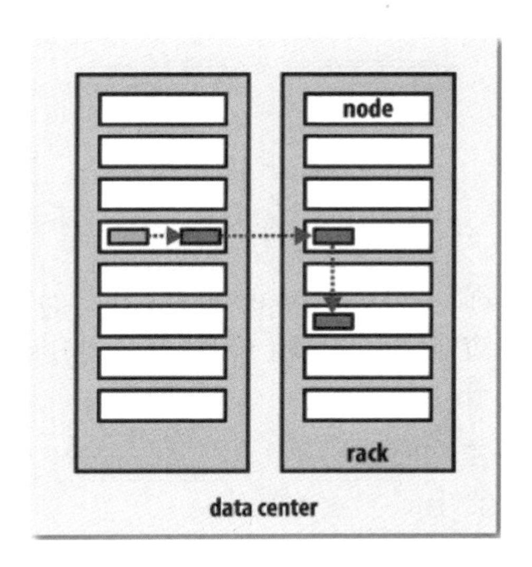

（圖片來源：Hadoop The Definitive Guide）

- 平行運算架構（MapReduce）：執行運算處理的功能，Hadoop 的做法是採用分散式計算的技術處理各節點上的資料。在各個節點上處理資料片段，把工作分散、分布出去的這個階段叫做 Mapping；接下來把各節點運算出的結果直接傳送回來歸納整合，這個階段就叫做 Reducing。

MapReduce 處理流程

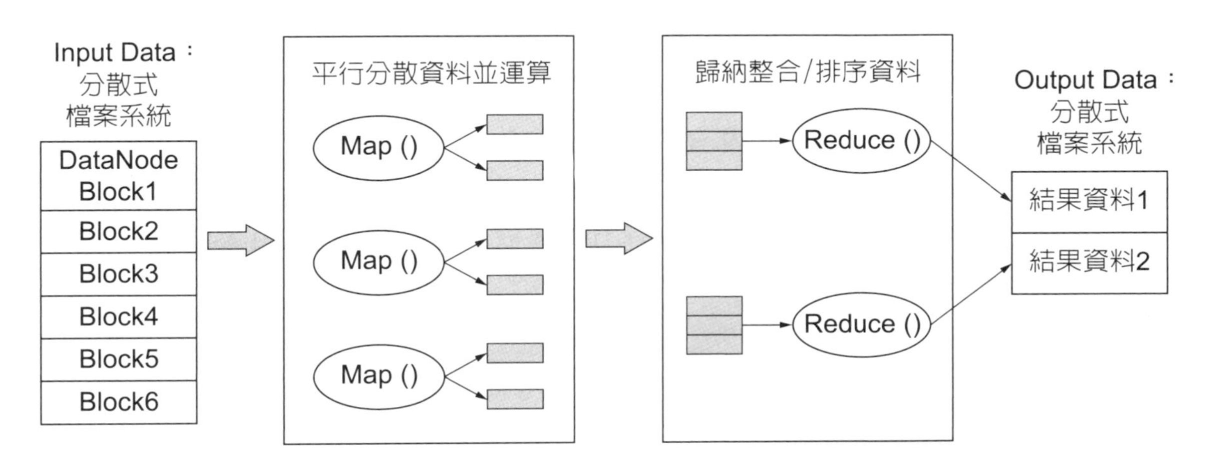

參考資料：1. https://hadoop.apache.org/docs/r1.2.1/mapred_tutorial.htm
2. https://www.tutorialspoint.com/hadoop/hadoop_mapreduce.htm

■ Apache Sqoop：是一個開放原始碼的工具，可幫助將傳統關聯式資料庫（如 MySQL）之資料傳遞及轉換到 Hadoop 的分散式檔案系統資料庫（如 Hive）。如右圖：

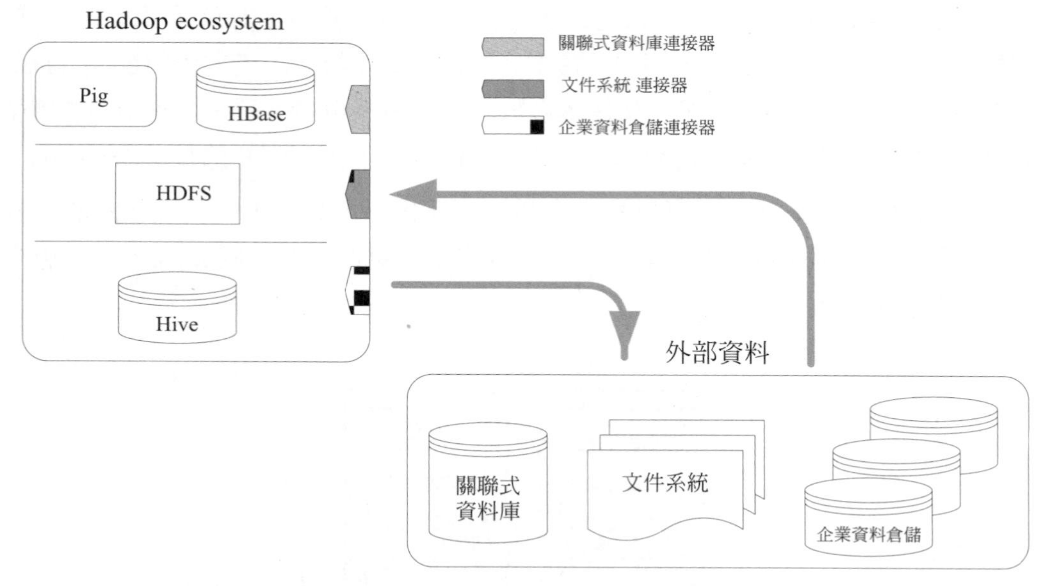

資料來源：官方網站 http://sqoop.apache.org/docs/1.4.7/index.html

■ Hadoop 並沒有解決所有巨量資料帶來的難題，所以許多與 Hadoop 相關的技術被開發來應付巨量資料的其他需求 。例如：

1. 用來處理資料的 Script 語言「Pig」。
2. 類似 SQL 語法查詢功能的「Hive」。
3. 專門用在 Hadoop 上的資料庫系統「HBase」。

小試身手

255.(　　) 有關 Hadoop 的敘述，下列何者正確？ ① HDFS 是循序運算框架 ② Map Reduce 是分散式檔案系統 ③ Sqoop 支援關聯式資料庫與 Hadoop 之間的資料轉換 ④ HBase 是關聯式資料庫。 [248]

256.(　　) 預設情況下，Hadoop 的分散式檔案系統 (HDFS) 會將資料檔案分割後的每個小塊複製成幾份複本 (replica)？ ① 2 ② 3 ③ 4 ④ 5。 [249]

257.(　　) 下列何者是 Hadoop 3.0 內建的資料庫？ ① CouchDB ② Neo4j ③ FlockDB ④ HBase。 [251]

解 Hadoop 提供使用者簡易撰寫並執行處理海量資料應用程式的軟體平台。在 2008 年 Hadoop 成爲 Apache 的專案時，HBase 也成爲其子專案之一。

258.(　　) 大數據 (BigData) 分析技術中，常使用 NoSQL 資料庫，下列哪一個是屬於 NoSQL 資料庫軟體？ ① PostgreSQL ② Sybase ③ MariaDB ④ MongoDB。 [261]

解 NoSQL 資料庫是指非關聯式資料庫，且可使用多種資料模型，包含文件、圖形、鍵值和欄位。NoSQL 資料庫的水平擴展資料模型具有易於開發、可擴展的效能、高可用性及恢復能力等特點。常見 NoSQL 工具有 MongoDB、BigTable 與 Hbase。

解 255.(3)　256.(2)　257.(4)　258.(4)

259.(　　) 常用於大數據 (Big data) 分析工具 Hadoop 中的 MapReduce 架構主要是執行哪一項功能？ ①運算處理 (Process)　②互動 (Interaction)　③儲存 (Store)　④叢集 (Cluster)。 [260]

解 MapReduce 是一種計算模型及軟體架構，編寫在 Hadoop 上運行的應用程序。這些 MapReduce 程序能夠對大型集群計算節點，並行處理大量的數據。

260.(　　) 有關 HBase 資料庫的敘述，下列何者正確？ ①沒有開放程式碼　②可執行於 HDFS 檔案系統之上　③只可透過 SQL 來存取資料　④屬於關聯式資料庫的一種。 [252]

Apache Spark

- Apache Spark 是開放原始碼的叢集運算框架，由加州大學柏克萊分校的 AMPLab 開發。Spark 是一個彈性的運算框架，適合做 Spark Streaming 資料流處理、Spark SQL 互動分析、ML Lib 機器學習等應用，因此 Spark 可成爲一個用途廣泛的大數據運算平台。
- 使用記憶體內運算技術，能在資料尚未寫入硬碟時，即在記憶體內分析運算。
- Spark 在記憶體內執行程式的運算速度能做到比 Hadoop MapReduce 的運算速度快上 100 倍，即便是執行程式於硬碟時，Spark 也能快上 10 倍速度。
- Spark 允許用戶將資料載入至叢集記憶體，並多次對其進行查詢，非常適合用於機器學習演算法。
- Spark 的構成要素：
  1. Spark 核心和彈性分散式資料集（RDDs）
     (1) 其基礎的程式抽象則稱爲彈性分散式資料集（RDDs）。
     (2) 叢集式運算框架，是一個可以並列操作、有容錯機制的資料集合。
     (3) RDD 抽象化可經由以 Scala、Java、Python 和 R 等語言整合成 APIs 的支援。
  2. Spark SQL：提供領域特定語言，可使用 Scala、Java 或 Python 來操縱 SchemaRDDs。
  3. Spark Streaming：充分利用 Spark 核心的快速排程能力來執行串流分析。
  4. Mllib：可使用於常見的機器學習和統計演算法，簡化大規模機器學習時間，爲分散式機器學習框架。
  5. GraphX：分散式圖形處理框架。

小試身手

261.(　　) 關於 Apache Spark 運作的敘述，下列何者正確？ ①非常不適合用於機器學習演算法　②程式只能在磁碟內做運算　③程式只能在記憶體內做運算　④能將資料加載至叢集記憶體內，並可多次對其進行查詢。 [250]

262.(　　) 對於適用大數據分析的叢集運算框架 Apache Spark 專案中，下列哪項組件是專做分散式機器學習的？ ① Spark SQL　② Spark Streaming　③ Spark MLlib　④ GraphX。 [262]

解 Apache Spark 支援 Java、Scala、Python 和 RAPIs。可擴展至超過 8000 個節點。能夠在記憶體內緩存資料集以進行互動式資料分析。Scala 或 Python 中的互動式命令列介面可降低橫向擴展資料探索的反應時間。Spark Streaming 對即時資料串流的處理具有可擴充性、高吞吐量、可容錯性等特點。Spark SQL 支援結構化和關聯式查詢處理（SQL）。MLlib：是機器學習演算法。GraphX 則是圖形處理演算法的高階函式庫。

解 259.(1)　260.(2)　261.(4)　262.(3)

263.(　　) 下列何者程式語言支援 Apache Spark 叢集運算框架？ ① Python ② prolog ③ FORTRAN ④ Auto ISP。 [263]

解 Java、Scala、Python 和 R API 程式語言支援 Apache Spark 叢集運算框架。

單元七 智慧裝置

智慧型設備及裝置

■ 智慧手機

1. 兩大手機作業系統主流：iPhone 的 iOS 作業系統及 Google 的 Android 作業系統。
2. 開放手機聯盟（Open Handset Alliance，OHA）：是一個由 Google 與手機製造商、軟體開發商、半導體製造商、電信營運商等企業組成的商業聯盟，目標是爲行動裝置開發開放標準。以開放原始碼軟體 Android 爲主要作業系統。微軟 Windows 10 也爲相關裝置進行整合，企圖爲所有的硬體提供一個統一的平台。
3. 與車用導航裝置相同，安裝 GPS 晶片，藉由人造衛星完成定位功能，其應用例如智能鞋加上 GPS 可以協助追蹤用戶路線。同時，也使用三軸加速計感測器偵測方向及速度，提升智慧型手機的各種可能。

■ 穿戴裝置

穿戴裝置爲穿著於身體的一種智慧裝置，可搭配 AR/VR（擴增實境 / 虛擬實境）等技術，形式多樣化，例如：眼鏡、手環、手錶、鞋襪等。

1. 電影《鋼鐵人》中的面具即是一種智慧穿戴裝置。
2. 穿戴裝置也可配合相關元件，以儀器偵測穿戴者的生理條件，做出各種應用，例如：應用腦波儀偵測腦波變化，以判斷穿戴者的專注力。

小試身手

264.(　　) 下列何者是 iPhone 所使用的作業系統？ ① iOS ② Windows ③ Android ④ Unix。[264]

265.(　　) 下列何者是開放手機聯盟 (Open Handset Alliance) 所領導與開發的智慧裝置作業系統？ ① Linux ② Windows ③ Android ④ Unix。 [265]

解 開放手機聯盟（Open Handset Alliance，OHA）是一個由手機製造商、軟體開發商、半導體製造商、電信營運商等企業組成的商業聯盟，目標是爲行動裝置開發開放標準。開放手機聯盟於 2007 年 11 月 5 日成立的同時，也發布了基於 Linux 操作系統的開源手機平台 Android。

266.(　　) 下列何者可以讓智慧裝置透過人造衛星來完成持有者位置的定位？ ① GPS 晶片 ②加速計 ③陀螺儀 ④氣壓計。 [266]

解 加速計：可以偵測物體各軸加速度變化。陀螺儀：可以偵測物體的傾角變化。氣壓計：可以偵測大氣壓力的變化值。

解 263.(1) 264.(1) 265.(3) 266.(1)

267.(　　) 下列何種作業系統的開發者企圖爲所有的硬體提供一個統一的平台？ ① Debian 8.2 ② Windows 10 ③ Android 5.01 ④ iOS 9.2.1。 [269]

268.(　　) 下列對於智慧穿載裝置的發展描述，哪一項是對的？ ①智慧型手錶完全沒有提升工作效率的功能 ②以智慧隱形眼鏡進行侵入式血糖量測，不屬於醫療行爲 ③智慧手環沒有提供個人健康管理功能 ④智能鞋加上 GPS 可以協助追蹤用戶路線。 [275]

269.(　　) 有人運用腦波儀器偵測使用者的腦波變化，作爲哪一項狀態的分析？ ①專注力 ②思考力 ③聽力 ④視力。 [280]

270.(　　) 下列哪一項電影中人物的裝配是屬於智慧穿戴裝置？ ①回到未來中男主角的滑板 ②鋼鐵人的面具 ③美國隊長的盾牌 ④ 007 操控汽車的搖控器。 [283]

271.(　　) 智慧型手機使用下列何種感測器偵測方向及速度？ ①三軸加速計 ②紅外線 ③超音波 ④無線射頻。 [291]

Google Maps

- Google Maps 是美商 Google 公司向全球提供的電子地圖服務。地圖包含：地標、線條、形狀等資訊，提供向量地圖、衛星相片、地形圖等三種視圖。
- Geocoding：透過 Google Maps 的電子地圖服務，將地址轉換成經度與緯度的過程。
- Reverse geocoding：透過 Google Maps 的電子地圖服務，將經度與緯度轉換成爲地址的過程。

小試身手

272.(　　) 智慧裝置透過 Google Maps 之類的電子地圖服務，將地址轉換成爲經度與緯度的過程稱之爲何？ ① Geocoding ② Reverse geocoding ③ Finding ④ Searching。 [267]

273.(　　) 智慧裝置透過 Google Maps 之類的電子地圖服務，將經度與緯度轉換成爲地址的過程稱之爲何？ ① Geocoding ② Reverse geocoding ③ Finding ④ Searching。[268]

其他

- 手機模擬器：開發手機應用程式（App）時，希望先在個人電腦上做程式的測試，而非直接使用智慧型手機來做測試的環境。
- MIT App Inventor 2.0：是一款卡通圖形介面的 Android 智慧型手機應用程式開發軟體，簡易指令如下：
  1. get：用來讀取變數的值，可取得已經宣告的變數值，由下拉式選單來選擇所要的變數。 get
  2. initialize global name to：用來宣告一個全域（global）變數，後面的欄位可自由使用各種資料形態。
     點擊 name 就可以更改這個全域變數的名稱。
     (1) 全域變數可用在程式中所有的副程式或是事件，也就是說本指令是獨立的。
     (2) 在程式執行時都可以自由修改全域變數值，且在程式的任何地方（包含副程式與事件）都可讀寫它。

解 267.(2)　268.(4)　269.(1)　270.(2)　271.(1)　272.(1)　273.(2)

(3) 您可隨時修改本區域變數的值，任何參照到它的指令也會一併更新名稱。

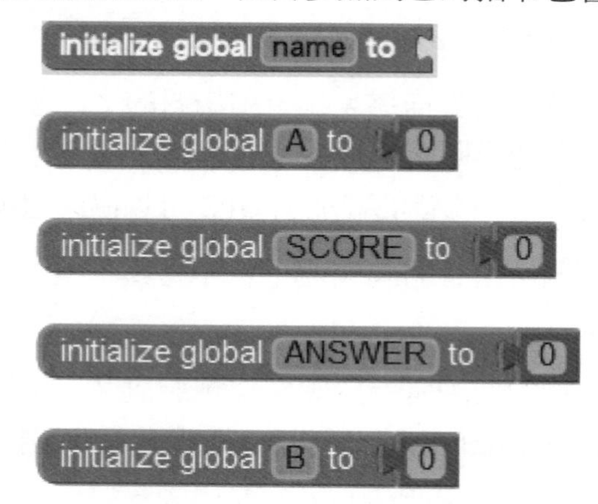

3. for each from to：透過數值變數之初始值、結束值以及增加值的指定來完成某些方塊的多次執行。

在如下的程式碼中，for each (number) 根據指定範圍之整數個數來決定 do 的執行次數，可自由設定每次累加的數字 step，可使用該變數名稱來取得它的值。

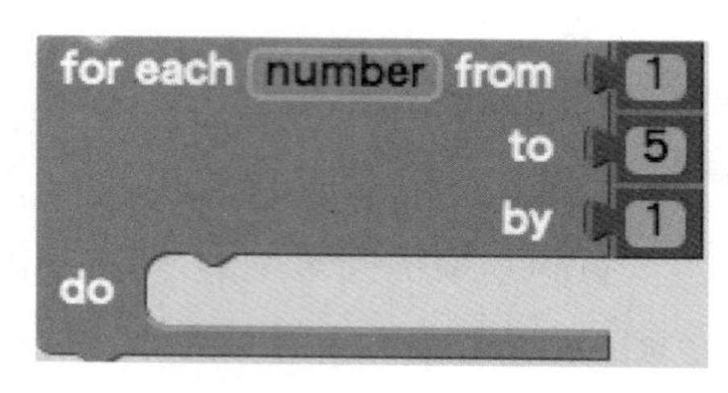

■ 車載通訊：是應用電子、通信、資訊與感測等技術，以整合人、路、車的管理策略。

■ 社群媒體發展：可作爲預測功能參考。例如，以 Twitter 的消息來追蹤用戶的情緒，以預測股市漲跌（股民情緒高漲看好未來則大漲）。

■ Bank 4.0：以「第一原理（First Principle）」爲中心，應用 Banking 理念打造一間服務型銀行，思考如何設計產品、流程、系統以及招攬人才，且需優先重視客戶體驗而非產品，並將其服務嵌入客戶的日常生活中，以提供即時且應景的金融服務體驗。大量運用大數據、人工智慧、區塊鏈、雲端運算等科技，分析與完成顧客需求。

■ Web 3.0 與 Web 2.0 的差異

1. Web 2.0：允許使用者作爲虛擬社群中，用戶生成內容的建立者，並以社群媒體的對話進行互動和協同運作。不像 Web 1.0，人們只能被動地瀏覽內容。Web 2.0 功能的範例包括：社群網站或社群媒體站點（如：Facebook）、部落格、影片分享網站（如：YouTube）、應用程式（App）、協同消費平台和混搭應用程式。
2. Web 3.0：以個人爲本質的可攜式個人網路世界，強調任何人，在任何地點都可以創新，透過發展語意化的網路、語意解析服務，使個人隨時隨地享用各種資源與服務。代碼編寫、協作、調適、測試、部署、執行都在雲端上完成。Web 3.0 所需要的僅僅是一個想法、一個瀏覽器。世界上的每一個開發人員都可以應用強大的雲端計算，它是全球經濟的推動力。

■ 教育 4.0：指教育發展因應工業 4.0（Industry 4.0）帶來制度、教學環境、課程與教學、學生學習等方面的改變，朝向更具科技化、智慧化和數位化的教育，以利個體更有效地學習。每個人可依照自己的學習狀況訂定學習進度，訂定個別化課表。

小試身手

274.(　　) 開發智慧手機程式時，若希望先在個人電腦上做程式的測試，而非直接使用智慧型手機來做測試，那麼應該在個人電腦中安裝何者？ ①手機模擬器 ②手機驅動程式 ③手機同步軟體 ④手機韌體。 [270]

275.(　　) MIT App Inventor 2.0 中，可以使用下列何種方塊來讀取變數的值？ ① get ② set to ③ initialize global name to ④ while。 [271]

276.(　　) MIT App Inventor 2.0 中，可以使用下列何種方塊來建立整體變數？ ① get ② set to ③ initialize global name to ④ while。 [272]

277.(　　) MIT App Inventor 2.0 中，若希望透過數值變數之初始值、結束值，以及增加值的指定來完成某些方塊的多次執行，應該使用下列何種方塊？ ① get ② for each from to ③ set to ④ do。 [273]

278.(　　) 下列對於車載通訊發展描述，哪一項是對的？ ①應用電子、通信、資訊與感測等技術，以整合人、路、車的管理策略 ②車載通訊用越多將致使交通越惡化 ③提供定時批次 (batch) 資訊以增進運輸系統的安全、效率及舒適性 ④車載通訊只運用於車輛內裝之科技通訊技術。 [274]

解 車載通訊提供定時、及時（Real Time）資訊。

279.(　　) 社群媒體發展的預測功能描述，哪一項是對的？ ①以 Twitter 的消息來追蹤用戶的情緒，可以預測股市漲跌因素之一 ②無法預測消費者的行為，因此不能作為行銷策略的參考 ③ Twitter 的「鎖定」程度無法預測道瓊斯工業平均指數的走向 ④ Facebook 按「讚」的平均數與經濟成長率預測完全無關。 [276]

280.(　　) 對於 Bank 4.0 帶來的轉變，下列哪一項描述是對的？ ①須增設更多實體人工櫃台 ②大量運用大數據來分析顧客需求 ③全面撤除傳統線下 (offline) 實體交易服務 ④提供更多服務人員處理銀行收付服務。 [277]

解 Bank 4.0 主要是線上金融服務。

281.(　　) 下列哪一項是 Web 3.0 與 Web 2.0 的差異？ ①分享內容服務 ②社群互動服務 ③語意解析服務 ④入口網站。 [278]

282.(　　) Web 2.0 與 Web 3.0 的比較哪一項是對的？ ① Web 2.0 強調個人的網路世界，Web 3.0 則強調讀寫互動 ② Web 2.0 發展分享內容，Web 3.0 則發展靜態內容 ③ Web 2.0 分析使用者行為，Web 3.0 則以標籤、關鍵字分類 ④ Web 2.0 發展部落格網路，Web 3.0 則發展語意化的網路。 [279]

283.(　　) 教育 4.0 主要發展下列哪一項方案？ ①個別化課表，依個人學習狀況來訂進度 ②運用大量小班面對面的課程來改善教育 ③線上單向式教學 ④避免使用測驗題考試。 [282]

解 教育 4.0（Education 4.0）指教育發展因應工業 4.0（Industry 4.0）帶來制度、教學環境、課程與教學、學生學習等方面的改變，朝向更具科技化、智慧化和數位化的教育，以利個體更有效地學習。「教育 4.0」的革命由智慧教育、翻轉教育與實驗教育帶起浪潮，不但讓傳統教育職缺縮減的困境找到了新缺口，也顯示教育人才培育方式已隨著時代更新。

解 274.(1)　275.(1)　276.(3)　277.(2)　278.(1)　279.(1)　280.(2)　281.(3)　282.(4)　283.(1)

單元八 物聯網

物聯網

- IBM 於 2009 年提出智慧地球，是物聯網的早期雛型，其主張如下：
  1. 我們需要也能夠更透徹地感應和度量世界的本質和變化。
  2. 我們的世界正在更加全面地互聯互通。
  3. 在此基礎上，所有的事物、流程、運行方式都具有更深入的智能化，我們也獲得更智能的洞察。
- 物聯網（Internet of Things，IoT）：由實際物件，如車輛、機器、家用電器等等，經由嵌入式感測器和 API 等裝置，透過網際網路所形成的訊息連結與交換網路。物聯網可賦予智慧給物件，並擁有與其他物件或人溝通的能力，目前 IPv6 才可以滿足物聯網的所有技術需求，因爲每個物件要有可獨立定址的網路位址，以互聯互通。
- 歐洲電信標準協會（ETSI）將物聯網分三階層：感知層、網路層、應用層。
- 行動通訊技術的迅速發展，繼「e 化」及「M 化」後，「U 化」已成爲下階段資通訊科技發展的方向。其中，e 化爲「數位台灣」（e-Taiwan）、M 化爲「行動台灣」（M-Taiwan）、U 化爲「優質網路台灣」（U-Taiwan），U 化是台灣目前推動物聯網的相關計畫。
- 「數位台灣計畫」爲行政院「挑戰 2008：國家發展計畫」重點之一，展望未來，行政院將積極推動「u-Taiwan」計畫，所謂「u-Taiwan」的「u」，指的是 ubiquitous，字面上的意思是「無所不在的」，旨在建設我國成爲「優質網路社會（Ubiquitous Network Society, UNS）」使民眾能不因教育、經濟、區域、身心等因素的限制，享受「隨手可得的 e 化服務」，政府將以「使用者」的觀點出發，規劃食、醫、住、行、育、樂等領域中 u 化生活的關鍵應用。

小試身手

284.(　　) IBM 於 2009 年提出下列何種概念，可視爲物聯網的雛型？ ①行動地球 ②智慧地球 ③智慧城市 ④感知城市。 [284]

285.(　　) 關於物聯網描述，下列敘述何者正確？ ①透過物聯網蒐集的少量資訊也能發揮顯著價值 ②物聯網可賦予智慧給物件，並擁有與其他物件或人溝通的能力 ③網路層主流關鍵技術包含雲端運算、巨量資料分析、資料探勘、商業智慧 (BI) ④物聯網的英文名稱爲 Interconnection of Things(IoT)。 [285]

解 透過物聯網蒐集的大量資訊也能發揮顯著價值。物聯網的應用層主流鍵技術包括雲端運算、巨量資料分析、資料探勘、商業智慧（BI）。物聯網：IoT（Internet of Things）

286.(　　) 下列何者爲物聯網的英文名稱？ ① Interconnection of Things ② Internet of Things ③ Internet of Telecommunications ④ Interconnection of Telecommunications。 [293]

解 284.(2)　285.(2)　286.(2)

287.(　　) 有關物聯網的敘述，下列何者正確？ ①無須具備自我組織的能力 ②IPv4 可以滿足物聯網的所有技術需求 ③只能透過無線網路傳輸訊息 ④每個物件要有可獨立定址的網路位址，以互聯互通。 [294]

288.(　　) 下列哪一家廠商最早提出物聯網的概念？ ① Google ② HP ③ IBM ④ Microsoft。 [295]

289.(　　) 有關物聯網之應用層的敘述，下列何者正確？ ①提供物與物之間的訊號傳輸 ②可用於感測溫溼度 ③負責將感測的資訊傳到雲端 ④可提供智慧生活的應用。 [296]

290.(　　) 下列何者為台灣政府推動的物聯網相關計畫？ ① E-Taiwan ② N-Taiwan ③ U-Taiwan ④ A-Taiwan。 [298]

291.(　　) 下列何者為物聯網之感知層的技術？ ①條碼資訊傳播架構 ② VoIP 網路 ③無線射頻識別 ④ IP 網路。 [297]

解 RFID（Radio Frequency Identification，無線射頻識別）：又稱電子標籤，將其黏貼在人體或物體上，再利用電波讀取或記錄資料，以識別標的物的一種自動辨識方法。

292.(　　) 歐洲電信標準協會 (ETSI) 將物聯網分為哪三個階層？ ①感知層、網路層、應用層 ②連結層、網路層、應用層 ③感知層、傳輸層、應用層 ④感知層、網路層、連結層。 [292]

RFID 無線射頻讀寫技術

- RFID（Radio Frequency Identification，無線射頻識別）：是一種無線通訊技術，可透過無線電訊號識別特定目標並讀寫相關數據，而無需在識別系統與特定目標之間建立機械或者光學接觸。資料可記錄於 RFID 標籤上，也有應用是將相關資料儲存在伺服器（Server）上。
- RFID 標籤的類型：分為被動、半被動（也稱作半主動）、主動三類。
  1. 被動式（Passive）：標籤由讀取器（Reader，Antenna）傳送的無線電訊號進行充電，提供能量運作，來回應相關資訊，感應距離可達 3~5 公尺，在干擾源較少的場合中，感應距離約可達 5~7 公尺。
  2. 半被動式（Semi-Passive）：標籤上有電池，當有事件觸發時可提供電力給標籤，以增加讀取距離、運算能力或效率，感應距離大於 5 公尺。
  3. 主動式（Active）：標籤上有電池，可由標籤主動傳輸射頻信號，感應距離一般為 30~100 公尺，可回傳資料至讀取器。
- 悠遊卡即是使用 RFID 感測技術。

小試身手

293.(　　) 主動式標籤的特性為何？ ①不需要電源就可主動回傳資料至讀取器 ②通常需要裝配電池才可回傳資料至讀取器 ③主動回傳資料至讀取器是採用散射技術 ④不會回傳資料至讀取器只能由讀取器自行讀取。 [286]

294.(　　) 悠遊卡使用下列何種感測技術？ ① Bluetooth ② RFID ③ Wi-Fi ④ GPS。 [290]

解 287.(4)　288.(3)　289.(4)　290.(3)　291.(3)　292.(1)293.(2)　294.(2)

Zigbee

- Zigbee 是一種低速短距離傳輸的無線網路協定，底層是採用 IEEE 802.15.4 標準規範的媒體存取層與實體層。
  1. Zigbee 的主要特色：低速、低耗電、低成本、支援大量網路節點、支援多種網路拓樸、低複雜度、可靠、安全。
  2. Zigbee 適合用於自動控制和遠程控制領域。
  3. ZigBee 的具體應用：智慧家居系統。

小試身手

295.(　　) ZigBee 在媒體存取層與實體層是採用下列何者標準協定？ ① IEEE 802.15.4 ② IEEE 802.11n ③ IEEE 802.3 ④ IEEE 802.20。 [287]

智慧生活

- 智慧交通：包含智慧型號誌控制系統、AI 管理號誌（路口交通不打結）、自駕公車引領智慧交通再升級，以及運用感測器與攝影機即時分析路況等。
- 智慧型電網：整合發電、輸電、配電及使用者的先進電網系統，兼具自動化及資訊化的優勢，可管理使用端電量。

小試身手

296.(　　) 對於智慧交通的描述，下列哪一項是正確的？ ①可以運用感測器與攝影機來即時分析路況 ②未經使用者許可之下，仍蒐集行車裝置紀錄來分析路況 ③運用車間通訊的主要目標是拉遠車輛間的距離 ④運用智慧交通誘導方式無法降低塞車機率。 [281]

297.(　　) 下列何者屬於智慧交通的一環？ ①測速照相裝置 ②智慧型號誌控制系統 ③汽車防竊裝置 ④物流管理系統。 [288]

解 智慧交通屬於智慧城市一部分，其中包含交控系統、車輛監控、行車導航、車輛安全。

298.(　　) 下列何者是智慧電網所設計的目的？ ①提高核能發電量 ②提高電價 ③管理使用端電量 ④提供無線上網。 [289]

解 295.(1) 296.(1) 297.(2) 298.(3)

工作項目 02　應用軟體使用

單元一　網際網路

網際網路（Internet）

- 販賣非法軟體在網際網路（Internet）環境中是違法的行爲。
  例如：買賣大補帖，將一些合法軟體，未經授權即以非法手段集中燒錄在光碟中（內容可能爲應用程式、作業系統、圖片、音樂檔或電影等）。
- 在瀏覽器中可以藉由分級功能，防止青少年進入色情或是暴力內容的網站。
- Internet Explorer 瀏覽器（IE）可以藉由我的最愛功能，輕易找到喜歡的網站位址並保留下來。

小試身手

1. (　　) 以下哪一個行爲在 Internet 環境中是違法的？ ①交友 ②販賣非法軟體 ③下載自由軟體 ④聊天。 [9]
2. (　　) 如果想防止青少年進入一些像是色情或是暴力等網站，IE 瀏覽器可以藉由哪一項功能做到？ ①沒有這項功能 ②加密 ③分級 ④分類。 [13]
   解 在 Internet Explorer 瀏覽器（IE）視窗中的「工具」標籤下之「網際網路選項」功能，可完成其功能。
3. (　　) 當我們想把喜歡的網站位址保留下來以便未來可以輕易找到，Internet Explorer 可以藉由哪一項功能做到？ ①超連結 ②我的最愛 ③記錄 ④我的標籤。 [14]
   解 在 Internet Explorer 瀏覽器（IE）視窗中的「我的最愛」功能標籤下之「加到我的最愛」選項，可完成其功能。

單元二　電子郵件

電子郵件（E-Mail）

- Outlook：是 Microsoft 所提供的免費個人電子郵件服務。它具有郵件管理、行事曆管理、人員和工作管理等功能。
- 副本（CC）與密件副本（BCC）
  CC：爲副本寄送，一定是先有正本的收件者（To），也就是寄件者主要的溝通對象（也是問候對象），是實際需要針對信件做出回應的人，而 CC 副本的主要功用爲知會、照會，所以對方並不需要採取行動。

解 1.(2)　2.(3)　3.(2)

BCC：寫電子郵件（E-Mail）時，並不是每個情況都適合使用 To 或 CC，因爲有時候會不希望其他收件者知道此封信也寄給誰，這時候就可以使用密件副本（BCC）來隱藏其收件者的資訊。

- 加密：將明文資訊改變爲難以讀取的密文內容，使之不可讀的過程。只有擁有解密方法的物件，經由解密過程，才能將密文還原爲正常可讀的內容。加密可防止郵件在傳送過程中不被駭客破壞。

小試身手

4. (　　) 下列哪一套電子郵件系統還能兼具有「管理行事曆」的功能？ ① Outlook Express ② Netscape ③ Outlook ④ cc:Mail。 [6]

解 Outlook Express：主要功能爲收發信件，屬於精簡版郵件管理軟體，不具行事曆管理功能，Outlook 才有。Netscape：早期的瀏覽器，因微軟 IE 競爭而衰落。Outlook：除了收發文件外，可做行事曆管理、會議邀請、公布欄等。cc:Mail：副本寄送。

5. (　　) 下列哪一套軟體爲電子郵件軟體？ ① Word ② Excel ③ Outlook ④ Visio。 [10]

解 Word：文書處理軟體。Excel：電子試算表軟體。Outlook：電子郵件軟體。Visio：流程圖製作程式與圖表製作軟體。

6. (　　) 如果想把電子郵件寄送給許多人，卻又不想讓收件者彼此之間知道您寄給哪些人，可以利用下列哪一項功能做到？ ①副本 ②加密 ③密件副本 ④做不到。 [11]

解 寄送電子郵件，在設定「收件者」時，可利用「密件副本」功能，以完成其要求。

7. (　　) 爲了讓郵件在傳送過程中不被駭客破壞，可以藉由電子郵件系統內之哪一項功能來達成？ ①壓縮 ②反駭客 ③密件副本 ④加密。 [12]

解 在 Outlook Express 中之「新郵件」視窗的「工具」標籤下，有個「加密」選項之功能，可達成其要求。

單元三 作業系統及軟體分類

作業系統與管理

- 作業系統是管理電腦硬體的一套軟體程式，其提供應用程式的基礎。例如：Windows、Unix、Linux 等。
  1. 大型主機的作業系統主要被設計成硬體使用的最佳化。
  2. 個人電腦作業系統支援複雜的遊戲、商業應用等事項。
  3. 手持式電腦的作業系統提供使用者簡易的電腦介面來執行程式的環境。
  4. 作業系統的主要目的：追求方便或效率。
- 在電腦系統中，有系統的檔案命名規則可增加使用者對檔案管理的效率。

解 4.(3) 5.(3) 6.(3) 7.(4)

小試身手

8. (　　) 下列何者可以增加電腦文書檔案管理的效率？ ①頁首設定 ②頁碼設定 ③有系統的檔名命名規則 ④粗體字。 [1]
   解 檔案管理是針對檔名而言，故應採用「有系統的檔名命名規則」。

9. (　　) 下列何者不是作業系統？ ① Windows ② Oracle ③ Unix ④ Linux。 [5]
   解 Oracle 為美商甲骨文公司出品的關聯式資料庫管理軟體。

應用軟體

- Open Office：是一套免費的、開放原始碼的文書處理軟體。它是由 Sun 公司修改自先前買來的 StarOffice 而來。軟體功能及格式包括文書處理 Writer（.odt）、簡報軟體 Impress（.odp）、試算表 Cals（.ods）、資料庫 Base（.odb）。
- 具有繪圖功能的軟體包括 Visio、PhotoImpact、Word（兼具文書處理與網頁製作功能）。
- 專業的網頁製作軟體為 Word、Dreamweaver 或 FrontPage。
- 閱讀軟體 Acrobat 只可產生 PDF 檔，無法產生或轉換成網頁格式。

小試身手

10. (　　) 在 Open Office 套裝軟體內，何種軟體屬於文書處理軟體？ ① Writer ② Impress ③ Calc ④ Draw。 [3]

11. (　　) 在 Open Office 套裝軟體內，何種軟體屬於簡報軟體？ ① Writer ② Impress ③ Calc ④ Draw。 [4]

12. (　　) 哪一個軟體不可以直接把檔案轉換為網頁？ ① Acrobat Reader ② Word ③ PhotoImpact ④ PowerPoint。 [7]
    解 Acrobat Reader 是 PDF 文件閱讀器，為 Adobe 公司的文件 /PDF 格式轉換軟體，不具轉換網頁能力。Word 是文書處理軟體。PhotoImpact 是影像編輯軟體。PowerPoint 是投影片簡報軟體。

13. (　　) 哪一種文件我們可以利用 Word 完成？ ①建築設計圖製作 ②翻譯英文文章 ③製作動畫 ④網頁製作。 [8]
    解 Word 所編輯好的文件，以「另存新檔」指定存檔類型為「.htm」即可轉存為網頁，所以說 Word 具有網頁製作功能。

14. (　　) 下列哪一種應用軟體不具有繪圖功能？ ① Microsoft Word ② Microsoft Visio ③ PhotoImpact ④ Nero Express。 [15]
    解 Word 是文書處理軟體。Visio 是繪圖軟體。PhotoImpact 是影像編輯軟體。Nero Express 是光碟燒錄軟體。

解 8.(3)　9.(2)　10.(1)　11.(2)　12.(1)　13.(4)　14.(4)

15. (　　) 下列何者是開放文檔格式 (OpenDocument Format) 所規範的簡報檔案副檔名？ ① .ppt ② .pptx ③ .odt ④ .odp。 [57]

16. (　　) 下列何者是開放文檔格式 (OpenDocument Format) 所規範的文件檔案副檔名？ ① .doc ② .docx ③ .odt ④ .odp。 [58]

17. (　　) 下列何者是開放文檔格式 (OpenDocument Format) 所規範的試算表檔案副檔名？ ① .xls ② .xlsx ③ .odt ④ .ods。 [59]

18. (　　) 下列何者是開放文檔格式 (OpenDocument Format) 所規範的資料庫檔案副檔名？ ① .dbf ② .mdb ③ .accdb ④ .odb。 [60]

Mac OS

- Mac OS：支援「4 個點」多指觸控，可運用左右滑動來切換全螢幕操作視窗。並以「2 個點」多指觸控，以支援類似於 MS-Windows 的快顯功能表功能。
- iWork8：酷比魔方平板電腦（類似 iPad），可支援辦公室軟體如 Keynote、Pages、Numbers。

小試身手

19. (　　) Mac OS 使用幾個點的多指觸控左右滑動來切換全螢幕操作視窗？ ① 1 ② 2 ③ 3 ④ 4。 [50]

解 在全螢幕 App 之間滑動：用四指左右滑動，可在桌面與全螢幕 App 之間移動。點一下來選按：用一指點一下來選按。放大或縮小：兩指分開或靠攏可放大或縮小。

20. (　　) Mac OS 中的 iWork 不包含以下哪些應用軟體？ ① Keynote ② Pages ③ Numbers ④ Words。 [51]

21. (　　) Mac OS 使用幾個點的多指觸控是相當於 MS-Windows 快顯功能表的功能？ ① 1 ② 2 ③ 3 ④ 4。 [54]

解 在 Mac OS 內建的 Multi-Touch 觸控式軌跡板上，以兩指按一下或點一下：輔助按鈕（即所謂右鍵選單）。

Xcode IDE

- Xcode IDE 是一個由蘋果公司所開發設計的 Mac OS 及 iOS 應用程式整合開發環境（IDE），在開發 iPhone 應用程式時會使用到的整合開發環境，提供開發人員圖形化介面的文字編輯器（Texteditor）以及所需的編譯器（Compiler）。此外，也包含了除錯器（Debugger）及方便開發者的自動生成工具，另提供了各式樣板（Template）來協助建立應用程式。Xcode 對於開發 iOS 平台 App 來說，是最佳的工具。在 Xcode 開發環境中，經常使用 Objective-C 作為程式開發語言。此外，也可使用 API、Cocoa 及 Cocoa Touch 等作為程式開發語言。

解 15.(4)　16.(3)　17.(4)　18.(4)　19.(4)　20.(4)　21.(2)

Objective-C

- 語言中的變數分為儲存基本資料型態的數值（Value）以及指標（Pointer）。Pointer 其實就是一個變數，而它的值代表另一變數的記憶體位置。Pointer 本身是一個 18 個 Characters 字串的記憶體位置，不管這個 Pointer 指向的 Object 多大，Pointer 的大小都是固定的（18 個 Characters 字串），所以很省記憶體空間。

小試身手

22. (　　) Mac OS 研發程式最常使用 Xcode IDE，其所使用的語言是？ ① Java ② C# ③ Objective-C ④ C++。 [52]

解 Xcode 是蘋果公司向開發人員提供的整合開發環境，用於開發 MacOS、iOS、WatchOS 和 tvOS 的應用程式。所使用的語言為 Objective-C（資料來源：https://developer.apple.com/cn/xcode/ide/）

23. (　　) 下列哪一個程式語言依然還保存 pointer 的概念？ ① Java ② C# ③ Objective-C ④ Basic。 [53]

單元四 Microsoft Word 應用軟體

基本功能

- 具有文書處理功能的軟體包括：Microsoft Word、WordPad、OpenOffice Writer。
- 文章編修功能：Insert（資料插入）、Replace（資料覆寫）、左右邊界設定（版面配置 ➔ 邊界）、Tab（定位點設定）。以上皆會影響文章編修結果。
- 檔案功能
  1. Ctrl + O（開啓舊檔的快速鍵）。
  2. 重複列印文件並自動按份數依序印出，可使用「自動分頁」（檔案 ➔ 列印 ➔ 自動分頁）功能。
  3. 列印文件部分頁數（檔案 ➔ 列印 ➔ 列印自訂範圍 ➔ 輸入頁次區間，如輸入「2-8」頁）。
  4. 「檔案」索引標籤中的「最近」功能，預設值能顯示最近 25 個曾經開啓的文件（檔案 ➔ 最近）。
- 合併列印功能
  1. 先建置資料檔案（如通訊錄檔，並以之大量製作信封上郵寄之姓名及地址標籤）。
  2. 動作為「郵件 ➔ 插入合併欄位 ➔ 選擇欲插入欄位」，欄位會以《》括起來，如《地址》。
  3. 使用「標籤」功能合併列印時，不能使用目前文件作為主文件，但有「更新標籤」功能，可將表格所有內容自動填入設定好之資料格式。
  4. 「電子郵件訊息」功能是指可透過 Outlook 來寄送電子郵件（郵件 ➔ 啓動合併列印 ➔ 電子郵件訊息）。

解 22.(3)　23.(3)

■ 頁碼格式或紙張方向不同時的設定

1. 使用二種不同頁碼格式，須在不同頁碼之文件中插入「分節」符號（版面配置 ➔ 分隔設定 ➔ 下一頁），再設定不同的頁碼格式。
2. 製作紙張方向爲直向及橫向同時存在的文件時，也是以同樣方式，先在文件中插入「分節符號（下一頁）」，再設定不同的紙張方向。

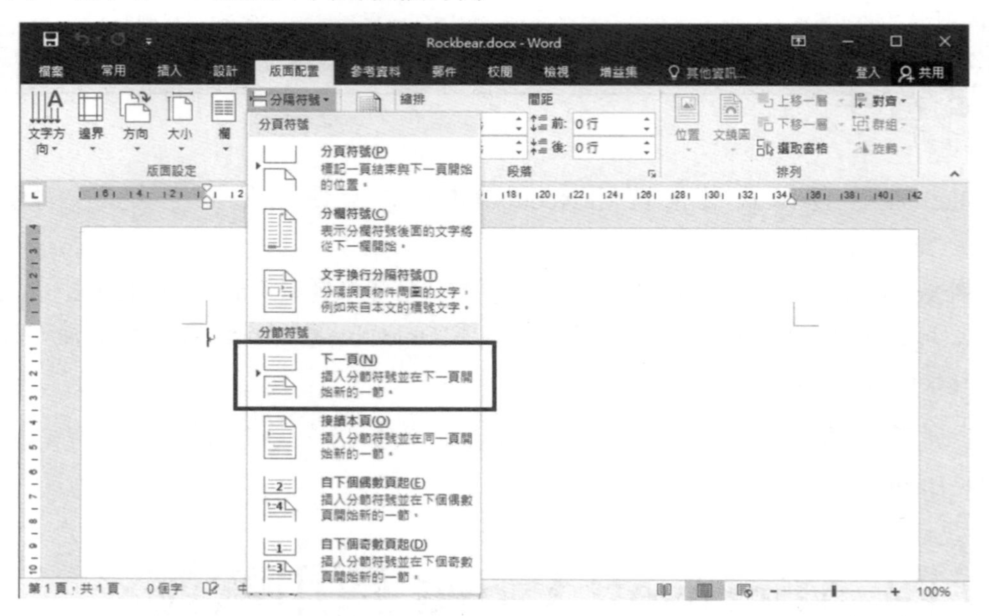

■ 檔案儲存格式：Word 可儲存之格式包括 Word（.docx）、PDF、網頁格式（.htm）、open document（.odt）、RTF、純文字、works 試算表檔案等，但無法存成 .pptx 檔案格式。

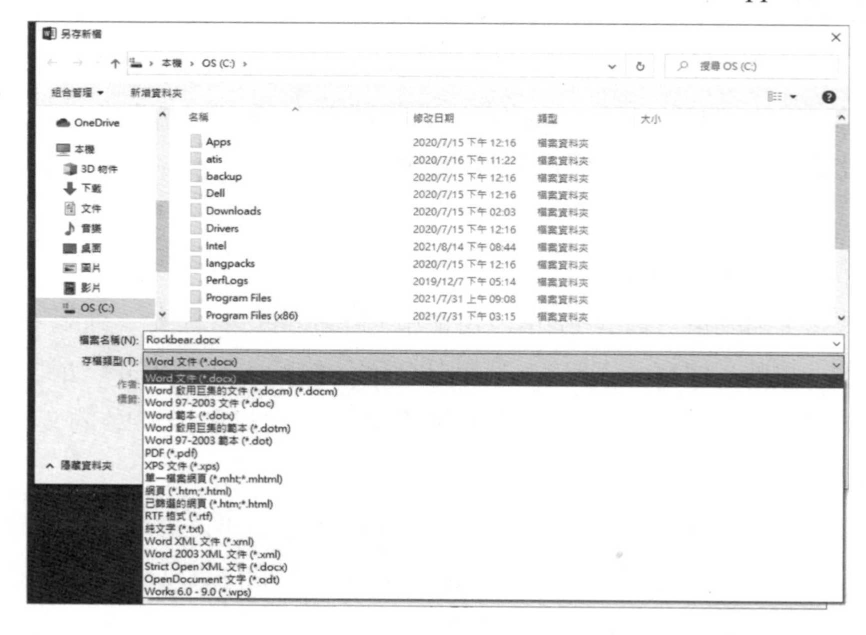

■ 表格功能

1. 表格內可執行數字運算或排序（表格工具 ➔ 版面配置 ➔ 公式或排序）。
2. 可插入圖形。
3. 儲存格可被分割或合併（表格工具 ➔ 版面配置 ➔ 分割儲存格或合併儲存格）。
4. 欄位可超過 48 個，但最多不可超過 63 欄。

- 直書／橫書功能：動作為「版面配置 ➔ 直書／橫書」，但只對全型字有效，如繁體中文字、簡體中文字、全形英文字，半形英文字則無效。

- Alt 鍵選取文字功能：選取文件中某一區塊文字，如選取第二行第 3 至第 6 個字與第三行第 3 至第 6 個字，則可將滑鼠先移至第二行第 3 個字後，再按住 Alt 鍵、並拖曳滑鼠至第三行第 6 個字，即可完成選取動作。

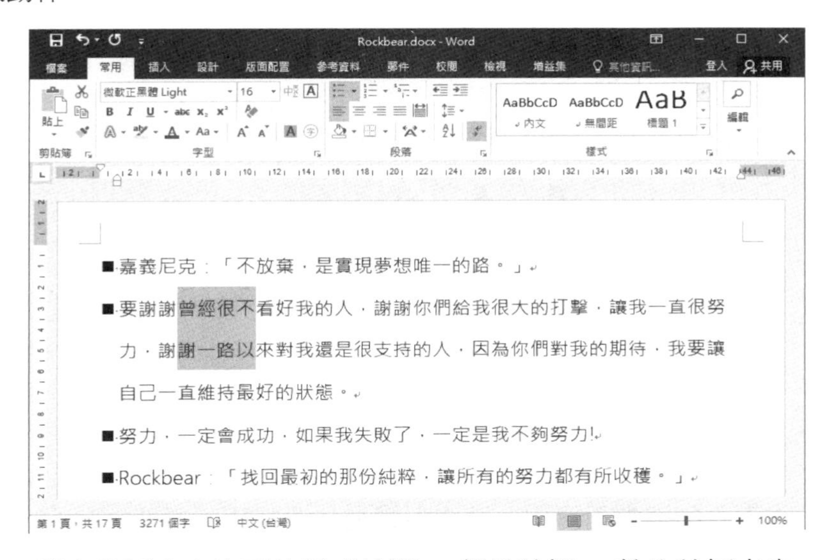

- 文字註解功能：選取註解文字後可執行「校閱 ➔ 新增註解 ➔ 輸入註解文字」。
- 安全模式／相容模式：開啟舊版之 Word 軟體（如使用 2016 版開啟 2010 版），在視窗標題列會出現「相容模式」文字。

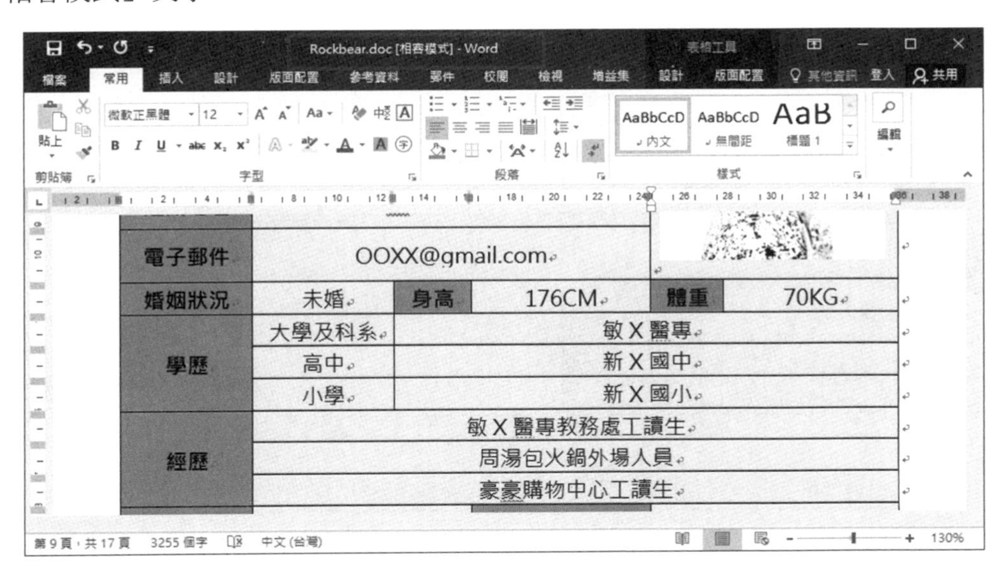

■ 檔案索引標籤：不可調整標籤位置。

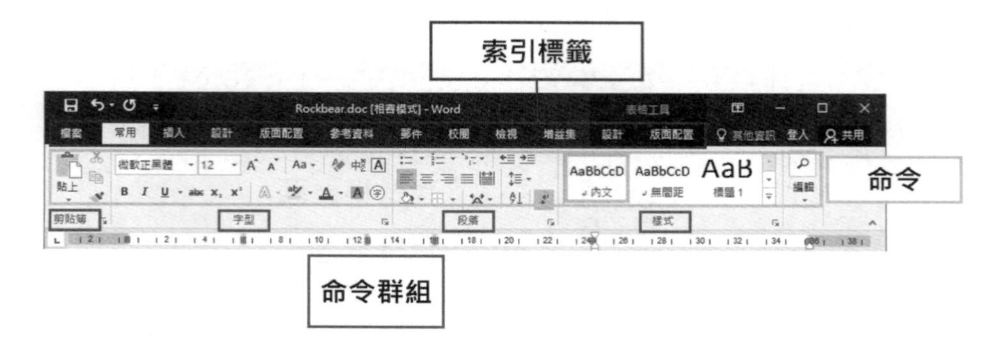

■ 文字效果：有提供陰影、反射、光暈等效果（常用 ➔ A 文字效果）。

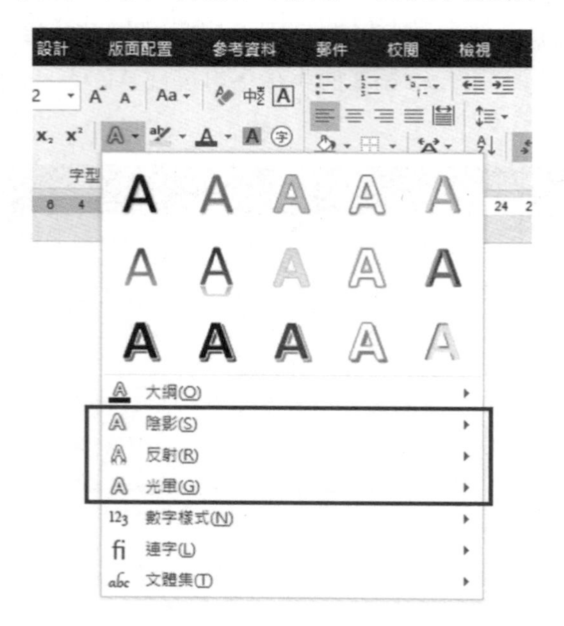

■ 選取窗格功能：從重疊的浮動圖片中，選取整張被其他圖片所覆蓋的圖片，在不移動圖片的情形下，可運用「選取窗格」功能最為便捷（圖片工具 ➔ 格式 ➔ 選取窗格）。

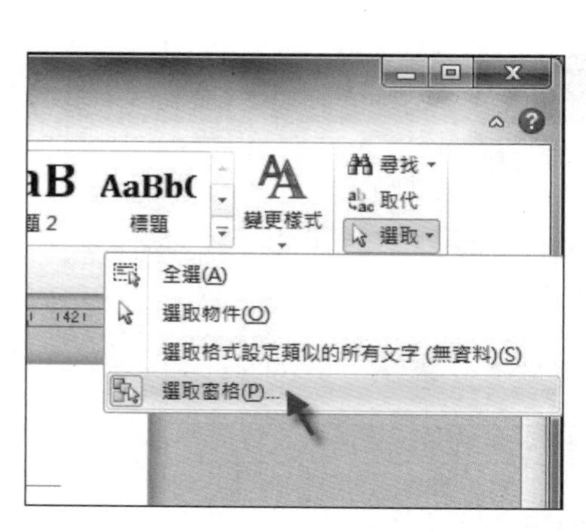

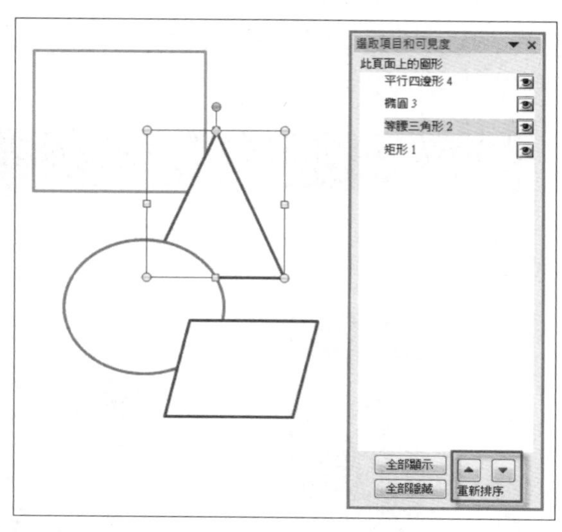

- 螢幕擷取畫面功能：螢幕擷取功能可以擷取 Word 視窗外，所有未最小化的開啓視窗（插入 ➔ 螢幕擷取畫面）。
- 大小寫轉換功能：可將文件中的英文字母快速改爲全形的字母（常用 ➔ Aa 大小寫轉換）。

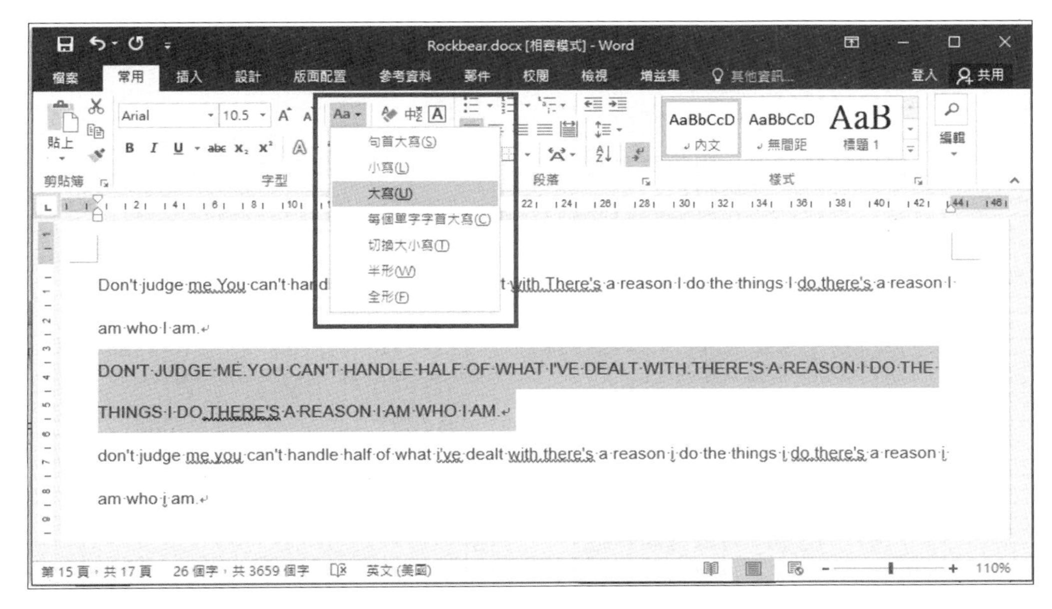

- 英文翻譯功能：翻譯特定的英文字，可按住 Alt 鍵，再以滑鼠左鍵在單字上按一下，結果就會出現在「參考資料」窗格內。

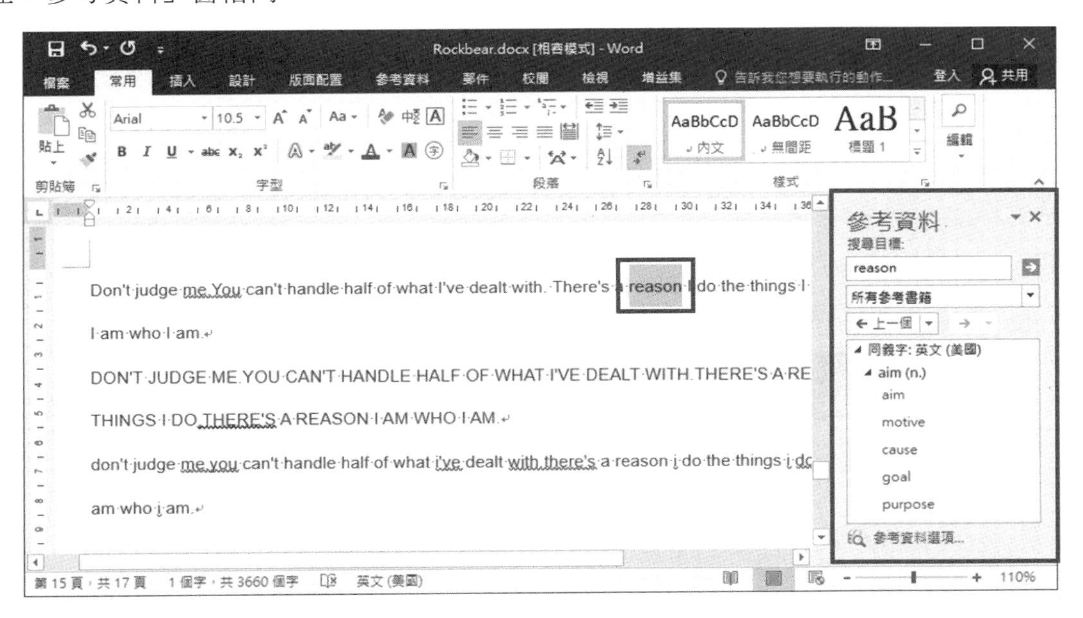

■ 圖片解析度：儲存檔案時，Word 會以預設值 220 ppi（pixel/per inch）解析度來壓縮圖片影像。

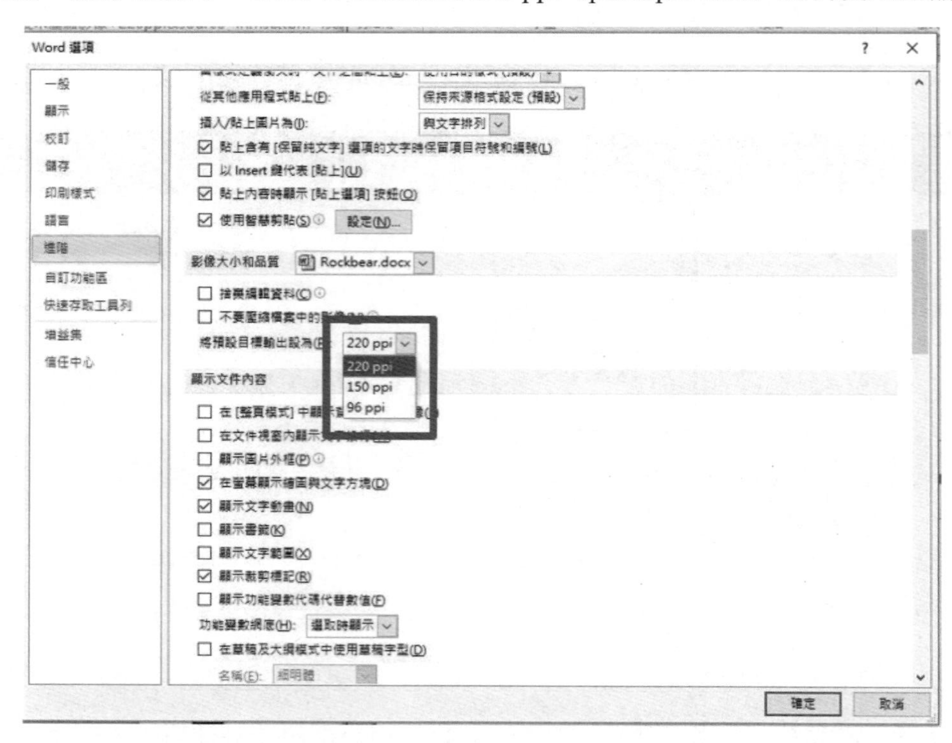

■ 佈景主題功能：佈景主題爲一組格式設定選項，功能包括色彩、字型、效果（版面配置 ➔ 佈景主題），Word 2016 版中動作爲「設計 ➔ 佈景主題」。

■ 文字間距：可使用「最適文字大小」、「文字間距」、「分散對齊」等功能做到，但字元比例只能使字元變大，無法做到設定文字間距。

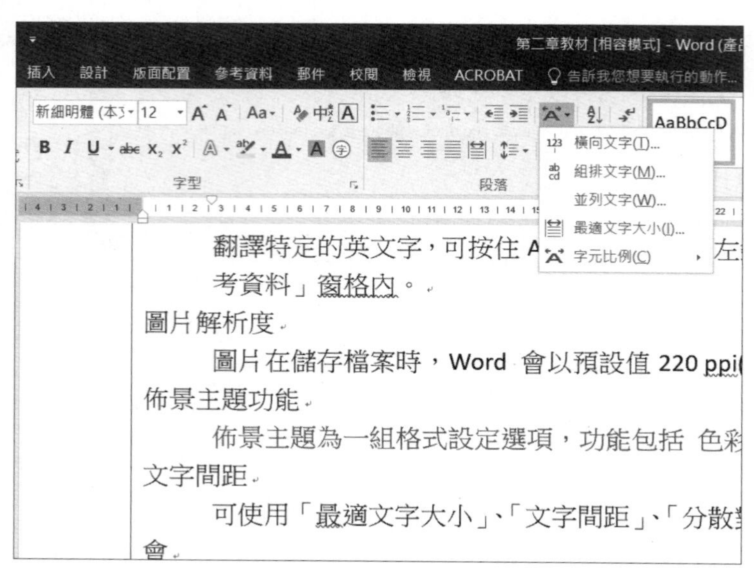

■ 分欄功能

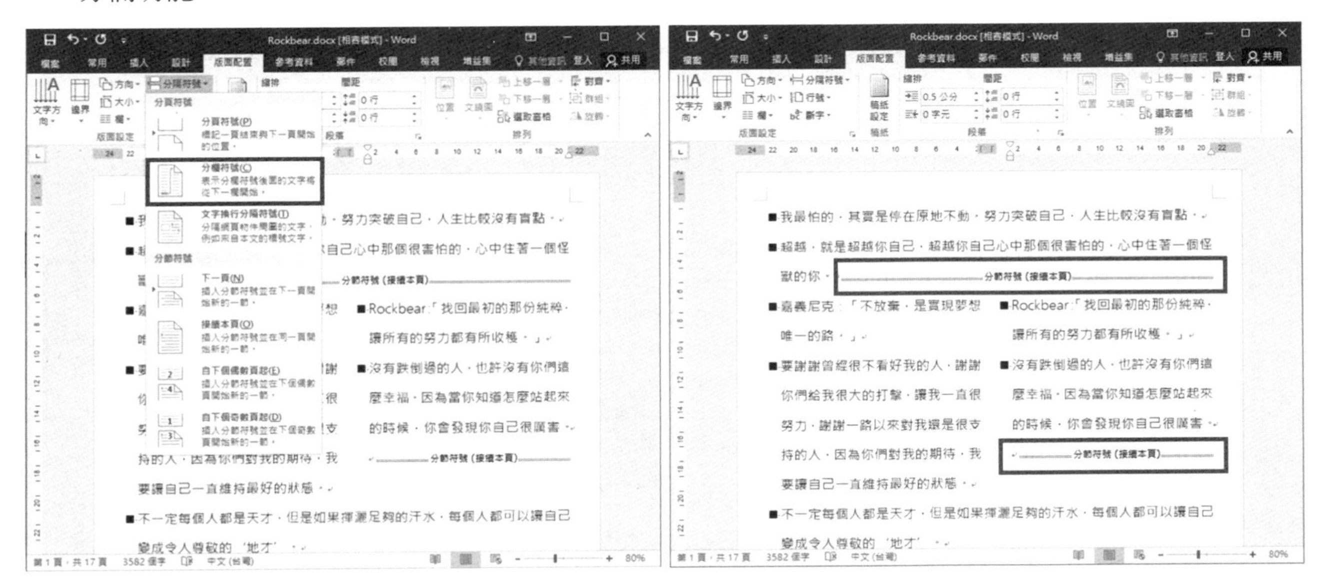

1. 選取文件中的部分文字將其分為二欄，Word 會自動在文件中加入「分節符號」。
2. 在分欄段落中，文字以欄寬做為換行的基準。
3. 可對不同的節設定不同的欄格式。
4. 欄格式的設定在直書或橫書情況下皆可進行（版面配置 ➔ 欄）。

■ 頁首頁尾功能：在整頁模式時，若要將頁首頁尾區域展開，可在紙張上、下邊緣按滑鼠左鍵兩下。

■ 圖片效果：圖片效果功能可設定光暈、浮凸、立體旋轉等效果（圖片工具 ➔ 格式 ➔ 圖片效果）。

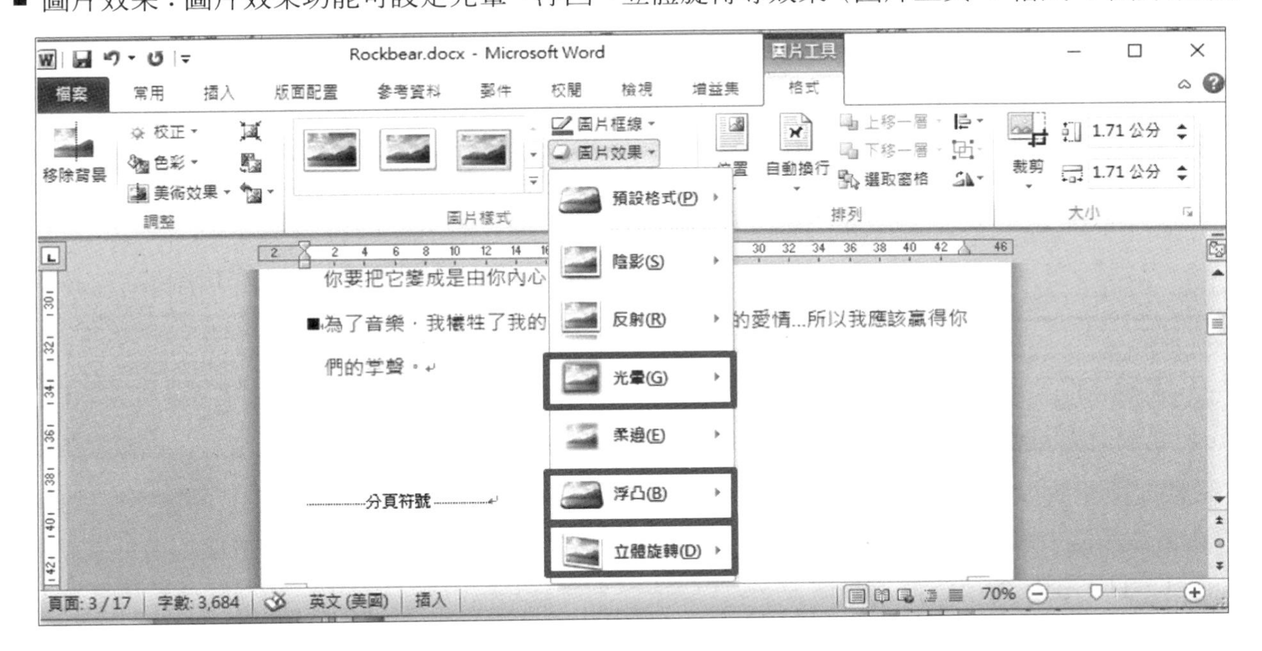

■ 設定圖片格式：設定圖片格式的「反射」效果可調整透明度、大小、距離、模糊等項目。

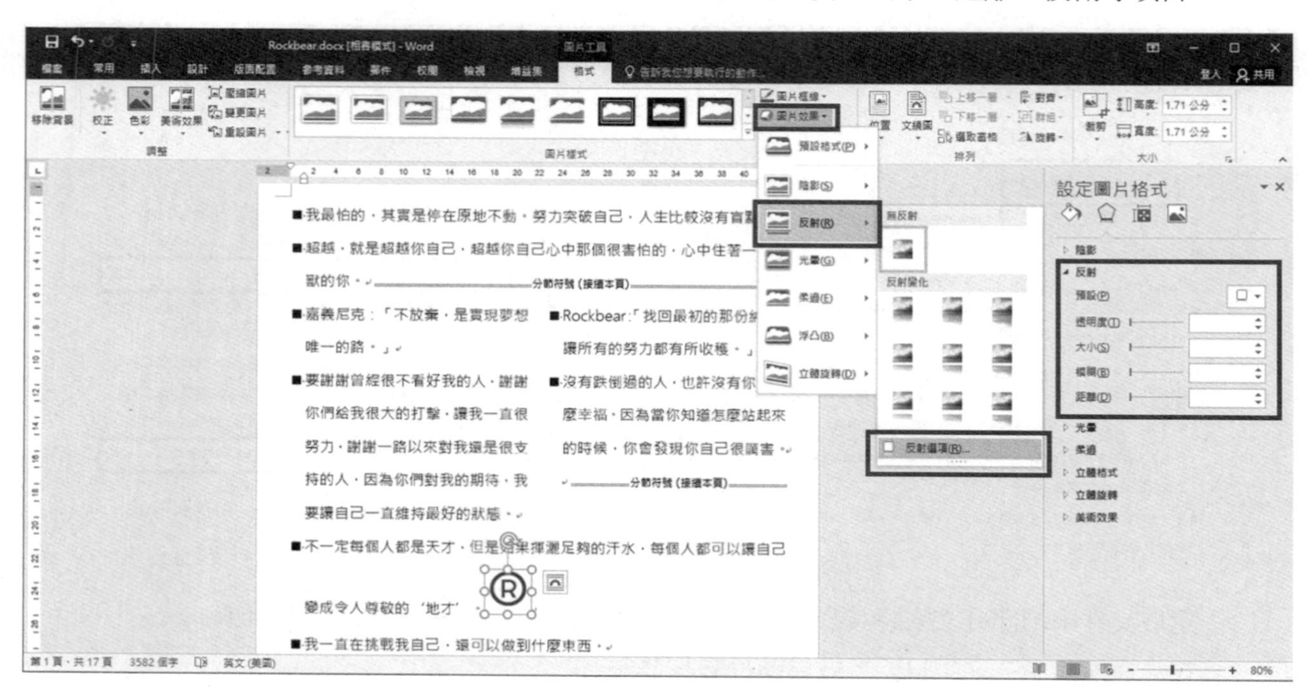

■ 目錄功能：製作目錄時，「樣式」可作爲「項目資料來源」（參考資料 ➔ 樣式）。

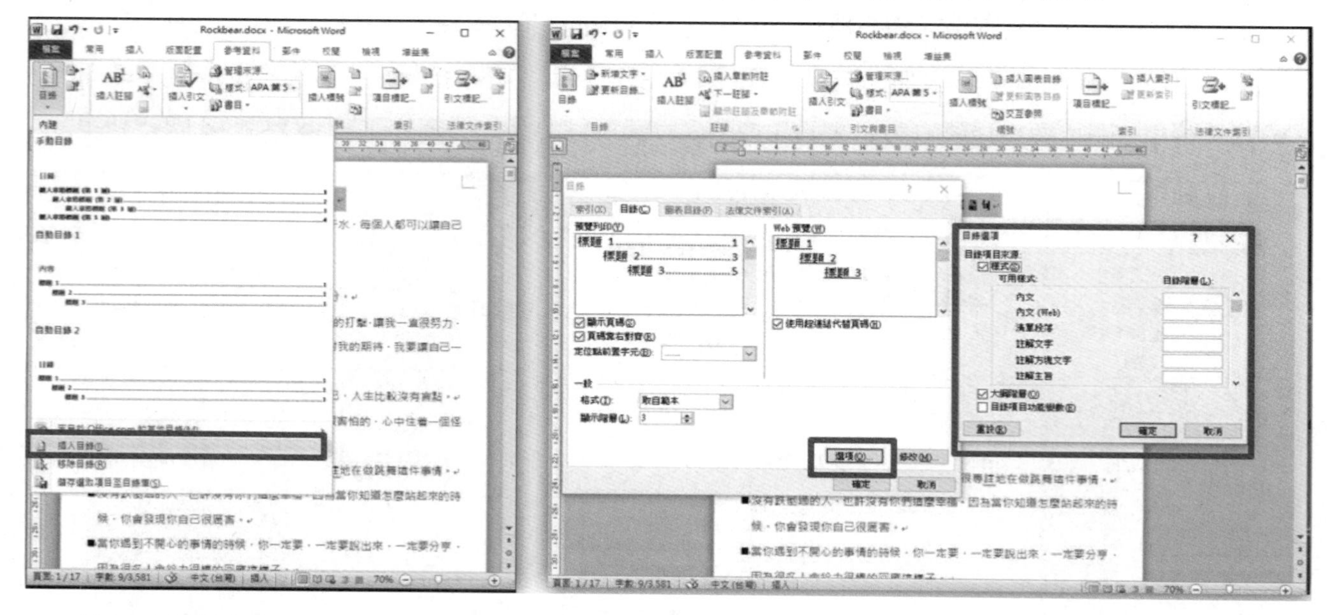

■ 微軟支援開放檔案：ODF 開放文檔格式（Open Document Format）是一種 XML 的檔案格式規範，因應試算表、圖表、簡報和文書處理文件等電子文件而設置。其目的爲保證使用者能長期存取資料，且不受技術及法律上的障礙。

1. Microsoft Office 從 2007 SP2 版本開始支援 ODF，從 2013 版本開始支援 ODF 1.2。
2. 在 Microsoft Office 2007 SP2 版之前，則使用 Open XML/ODF Translator Add-ins for Office 4.0 軟體來開啓 ODF 1.1 檔案。

小試身手

24. (　　) 在進行文章編修時，下列哪一項設定不會直接影響文章編修的操作？ ①螢幕顏色的設定 ②插入 (Insert)/ 覆蓋 (Replace) 的設定 ③左右邊界設定 ④定位鍵 (Tab) 設定。 [2]

解 螢幕顯示顏色和編輯內容無關。

25. (　　) 在 Microsoft Word 2010 環境中，若同時按下 [Ctrl]+[O] 鍵，則會執行下列哪一種動作？ ①開新檔案 ②開啓舊檔 ③關閉檔案 ④儲存檔案。 [16]

解

功能	快捷鍵
剪下	CTRL + X
貼上	CTRL + V
複製	CTRL + C
復原	CTRL + Z
取消復原	CTRL + Y
儲存檔案	CTRL + S
開新檔案	CTRL + N
開啓舊檔	CTRL + O
關閉檔案	CTRL + W

26. (　　) 在 Microsoft Word 2010 環境中，若希望將一份文件重複列印 3 份，並自動按份數依序印出，則可在「檔案 / 列印」選項下選取下列哪一項功能來達成目的？ ①反序列印 ②幕後列印 ③自動分頁 ④雙面列印。 [17]

解 自動分頁：當列印多份文件（如課程的講義）時，能按照順序分開每一份文件。列印出來的文件會根據其順序被組合成一份一份的效果。

27. (　　) 在 Microsoft Word 2010 環境中，若要以一個預先建置完成的通訊錄檔案來大量製作信封上的郵寄標籤，下列哪一種製作方法是最簡便者？ ①合併列印 ②範本 ③版面設定 ④表格。 [18]

解「工具 / 信件與郵件 / 合併列印」可以製作標籤、信封。

28. (　　) 若在 Microsoft Word 2016 環境中執行合併列印的動作時，由「插入合併欄位」功能所插入的欄位變數名稱「地址」會被下列何種符號框起來？ ①？地址？ ②{ 地址 } ③ [地址] ④《地址》。 [19]

解 根據術科實作題「合併列印」即可得知，是以《地址》表示合併的欄位變數。

29. (　　) 下列有關 Microsoft Word 2016 的「欄」之敘述，何者錯誤？ ①段落文字以欄寬做爲換行的基準 ②可對不同的節設定不同的欄格式 ③先選定部分文字，再進行欄格式設定，Word 會在選定範圍前後位置插入分節符號 ④欄格式的設定只在直書情況下進行，橫書則不可。 [20]

解 24.(1)　25.(2)　26.(3)　27.(1)　28.(4)　29.(4)

30. (　　) 在 Microsoft Word 2010 之「檔案 / 列印」功能選項中，若只要列印第 2 頁至第 8 頁時，應在對話盒中之「頁面」方框中輸入？ ① 2~8 ② 2-8 ③ 2,8 ④ 2:8。 [21]

解 列印對話框中的「頁面」欄位中輸入「2-8」，表示列印第 2 至第 8 頁；「2,8」表示列印第 2 頁和第 8 頁兩頁。

31. (　　) 若在 Microsoft Word 2010 環境中要使用二種不同格式的頁碼時，必須在不同頁碼之文件中插入下列何種符號？ ①分頁 ②欄 ③分節 ④分段。 [22]

解 在同一份文件中，不同的分節才可以設定不同的頁碼格式。

32. (　　) 下列應用軟體中，何者不具有文書處理功能？ ① Microsoft Word ② Microsoft Access ③ WordPad ④ OpenOffice Writer。 [23]

解 Access 是一個資料庫處理軟體。

33. (　　) 在 Microsoft Word 2010 之「檔案 / 另存新檔」功能選項中，無法將檔案儲存為下列哪一種副檔名的檔案？ ① .pdf ② .dotx ③ .rtf ④ .pptx。 [24]

34. (　　) 下列有關 Microsoft Word 2010 的「表格」之敘述，何者錯誤？ ①表格內之數字資料可以被運算 ②表格內之數字資料可以被排序 ③表格內不可以有圖形 ④表格內之儲存格可以被分割或合併。 [25]

35. (　　) 在 Microsoft Word 2010 之「版面配置」索引標籤內的「直書 / 橫書」功能選項中，下列哪一種類型的資料無法達到「直書 / 橫書」的功能？ ①繁體中文字 ②簡體中文字 ③半形英文字 ④全形英文字。 [26]

36. (　　) 在 Microsoft Word 2010 的操作環境中，若要同時選取某一段文章的第二行第 3 至第 6 個字與第三行第 3 至第 6 個字，則可按住下列哪一個鍵不放、再拖曳滑鼠自第二行第 3 至第三行第 6 個字即可完成選取的動作？ ① Ctrl 鍵 ② Alt 鍵 ③ Shift 鍵 ④ Tab 鍵。 [27]

37. (　　) 下列有關 Microsoft Word 2010 的敘述，何者錯誤？ ①若某一段落被設定為「固定行高」且「行高 12 點」，而此段落的中文字卻被設定為「大小 24 點」，則文字的上半部不會顯示出來 ②可以將圖片插入文件的頁首區域內 ③具有「Web 版面配置」模式，可檢視文件的網頁外觀 ④建立表格時最多只能設定 48 個欄位。 [28]

38. (　　) 下列有關 Microsoft Word 2010 的敘述中，何者錯誤？ ①無法為文字設定註解 ②可以改變檔案內容的顯示比例 ③可以製作具有多欄的檔案內容 ④可以使用書籤快速跳至所定義的位置處。 [29]

39. (　　) 在 Microsoft Word 2010 中，開啓由 Microsoft Word 2003 所建立的 .doc 檔案時，在文件視窗標題列會出現下列哪項文字？ ①安全模式 ②相容模式 ③ Word 97-2003 模式 ④保護模式。 [30]

40. (　　) 在 Microsoft Word 2010 中，有關「索引標籤、群組」的敘述，下列哪項錯誤？ ①可新增索引標籤 ②可調整「檔案」索引標籤的位置 ③可隱藏預設的索引標籤 ④不能隱藏預設的群組。 [31]

解 30.(2) 31.(3) 32.(2) 33.(4) 34.(3) 35.(3) 36.(2) 37.(4) 38.(1) 39.(2) 40.(2)

41. ( ) 在 Microsoft Word 2010 中，下列何者不是「文字效果」所提供的效果？ ①陰影 ②反射 ③光暈 ④浮凸。 [32]

42. ( ) 在 Microsoft Word 2010 中，若要從重疊的浮動圖片中，選取整張被其他圖片所覆蓋的圖片，在不移動圖片的情形下，運用下列哪項功能最爲便捷？ ①選取物件 ②選取窗格 ③進階尋找 ④尋找。 [33]

43. ( ) 在 Microsoft Word 2010 中，「螢幕擷取畫面」功能可以擷取下列哪些視窗畫面？ ①所有最大化的視窗 ②所有未最小化的開啓視窗 ③除 Word 視窗外，所有最大化的視窗 ④除 Word 視窗外，所有未最小化的開啓視窗。 [34]

44. ( ) 在 Microsoft Word 2010 中，下列哪項合併列印可使用「更新標籤」功能？ ①信件 ②信封 ③標籤 ④目錄。 [35]

解 更新合併列印的標籤：將合併功能變數（如 [地址區塊]）新增到一系列標籤中的第一張標籤後，請務必在 [郵件] 標籤上選擇 [更新標籤]。這樣一來，左上方標籤中的所有內容都將在紙張的所有標籤上重複。

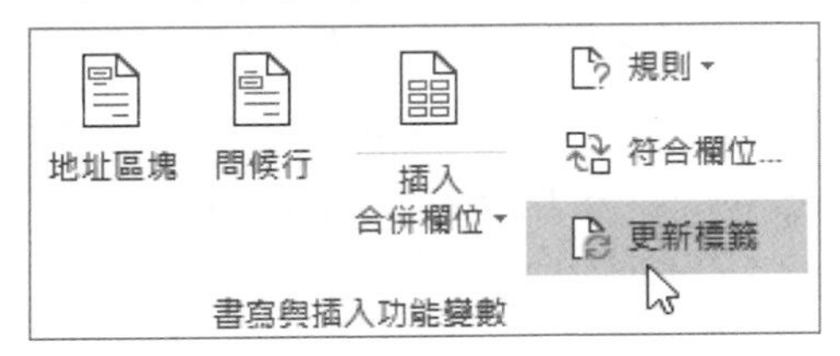

45. ( ) 在 Microsoft Word 2010 中，下列哪項合併列印功能，不能使用目前文件作爲主文件？ ①信件 ②標籤 ③目錄 ④電子郵件訊息。 [36]

46. ( ) 在 Microsoft Word 2010 中，要將文件中的英文字母快速改爲全形的字母，可使用下列哪項功能？ ①字型 ②大小寫轉換 ③放大字型 ④亞洲方式配置。 [37]

47. ( ) 在 Microsoft Word 2010 中，若要翻譯特定的英文字，可按住下列哪一按鍵，再以滑鼠左鍵在單字上按一下，結果就會出現在「參考資料」窗格內？ ① Alt ② Ctrl ③ Shift ④ Tab。 [38]

48. ( ) 在 Microsoft Word 2010 中，根據 Word 預設值，圖片會在儲存檔案時，以何種解析度來壓縮影像？ ① 300ppi ② 220ppi ③ 150ppi ④ 96ppi。 [39]

49. ( ) 在 Microsoft Word 2010 中，「檔案」索引標籤中的「最近」功能，根據 Word 預設值能顯示最近曾經開啓的文件數量爲何？ ① 20 ② 25 ③ 15 ④ 30。 [40]

50. ( ) 在 Microsoft Word 2010 中，合併列印的「電子郵件訊息」，透過下列哪項來寄送電子郵件？ ① Facebook ② Gmail ③ Outlook ④ LINE。 [41]

51. ( ) 在 Microsoft Word 2010 中，佈景主題爲一組格式設定選項，下列何者不是「佈景主題」所組成的項目？ ①色彩 ②字型 ③效果 ④圖片。 [42]

52. ( ) 在 Microsoft Word 2010 中，下列哪個功能不會改變文字間的間距？ ①最適文字大小 ②字元比例 ③字元間距 ④分散對齊。 [43]

解 41.(4) 42.(2) 43.(4) 44.(3) 45.(2) 46.(2) 47.(1) 48.(2) 49.(2) 50.(3) 51.(4) 52.(2)

53. (　　) 在 Microsoft Word 2010 中，若選取文件中的部分文字將其分爲二欄，則 Word 會自動在文件中加入下列哪個符號？ ①分節符號 ②分欄符號 ③分行符號 ④定位符號。[44]

54. (　　) 在 Microsoft Word 2010 中，在整頁模式時若要將頁首頁尾區域展開，可在紙張上、下邊緣如何操作？ ①按滑鼠左鍵兩下 ②按滑鼠左鍵一下 ③以滑鼠左鍵往上拖曳 ④以滑鼠左鍵往下拖曳。[45]

55. (　　) 在 Microsoft Word 2010 中，「圖片效果」不具有哪項效果？ ①光暈 ②填滿 ③浮凸 ④立體旋轉。[46]

56. (　　) 在 Microsoft Word 2010 中，下列何者不是「設定圖片格式」的「反射」效果可調整之項目？ ①大小 ②距離 ③模糊 ④對比。[47]

57. (　　) 在 Microsoft Word 2010 中，製作「目錄」時，下列何者可作爲「項目資料來源」？ ①標號 ②項目標記 ③書籤 ④樣式。[48]

58. (　　) 在 Microsoft Word 2010 中，製作紙張方向爲直向及橫向同時存在的文件時，需在文件中插入下列哪個符號？ ①分欄符號 ②分節符號 (下一頁) ③分頁符號 ④文字換行分隔符號。[49]

59. (　　) Microsoft Office 從哪個版本開始支援 ODF？ ① 2003 ② 2007 SP2 ③ 2010 ④ 2013。[55]

60. (　　) Microsoft Office 從哪個版本開始支援 ODF 1.2？ ① 2003 ② 2007 SP2 ③ 2010 ④ 2013。[56]

61. (　　) 2007 SP2 以前版本的 Microsoft Office 可以使用何種軟體來開啓 ODF 1.1 檔案？ ① Adobe Acrobat XI 11.0.10 ② Open XML/ODF Translator Add-ins for Office 4.0 ③ Firefox 36.0.1 ④ Android 5.0。[61]

解 53.(1) 54.(1) 55.(2) 56.(4) 57.(4) 58.(2) 59.(2) 60.(4) 61.(2)

工作項目 03　系統軟體使用

單元一 作業系統

作業系統類型及主要功能

- 作業系統（Operating System，OS）：主要目的是為了幫助使用者更有效率及更方便地使用電腦硬體資源。若使用者將 PC 開機時，部分作業系統會從磁碟被複製到記憶體，以利開機作業。
- 目前常用的作業系統：
  1. Windows（由 Microsoft 公司開發的）。
  2. UNIX。
  3. Linux。
  4. OS 2（由 IBM 公司開發的）。
  5. OS X（由蘋果公司開發的，Apple 電腦之作業系統）。
  6. VAX-11 及 AS400 作業系統無法在 PC 上安裝使用（約 30 年前 DEC 及 IBM 公司所發展的迷你電腦系列之作業系統）。
  7. PL/1 與 DBASE 皆不是作業系統，而是一種程序式、指令式程式語言。
- 作業系統主要功能包括：
  1. 記憶體管理、處理機管理、設備管理、I/O 管理。

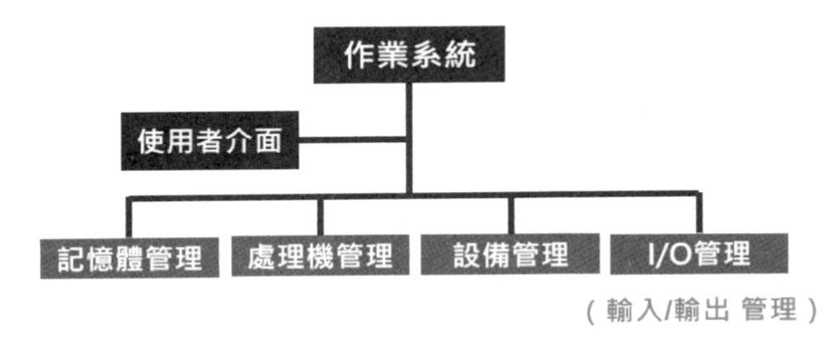

  2. 負責監督電腦系統工作。
  3. 管理硬體資源。
  4. 輸入法管理及程式翻譯作業（Language Translation）不是作業系統功能。
- 作業系統可依使用人數與工作數量的不同分為：單人單工、單人多工與多人多工三類。

作業系統類別	常見的作業系統
單人單工	MS-DOS
單人多工	Windows 98 / XP / Vista / 7 / 8 / 10、 Mac OS 9 / X 10.1 / X 10.2
多人多工	Unix、Linux、 Mac OS X 10.3（含）以後 /Server Windows NT Server Windows Server 2008 / 2012

小試身手

1. (　　) 下列何者是多人多工的作業系統？ ① Windows ② CP/M ③ UNIX ④ MS-DOS。[6]

2. (　　) 作業系統的主要功能為記憶體管理、處理機管理、設備管理及下列哪一項？ ①資料管理 ② I/O 管理 ③中文管理 ④程式管理。 [27]

3. (　　) 下列作業中，哪一項並非作業系統所提供之功能？ ①分時作業 (Time-sharing) ②多工作業 (Multitasking) ③程式翻譯作業 (Language Translation) ④多工程式作業 (Multi-programming)。 [28]

   解 程式翻譯作業為應用軟體所提供的功能。

4. (　　) 作業系統 (Operating System) 之主要目的，是為了幫助使用者更有效率及更方便的使用電腦的硬體資源，下列哪一項不是一種作業系統的名稱？ ① Windows ② Linux ③ PL/1 ④ UNIX。 [29]

   解 PL/1（Programming Language One，第一編程語言），是 IBM 公司在 1950 年代發明的第三代高級程式語言。是一種程序式、指令式程式語言。

5. (　　) 下列哪一個負責監督電腦系統工作？ ①作業系統 ②套裝程式 ③應用程式 ④編譯程式。 [33]

6. (　　) 下列系統何者可幫助使用者管理硬體資源，使電腦發揮最大的效能？ ①作業系統 ②媒體 ③資料系統 ④編修系統。 [56]

7. (　　) 下列何者不是作業系統的功能？ ①輸出／入裝置的管理 ②處理程序的管理 ③輸入法的管理 ④記憶體的管理。 [82]

   解 輸入法屬於應用軟體。作業系統的主要功能有：提供使用者介面、管理系統資源（如行程管理、檔案系統管理、輸出入裝置、記憶體管理等），提供程式執行的環境及系統呼叫服務。

8. (　　) 下列的作業系統中，何者無法在 PC 上使用？ ① SCO-UNIX ② Windows Server 2016 ③ VAX-11 ④ Windows 8。 [89]

   解 VAX-11 屬於大型電腦的作業系統。

9. (　　) 在一部 PC 中不能安裝下列哪一種作業系統？ ① Windows Server 2016 ② Windows 8 ③ Linux ④ AS400。 [90]

   解 AS400 是 IBM 的工作站主機名稱，無法安裝在 80x86 系列 CPU 的電腦上。

10. (　　) 何者不是作業系統？ ① UNIX ② LINUX ③ DBASE ④ Windows 8。 [147]

    解 DBASE 是第一個在個人電腦上被廣泛使用的單機版資料庫系統。

11. (　　) 下列何者是 IBM 公司所產生的作業系統？ ① OS X ② Linux ③ Android ④ OS 2。 [173]

    解 OS/2 是由微軟和 IBM 公司共同創造，後來由 IBM 單獨開發的一套作業系統。

12. (　　) 當使用者將 PC 開機時，下列敘述何者是正確的？ ①部分的作業系統從磁碟被複製到記憶體 ②部分的作業系統從記憶體被複製到磁碟 ③部分的作業系統被編譯 ④部分的作業系統被重新覆寫。 [248]

解 1.(3) 2.(2) 3.(3) 4.(3) 5.(1) 6.(1) 7.(3) 8.(3) 9.(4) 10.(3) 11.(4) 12.(1)

DOS 作業系統

- MS-DOS 作業系統：是 Microsoft Disk Operating System 的縮寫，由美國微軟公司發展的作業系統，可在 Intel x86 個人電腦上運作。它是 DOS 作業系統家族中最著名的一支，在 Windows 發展之前，是個人電腦中被普遍使用的作業系統，沒有支援圖形化介面。

命令提示字元

- 「命令提示字元」是在 Windows NT 下，用來執行 Windows 控制台程式或某些 DOS 程式的殼層程式（Shell，泛指爲用戶提供使用者介面的程式）。
- 在「命令提示字元」下，可執行的副檔案類型爲：.EXE、.BAT、.COM；無法執行的副檔案類型爲：.SYS、.PRG。
- 相關指令如下：
  1. VERIFY：告訴 Windows 檢查您的檔案是否已正確寫入到磁碟。
  2. VER：VERSION 的縮寫，可顯示 Windows 版本。
  3. CHDIR：可寫成 CD，改變目前目錄位置的指令。例如 CD 加上「\」代表根目錄、「..」代表上一層、「C:\」代表 C 硬碟根目錄。
  4. MKDIR：可寫成 MD，建立新的資料夾目錄指令。
  5. RMDIR：刪除目錄指令，但所欲刪除之目錄必須是個空目錄，否則將會拒絕刪除。
  6. REN：RENAME，檔案重新命名指令。
  7. Root：根目錄的名稱，根目錄也是一個目錄，而且不能被刪除。
  8. DEL：刪除檔案指令，若出現「存取被拒」，表示此要被刪除的檔案屬性爲唯讀（Read – Only）檔案。
  9. Copy：複製檔案或資料夾的指令，例如 COPY　C:TEST.ABC　D:*.TXT，其中「*」表示產生新檔名時，前面的主檔名「TEST」不變，後面的副檔名則改爲「TXT」。因此 D 磁碟會產生檔名爲 TEST.TXT 的檔案。

小試身手

13. (　　) 下列作業系統中，何者沒有支援圖型化界面？　①OS/2　②UNIX　③MS-DOS　④Windows 8。　[3]

解 MS-DOS 爲早期個人電腦作業系統，是指令操作模式。DOS（Disk Operating System）即磁碟作業系統。

14. (　　) 在「命令提示字元」下，無法執行下列哪一種格式的檔案？　①.BAT 檔　②.EXE 檔　③.SYS 檔　④.COM 檔。　[7]

解 .BAT 檔：批次作業檔。.EXE 檔：可執行檔。.SYS 檔：系統參數檔案。.COM 檔：執行檔。

15. (　　) 在 Windows 8 的「命令提示字元」視窗中，下列哪一項目中所示兩個指令的功能不一樣？　①CHDIR 與 CD　②MKDIR 與 MD　③RENAME 與 REN　④VERIFY 與 VER。　[48]

解 13.(3)　14.(3)　15.(4)

16. (　　) 在 Windows 10 的「命令提示字元」視窗中，下列敘述何者錯誤？ ①根目錄 (Root) 也是一個目錄，而且不能被刪除 ② VER 指令用於顯示 Windows 版本 ③ RMDIR 所欲刪除之目錄必須是個空目錄，否則將會拒絕刪除 ④如果根目錄下沒有 USR 這個子目錄 (Subdirectory) 就不能執行 MD\USR\ABC。 [49]

17. (　　) 在 Windows 7 的「命令提示字元」視窗中，下達「COPY C:TEST.ABC D:*.TXT」指令後，以下敘述何者正確？ ① D 磁碟會產生檔名為 TEST.ABC 的檔案 ② C 磁碟檔名為 TEST.ABC 的檔案將會不存在 ③ D 磁碟會產生檔名為 TEST.TXT 的檔案 ④ C 磁碟會產生檔名為 TEST.TXT 的檔案。 [51]

解 「*」代表萬用字元。

18. (　　) 在 Windows 8 的「命令提示字元」視窗中，以下哪一種不是可執行檔案的副檔名？ ① .bat ② .exe ③ .com ④ .prg。 [54]

解 .bat：批次作業檔。.exe：可執行檔。.com：命令檔。.prg：程式檔，是 dBbase 語言的原始程式。

19. (　　) 在 Windows 8 的「命令提示字元」視窗中，使用 DEL 命令刪除某個檔案時，螢幕出現「存取被拒」訊息，表示此要被刪除的檔案屬性為下列何者？ ①共享 (Shared) 檔案 ②系統 (System) 檔案 ③隱藏 (Hidden) 檔案 ④唯讀 (Read -Only) 檔案。 [55]

解 唯讀（Read-Only）檔案：僅能被讀取，無法存入或刪除。

20. (　　) 在 Windows 7 系統中，由「命令提示字元」查看目錄資訊，以下敘述何者為非？ ①「\」代表根目錄 ②「..」代表上一層 ③「C:\」代表 C 硬碟根目錄 ④「.」代表下一層。 [161]

解 在 Windows 7 系統中，由「命令提示字元」查看目錄資訊，用「.」代表現在目錄，而用「..」代表上一層目錄。

GNU/Linux 作業系統

- Linux 是一種自由和開放原始碼的作業系統。Linux 也是自由軟體和開放原始碼軟體發展中最著名的例子。只要遵循 GNU 通用公共許可證（GPL），任何人都可以自由地使用 Linux 的所有底層原始碼，也可以自由地修改和再發布。相關指令如下：

1. pwd：顯示目前的目錄。
2. mail：發送電子郵件。
3. cp：複製檔案或目錄、開放原始程式碼。
4. man：查看其他指令用途及說明。
5. man page：查詢某一指令的用法，使用 Less 程式做為分頁器。
6. ifconfig：查詢系統網路卡狀況及網路設定，若想儲存 ifconfig 的執行結果至文字檔（file.txt），以供未來參考，同時想要覆蓋掉已存在的檔案資料，應下指令為 ifconfig > file.txt。
7. kill：終結執行中程式，例如在 bash 下輸入 kill -9 2003，則可能的執行結果為終結或停止程序 ID 為 2013 的程式。

解 16.(4)　17.(3)　18.(4)　19.(4)　20.(4)

8. ls：顯示檔案或目錄的屬性，其中共有 10 個屬性，若第一個屬性顯示為「b」，則表示周邊設備。
9. Ctrl+c：中斷目前執行程式的組合鍵。
10. chmod：改變檔案權限。例如 test.sh 檔案屬性為 -rwxr-xr--，要將檔案屬性改為 -r-xr-xr-x，可下的指令為 chmod 555 test.sh。

    Linux 檔案的基本權限有九個，分別是 owner/group/others 三種身分，各有自己的 read/write/execute 權限。九個權限是三個三個一組，權限對照分數如下：

    ```
    r : 4     w : 2     x : 1
    rwx r-x r--  對應分數為 754
    r-x r-x r-x  對應分數為  555
    ```
11. chown：修改檔案擁有者權限。
12. chgrp：改變一個檔案群組權限。
13. bc：用來計算檔案裡已經寫好的公式。
14. df：查詢磁碟的使用量與剩餘空間。顯示已掛載檔案系統磁碟的 inode 狀況之指令為 df –i（inode 記錄檔案的相關屬性，及檔案內容放置在哪一個 Block 之內的資訊）。
15. rm：刪除資料夾及下層檔案。例如，想刪除 /var/test 資料夾，應下之指令為 rm -rf /var/test。
16. if …fi：Linux 中可使用 bash Shell Script 來撰寫簡單的程式。撰寫判斷結構指令時，使用 if 敘述開頭，結束敘述的指令為 fi。

■ 「/var」是 Linux 系統預設的資料暫存或快取的儲存目錄，「root」是最高系統管理員帳號。

小試身手

21. (　　) 在 Linux 系統中，若要查看其他指令用途及說明，可使用下列哪一個指令？ ① more ② man ③ make ④ mkdir。 [30]

22. (　　) 在 Linux 作業系統下，使用何種指令可以顯示目前的目錄？ ① makdir ② fg ③ pwd ④ cat。 [36]

    解 makdir（make directory）：建立新目錄指令。fg（foreground）：啟動被暫停的 job，並改為前景作業（將背景工作拿到前景來處理）。pwd（print working directory）：列出現在的工作目錄（顯示目前的工作目錄）。cat（concatenate）：顯示檔案內容（由第一行開始顯示檔案內容）。

23. (　　) 在 Linux 下發送電子郵件之指令為？ ① mail ② vi ③ mv ④ vc。 [66]

    解 vi：文書編輯軟體。mv：移動檔案或目錄或更名，可用作更改檔案或目錄的名稱，使用語法為 mv [參數][來源檔案或目錄] [目的檔案或目錄]。vc：Visual C。

24. (　　) 下列何種作業系統最大的特點是開放原始程式碼給所有使用者？ ① Linux ② Windows 7 ③ OS X ④ Windows 8.1。 [179]

解 21.(2)　22.(3)　23.(1)　24.(1)

25. (　　) 在 Linux 作業系統下，使用何種指令可以複製檔案或目錄？ ① mkdir ② cp ③ alias ④ echo。 [197]

解 mkdir：建立新的目錄。cp：複製資料、檔案或目錄。alias：命令別名設定。echo：變數的取用，在螢幕上顯示。

26. (　　) 大多數的 Linux 系統中，man page 指令以何種形式呈現資訊？ ①使用以 X 為基礎的自訂應用程式 ②使用 less 程式 ③使用 Mozilla 網頁瀏覽器 ④使用 Vi 編輯器。 [201]

解 man 指令可以顯示指令的說明訊息，使用 man 來做查詢動作時，必須附加所要查詢的關鍵字。使用語法：man [參數] [指令]。

27. (　　) Linux 的指令模式下，如果想要儲存 ifconfig 的執行結果至文字檔 (file.txt)，以供未來參考，同時想要覆蓋掉已存在的檔案資料，該如何下指令？ ① ifconfig >> file.txt ② ifconfig < file.txt ③ ifconfig | file.txt ④ ifconfig > file.txt。 [203]

28. (　　) Linux 使用者在 bash 下輸入 kill -9 2013 指令，假設該指令有效，則可能的執行結果為何？ ①切斷 TCP port 2013 的網路連結 ②要求程序 ID 為 2013 的伺服器，重新載入設定檔 ③顯示訊號為 2013 的程序，過去九天被終止的數量 ④終結或停止程序 ID 為 2013 的程式。 [204]

解 kill-9 是程序的強制終止指令（暴力砍掉）。

29. (　　) 下列哪個目錄是 Linux 系統預設的資料暫存或快取的儲存目錄？ ① /home ② /usr ③ /boot ④ /var。 [205]

解 /home：儲存普通用户的個人文件。/usr：靜態的用户級應用程序。/boot：存放的是啓動 Linux 時使用的一些核心文件，如操作系統内核等。/var：/var/cache；/var/log。

30. (　　) Linux 的 ls 指令可以顯示檔案或目錄的屬性，其中共有 10 個屬性，若第一個屬性顯示為「b」則表示為？ ①周邊設備 ②檔案 ③目錄 ④連結。 [206]

解 第一個屬性代表這個檔案是目錄、檔案或連結檔：若為 [d]：表示為目錄；[-]：表示為檔案；[l]：表示為連結檔（link file）；[b]：表示為裝置檔裡面可供儲存的周邊設備。[c]：表示為裝置檔裡面的序列埠設備，例如：鍵盤、滑鼠。

31. (　　) 在 Linux 中，可以按下哪一個組合鍵來中斷目前程式的執行？ ① Ctrl+b ② Ctrl+c ③ Ctrl+d ④ Ctrl+z。 [207]

32. (　　) 下列哪個 Linux 指令無法用來改變檔案的權限？ ① bc ② chmod ③ chgrp ④ chown。 [208]

解 bc：用來呼叫 Linux 的互動式計算器功能。chmod（Change mode）：改變檔案的權限。chgrp（Change group）：改變檔案所屬群組。chown（Change owner）：改變檔案擁有者。

33. (　　) 在 Linux 作業系統中，想要顯示目前已掛載檔案系統磁碟的 inode 使用狀況指令為何？ ① df – i ② su – I ③ free – i ④ du – I。 [234]

解 「df」：顯示磁碟機資訊的指令，用來顯示目前系統中所掛載磁碟機的檔案格式與使用狀況。使用語法：df [參數]。

解 25.(2) 26.(2) 27.(4) 28.(4) 29.(4) 30.(1) 31.(2) 32.(1) 33.(1)

34. (　　) Linux 系統中，若是 test.sh 檔案屬性為「-rwxr-xr--」，要將檔案屬性改為「-r-xr-xr-x」，下列哪個指令可以完成？ ① chmod u=rx test.sh ② chmod 755 test.sh ③ chmod 555 test.sh ④ chmod o-x test.sh。 [212]

解

■chmod：Change mode（更改檔案屬性）

2^2 2^1 2^0
r=4；w=2；x=1

■三個為一組
【-】代表非(不可)
【r】是Read
【w】是Write
【x】是ExcuteA

- r-x r-x r-x
= - (r – x) (r – x) (r – x)
= - (1 0 1) (1 0 1) (1 0 1)
$2^2\ 2^1\ 2^0$ $2^2\ 2^1\ 2^0$ $2^2\ 2^1\ 2^0$
= - (5 5 5)
= 555

35. (　　) 在 Linux 作業系統中，查看目前的網路設定指令為何？ ① ipconfig ② ifconfig ③ ipsetting ④ ifsetting。 [235]

解 ifconfig 可查詢、設定網路卡與 IP 網域等相關參數。

36. (　　) 在 Linux 作業系統中，修改檔案擁有者指令為何？ ① chmod ② modown ③ chown ④ modch。 [236]

解 chmod（change mode）：改變檔案的權限。chown（change owner）：改變檔案擁有者。

37. (　　) 在 Linux 作業系統中，/var/test 是一個擁有下層檔案及子資料夾的資料夾，想要刪除 /var/test 的指令為何？ ① del /var/test/* ② rm -rf /var/test ③ del -Rf /var/test/* ④ rm -rf /var/test/*。 [238]

解 想要刪除 /var/test 時，rm 指令代表移除、刪除，即 remove。rm 指令是用來刪除磁碟中的檔案或目錄。rm 指令刪除的檔案或目錄，是無法執行救回的動作。使用語法：rm [參數][檔案或目錄]。rmdir 則用來刪除磁碟中的目錄，使用語法：rmdir [目錄名稱]。

38. (　　) GNU/Linux 的最高系統管理員帳號是？ ① administrator ② admin ③ root ④ supervisor。 [254]

解 在 GNU/Linux 裡，root（根使用者）是對你的系統有管理權限的使用者。基於安全考慮，普通的使用者不能擁有這個權限。

39. (　　) 在 Linux 系統中，可以使用 bash Shell Script 來撰寫簡單的 Script 程式。撰寫判斷結構指令時，使用 if 敘述開頭，結束敘述的指令為何？ ① then ② end ③ endif ④ fi。[255]

解 條件判斷式：if…then…fi（finish）。

iOS 作業系統

■ 使用 iOS 7.x 作業系統之 Apple iPad，至少要同時使用 4 點觸控來操作，才能左右滑過螢幕來切換應用程式（App）。

CentOS 作業系統

■ CentOS 作業系統是 Linux 發行版之一，它是來自於 Red Hat Enterprise Linux（RHEL），依照開放原始碼規定釋出的原始碼所編譯而成。CentOS 6.0 作業系統不支援多點觸控。

解 34.(3) 35.(2) 36.(3) 37.(2) 38.(3) 39.(4)

小試身手

40. (　　) 使用 iOS 7.x 的 Apple iPad，若要左右滑過螢幕來切換 App，則至少要同時使用幾點觸控來操作？ ① 2　② 3　③ 4　④ 5。 [213]

解 在 iPad 中快速切換 App 時，可用「四指或五指左右滑動螢幕」方式來切換。

41. (　　) 下列哪個作業系統不支援多點觸控？ ① Mac OSX 10.9　② Windows 8.1　③ Windows 7　④ CentOS 6.0。 [217]

解 CentOS 6.0（Community Enterprise Operating System）是 Linux 發行版之一，爲文字操作介面，不支援多點觸控。

Windows 作業系統

■ Winows 8 就是完整版的 Windows，支援 Windows 7、Vista、XP 等所有舊版 Windows 上的軟體，同時也支援 Windows Store 販售的各式新穎、近似平板電腦使用的應用程式。

■ Windows 8 或 8.1 的功能：

1. Windows 8、Windows Phone 8、Windows RT 支援動態磚，但 Windows 7 不支援動態磚。
2. 需支援至少 4 點觸控才有觸控功能。
3. 從邊緣撥動的觸控方式開啓常用鍵（含搜尋、分享、開始、裝置和設定 5 個功能）。
4. 可在待機狀態開啓相機功能，並將照片設定成輪播型態。
5. 滑鼠移至右上或右下角，呼叫功能列時共有 5 個功能選項。
6. 提供 SnapView（子母畫面功能），但需要 1366×768 解析度以上的螢幕才能使用。
7. 想在已開啓的 App 之間切換，應該使用的按鍵組合爲 Win+Tab。

■ Windows RT：Windows RT 不支援任何舊版 Windows 上的軟體，只能操作微軟的 Start app，包括微軟特別爲 Windows RT 設計的 Microsoft Office 和 Internet Explorer。

解 40.(3)　41.(4)

小試身手

42. (　　) 要完全發揮 Windows 8.1 的多點觸控功能，觸控板必須至少支援幾點觸控？ ①2 ②3 ③4 ④5。 [210]

43. (　　) Windows 8.1 中，開啓常用鍵 (含搜尋、分享、開始、裝置和設定) 的觸控方式爲何？ ①捏合或伸展以進行縮放 ②從邊緣撥動或滑動 ③撥動以進行選取 ④滑動以進行捲動。 [211]

解 從四個邊緣滑動是 Windows 8 平板主要的操作訣竅，也就是從邊緣開始往內滑動，其不同的邊緣往內滑動會有不同的功能。

44. (　　) 下列哪個作業系統只能操作微軟的 Start App ？ ① Linux ② Windows 8.1 ③ Windows 7 ④ Windows RT。 [219]

解 Windows RT 不支援任何舊版 Windows 上的軟體，只能操作 Start App。就像 Windows 8 的精簡版。Windows RT 主要目標是放在各式移動裝置（例如：手機）上。

45. (　　) 下列哪個作業系統開始支援動態磚操作？ ① Windows XP ② Mac OSX 10.9 ③ Windows 7 ④ Windows 8。 [220]

解 動態磚屬 Windows 8 專用。

46. (　　) 下列哪個作業系統不支援動態磚操作？ ① Windows 7 ② Windows Phone 8 ③ Windows 8.1 ④ Windows RT。 [221]

47. (　　) Windows 8.1 把滑鼠移動到桌面右上或右下角，呼叫出功能列，此功能列共有幾項功能可點選？ ①3 ②4 ③5 ④6。 [223]

48. (　　) 下列哪個作業系統可在待機狀態下開啓相機功能，並將照片設定成輪播型態？ ① Windows 7 ② Windows Phone 7 ③ Windows 8.1 ④ Windows Phone 8。 [222]

解 Windows 8.1 可在待機狀態下開啓相機功能，並將照片設定成輪播型態。可在待機狀態下看到許多即時資訊。例如：筆記型電腦會出現電量、平板會出現訊號圖、桌機上面會出現新的即時通知等等。在待機狀態下，可開啓相機功能對平板或筆電來說很方便，並且可以將照片集變成待機時的輪播畫面，使你的電腦或平板變爲數位相框。

49. (　　) Windows 8 有一個 SnapView（子母畫面）的功能，但 SnapView 必須要多少解析度以上的螢幕才能使用？ ① 1024x768 ② 800x600 ③ 1366x768 ④ 1920x768。 [224]

解 Windows 8 有子母畫面（Snap View）功能，在使用此功能前，必須注意螢幕的解析度大小，螢幕解析度至少要在 1366x768 以上（含），不然子母畫面是不會出現的。

50. (　　) Windows 8 對視窗鍵 (Win) 有更好的支援，其中想在已開啓的 App 之間切換應該使用哪個按鍵組合？ ① Win+Tab ② Win+F ③ Win+D ④ Win+ 空白鍵。 [225]

解 Win+Tab 組合鍵可以檢視目前所有開啓中的視窗以及虛擬桌面，並且可以用方向鍵、滑鼠或觸控螢幕直接切換到要使用的視窗。

解 42.(3)　43.(2)　44.(4)　45.(4)　46.(1)　47.(3)　48.(3)　49.(3)　50.(1)

快捷鍵

- Apple 電腦：
  1. MAC OS X 作業系統擷取全螢幕快捷鍵為 Command+Shift+3。

  2. MAC OS X 10.9x 作業系統中，要強制重新啟動電腦快捷鍵為 Command+Ctrl+ 電源按鈕。
- Windows 作業系統（包括 Win7、Win8、Win10 等）擷取螢幕快捷鍵為 Alt+PrintScreen。

小試身手

51. (　　) Mac OSX 10.9.x 中，強制重新啟動的快捷鍵為何？ ①直接按下電源按鈕即可 ②按住電源按鈕 5 秒 ③按住電源按鈕 1.5 秒 ④ Command+Control+ 電源按鈕。 [228]

解 Control + Command + 電源按鈕會強制 Mac 重新啟動，且不提示要儲存任何開啟中且未儲存的文件。

52. (　　) Mac OSX 中，擷取全螢幕畫面的快捷鍵為何？ ① PrintScreen ② Command+PrintScreen ③ Command+Shift+3 ④ Command+Shift+PrintScreen。 [226]

解 Mac OSX 全螢幕截圖的熱鍵是 Command+Shift+3，能夠把整個螢幕畫面截下來，就像 Windows 電腦的 PrintScreen 一樣。

53. (　　) Windows 8 中，擷取工作視窗畫面的快捷鍵為何？ ① PrintScreen ② Alt+PrintScreen ③ Ctrl+PrintScreen ④ Alt+Ctrl+PrintScreen。 [227]

解 Alt + Print Screen：先按鍵盤上的 Alt 按鍵，接著按 Print Screen，就可以截取單一視窗的畫面。Print Screen：只按 Print Screen，就會直接擷取整個螢幕的畫面。

其他

- 在 Windows 7 視窗作業軟體中，能夠分別同時播放 .MID 與 .WAV 檔的音效。
- 憑證服務：在 Windows Server 2016 的環境中，可組織建立公開金鑰基礎結構（PKI），並提供公開金鑰密碼編譯、數位憑證以及數位簽章功能。
- 目錄服務：Active Directory 是 Windows Server 2016 之重要核心元件，其功能包括簡化管理、加強網路安全性、擴充交互運作能力。
- Mongo：是文件導向資料庫管理系統（非作業系統）。
- 智慧手機作業系統有 iOS、Android、Symbian 等。

解 51.(4)　52.(3)　53.(2)

- Port 3389：是 MAC OS 作業系統中使用「遠端桌面連線用戶端」的預設連接埠。
- UNIX 和 Windows 7 的差異：
  1. UNIX 廣泛使用於企業伺服器中，Windows 7 用於個人電腦。
  2. Windows 7 和 UNIX 皆會分辨指令的英文字母大小寫。
  3. Windows 7 是圖形使用者介面，UNIX 是文字介面。
  4. UNIX 系統穩定性高於 Windows 7。
- 計算費伯納西數列（Fibonacci sequence）可使用遞迴函數解決，而不是使用系統呼叫（system call）。

小試身手

54. (　　) 在 Windows Server 2016 的環境中，下列何種服務是「組織建立公開金鑰基礎結構 (PKI)，並提供公開金鑰密碼編譯、數位憑證以及數位簽章功能」？ ①系統工具 ②憑證服務 ③協助工具服務 ④保密服務。 [115]

55. (　　) 下列敘述何者不是 Windows Server 2016 之重要核心元件「目錄服務 (Active Directory)」的功能？ ①簡化管理 ②加強網路安全性 ③擴充交互運作能力 ④複雜化管理。 [134]

解 目錄是一種階層式結構，可將物件的相關資訊儲存在網路上。

56. (　　) 下列敘述何者爲眞？ ① Linux 作業系統並不支援 TCP/IP 通訊協定，因此無法用來架設網站 ②在 Windows 7 視窗作業軟體中，滑鼠左右鍵的用法已經固定，不可以被修改 ③在 Windows 7 視窗作業軟體中，能夠分別同時播放 .MID 與 .WAV 檔的音效 ④所謂「多媒體電腦」是指電腦同時應用到許多新聞媒體的採訪報導。 [185]

解 Linux 作業系統可以支援 TCP/IP 通訊協定，因此可以用來架設網站。在 Windows 7 視窗作業軟體中，滑鼠左右鍵的用法可以被修改。在 Windows 7 視窗作業軟體中，能夠同時播放 .MID 與 .WAV 檔的音效。多媒體電腦結合文字、圖形、聲音和影像等資料做展示，並利用工具讓使用者可以瀏覽、互動式操作、傳達媒體等。

57. (　　) UNIX 和 Windows 7 之間的比較敘述，下列何者爲非？ ① UNIX 廣泛使用於企業伺服器中，Windows 7 用於個人電腦 ② Windows 7 會分辨指令的英文字母大小寫，UNIX 不會分辨 ③ Windows 7 是圖形使用者界面，UNIX 是文字界面 ④ UNIX 系統穩定性高於 Windows 7。 [196]

解 UNIX 會分辨指令的英文字母大小寫，Windows 不會分辨。

58. (　　) 下列何者不是智慧型手機作業系統？ ① iOS ② Android ③ Mongo ④ Symbian。 [233]

解 Mongo 是 Windows 7 測試版代號。Symbian 是一種行動作業系統，爲 NOKIA 公司擁有，2013 年後停止生產。

解 54.(2)　55.(4)　56.(3)　57.(2)　58.(3)

59. (　　) 下列有關作業系統的操作中，何者是不需要使用系統呼叫 (system call)？ ①計算費伯納西數列 (Fibonacci sequence) ②刪除一個行程 (kill process) ③開啓一個檔案 (open file) ④在螢幕上印出一些文字 (screen output)。 [242]

解 作業系統內的系統呼叫 (system call) 通常都是爲了進行以下的工作而設計：執行程式、輸入與輸出作業、除錯以及錯誤處理、檔案系統、通信、錯誤偵測。系統呼叫的種類有：行程管理、檔案管理、記憶體管理及輔助記憶體管理、裝置系統管理、通信管理、資訊維護。

60. (　　) 在 MAC OS 中使用「遠端桌面連線用戶端」的預設連接埠爲？ ① 8080 ② 3389 ③ 3660 ④ 5900。 [253]

解 Mac 的「遠端桌面連線用戶端」僅支援連接埠 3389。3389 即爲預設連接埠。

單元二 系統軟硬體與網路功能設定

軟體

- 程式多工處理（Multiprogramming）：電腦一次可以處理多個工作（Process），但同一時段內只處理一件工作中的一部分。
- 系統軟體（System Software）：是指用於對電腦資源的管理、監控和維護，以及對各類應用軟體進行解釋和運行的軟體。系統軟體是電腦系統必備的軟體。目前常見的系統軟體有操作系統、各種語言處理程式、資料庫管理系統以及各種服務程式等。例如作業系統（Operating System）、公用程式（Utility）、編譯程式（Compiler）、連結程式（Linker）、載入器（Loader）。
- 應用軟體（Application Software）：指爲針對使用者的某種特殊應用目的所撰寫的電腦程式，例如會計系統（Accounting System）、物流管理系統、文字處理器、瀏覽器、媒體播放器、航空飛行模擬器、圖像編輯器等。Microsoft Office 即是一種應用軟體（包括 Word、Execl、PowerPoint 等）。
- 程式軟體（Programming Software）：是一系列按照特定順序組織的電腦資料和指令，是電腦中的非有形部分。例如 COBOL 和 BASIC 等。程式語言可分爲高階語言與低階語言。
- 高階語言的執行方式有編譯式與直譯式兩種：
  1. 編譯：編譯式的語言是將原始程式碼透過編譯器（Compiler）轉成機械碼，再直接執行機械碼。主要的優點是速度快，並可一次找出程式中不合文法的部分。編譯式的語言如 C、FORTRAN、COBOL 等均是。
  2. 直譯：直譯式的語言是利用直譯器（Interpreter）對原始程式碼依行號順序一邊翻譯，一邊執行。主要的優點是對於初學者較易於使用。直譯式的語言如 Basic、dBASE III 及其他 Script Language 等。
- 低階語言則有組譯式：
  1. 組譯：組合語言（Assembly）是一種非常接近機器碼的語言。將組合語言轉成機器碼的工具稱爲組譯器（Assembler），組譯程式可用來編譯虛擬運算指令（Pseudo operation）寫成的程式。

解 59.(1) 60.(2)

- 批次處理作業（Batch Processing）：指在電腦上不需要人工干預而執行系列程式的作業，銀行每半年一次的計息工作，適合使用批次處理作業方式。
- 虛擬記憶體（Virtual Memory）：透過軟體與輔助儲存裝置來擴展主記憶體容量，使數個大型程式得以同時放在主記憶體內執行的技術（在 Windows 系統中的操作步驟：控制台 ➔ 系統 ➔ 進階 ➔ 效能設定）。
- inf 檔：檔案的副檔名，其內容包含控制硬體操作的裝置資訊或指令檔。
- 物件連結與嵌入（Object Linking and Embedding，OLE），是能讓應用程式建立包含不同來源的「複合文件」技術，複合文件包含建立於不同來源應用程式，有著不同類型的資料，可以把文字、聲音、圖像、表格、應用程式等組合在一起，因此堪稱具有「動態連結函式庫及支援動態資料交換」的功能。以 Excel 爲例，資料 ➔ 從其他來源 ➔ 從資料連線精靈。
- 檔案系統：是一種儲存與組織電腦資料的方法，使用檔案和樹狀目錄的抽象邏輯概念來管理硬碟，讓使用者在存取與找尋資料時更容易。儲存的空間管理功能（分配和釋放）由檔案系統自動完成，使用者無須考量資料實際存放的物理位置。微軟的檔案系統格式包括 FAT16、FAT32、NTFS、exFAT 等。相關差異如下：

檔案系統	FAT32	NTFS	exFAT（隨身碟專用）
相容性	全部	Windows XP 以後皆可	Windows 7 以後皆可
單一檔案大小上限	4GB	16TB（理論值）	64ZB
磁碟分割區大小上限	8TB	2TB	16EB
建議分割區大小配置	32MB ~ 32GB	400MB ~ 2TB	512TB 以下

- QR code：提供「回」字定位點，所以可以任何角度掃描，正常需 3 個定位點才能精準定位。

	一維條碼	堆疊式二維條碼	矩陣式二維條碼
條碼圖			

- 檢查點（Checkpoint）：是容錯中的一種機制，主要功能在於能夠允許使用者保存目前執行中行程在任何時間點上的狀態資訊，當有錯誤發生時，能透過上回最後一次做檢查點時的狀態資訊，回復到正常執行的狀態。作業系統的搶救回復（Recovery）機制中，檢查點的作用是加速系統回復的效率。以 Word 爲例，檔案 ➔ 選項 ➔ 儲存 ➔ 儲存自動回覆時間間隔。
- XML：是一種中介標籤語言（Meta-Markup Language），可提供描述結構化資料的格式，其有助於文件內容的宣告，並符合跨平台的搜尋作業。XML 也是新一代網路資料呈現與運作的關鍵技術，並提供跨平台、跨網路、跨程式語言的資料描述格式。

  1. DTD（Document Type Definition，文件型態定義）：規範 XML 文件格式，應用其規格可定義一份有效文件所需要的元素及其結構，是一種描述文件的合法語法。

     範例：

```
<book>
<section level="10000">
<title>第十章</title>
<section level="10001">
```

```
</book>
<title>具有槓桿效率的標準樣板庫</title>
```

2. XSL（Extensible Stylesheet Language，可延伸的樣式表語言）：可用來轉換並控制 XML 文件的顯示方式，它提供套用排版樣式之功能（爲了可將 XML 轉成 XHTML）。

- 虛擬機器（Virtual Machine）：是行爲類似實際電腦的電腦檔案（通常稱作映像）。換言之，就是在電腦內建立一部電腦。它就像任何其他程式一樣在視窗內執行，在虛擬機器上給予終端使用者的體驗就如同在主機作業系統本身一樣。而 Java 虛擬機器（JVM）是指可執行 Java 程式碼的虛擬電腦。只要根據 JVM 規格描述，將解釋器移植到特定的電腦上，就能保證經過編譯的任何 Java 程式碼能夠在該系統上執行，因此透過 Java 程式可完成跨平台（Cross Platform）運作之機制。
- 雲端運算（Cloud Computing）：是指可透過網際網路（也就是「雲端」）傳遞伺服器、記憶體、資料庫、網路、軟體、分析、智慧功能等運算服務，即取得遠端主機之服務，以加快創新的速度、確保資源靈活，並實現規模經濟。

小試身手

61. (　　) 何種副檔名的檔案其內容包含控制硬體操作的裝置資訊或指令檔？ ① exe ② bat ③ inf ④ tmp。 [9]

解 exe：執行檔。bat：批次檔，在 DOS、OS/2、微軟作業系統視窗中，是一種用來當成 script 語言運作程式的檔案。inf：指令檔。tmp：暫存檔。

62. (　　) 下列敘述，何者錯誤？ ①程式執行、檔案存取等皆屬於作業系統服務範疇 ② COBOL 及 BASIC 皆屬於作業系統軟體 ③電腦系統包含硬體、作業系統、應用程式及使用者 ④作業系統目的是爲了更方便和更有效率的使用電腦。 [57]

解 COBOL 及 BASIC 皆屬於應用程式軟體（程式語言）。

63. (　　) 下列何者符合程式多工處理 (Multiprogramming) 的工作原理？ ①處理完一件工作後，才處理下一件工作 ②電腦一次可以處理多個工作 (Process)，但同一時段內只處理一件工作中的一部分 ③同時段內處理所有工作的輸出入動作 (I/O Operation) ④電腦同時段內可處理多件工作。 [58]

解 程式多工處理（Multiprogramming）的工作原理：在一定的時間中處理多個作業，CPU 利用完成一個作業的閒置時間，馬上轉移控制權進行另一個作業。

64. (　　) 使用直譯器 (Interpreter) 將程式翻譯成機器語言的方式，下列敘述何者正確？ ①直譯器與編譯器 (Compiler) 翻譯方式一樣 ②先翻譯成目的碼再執行之 ③在鍵入程式的同時，立即翻譯並執行 ④依行號順序，依序翻譯並執行。 [59]

解 直譯器（Interpreter）：是一種電腦程式，能夠把高階程式語言原始碼逐行翻譯爲機器語言並且執行。直譯器不會一次把整個程式轉譯出來。

65. (　　) 下列何者不屬於系統軟體？ ①公用程式 (Utility) ②作業系統 (Operating System) ③會計系統 (Accounting System) ④編譯程式 (Compiler)。 [60]

解 會計系統屬於應用軟體。

解 61.(3)　62.(2)　63.(2)　64.(4)　65.(3)

66. (　　) 下列敘述何者正確？ ①編譯器 (Compiler) 可編譯應用程式，故屬於應用軟體 ②物流管理系統屬於應用軟體 ③作業系統不能編譯程式，所以不是系統軟體 ④作業系統 (Operation System) 可以編譯程式，所以屬於系統軟體。 [62]

解 編譯器（Compiler）可編譯應用程式，故屬於系統軟體。作業系統不能編譯程式，屬於系統軟體。

67. (　　) 下列何者具有「動態連結函式庫及支援動態資料交換」功能？ ①IDE ②OCR ③OLE ④OEM。 [67]

解 IDE（Integrated Drive Electronics，整合裝置電路）：整合驅動電子裝置。
OCR（Optical Character Recognition，光學字元辨識）：光學辨識軟體。
OLE（Object Linking and Embedding，物件連結與嵌入）：動態連結函式庫及支援動態資料交換。
OEM（Original Equipment Manufacturer，原始設備製造商）：代工生產，委託製造，委外加工。

68. (　　) 銀行每半年一次的計息工作，適合使用下列哪一種作業方式？ ①即時處理作業 ②交談式處理作業 ③批次處理作業 ④平行式處理作業。 [83]

69. (　　) 在系統軟體中，透過軟體與輔助儲存裝置來擴展主記憶體容量，使數個大型程式得以同時放在主記憶體內執行的技術是？ ①抽取式硬碟 (Removable Disk) ②虛擬磁碟機 (Virtual Disk) ③延伸記憶體 (Extended Memory) ④虛擬記憶體 (Virtual Memory)。 [86]

解 虛擬磁碟機（Virtual Disk）：是一種將電腦記憶體分割出一個記憶體區域，虛擬成一個磁碟來做暫時使用的技術，可以在檔案多點下載時使用，避免在多點存取時傷害到硬碟。

70. (　　) 下列何者不是磁碟檔案配置格式？ ①FAT16 ②FAT32 ③NTFS ④FETS。 [166]

解 FETS（Field-Effect Transistor，FET，場效電晶體）：是一種以電場效應控制電流的電子元件。

71. (　　) 下列何者不屬於系統程式 (System Program)？ ①Compiler ②Linker ③Microsoft Office ④Loader。 [202]

解 Microsoft Office 為用於文書處理之應用軟體。

72. (　　) 下列何種檔案系統的單一檔案之大小上限為 4GB？ ①ext 2 ②ext 3 ③FAT32 ④NTFS。 [209]

解 ext 2 檔案系統檔案上限為 2TB。ext 3 檔案系統檔案上限為 16TB。FAT32 檔案系統檔案上限為 4GB。NTFS 則為 16TB-64KB。

73. (　　) QR code 有提供「回」字定位點，所以可以任何角度掃描。請問一個正常 QR Code 應該提供幾個定位點？ ①2 ②3 ③4 ④5。 [215]

74. (　　) 作業系統的搶救回復 (recovery) 機制中，檢查點 (checkpoint) 的作用是？ ①檢查系統狀態的一致性 ②加速系統回復的效率 ③解決磁碟毀損後的回復問題 ④改善資料異動執行的效率。 [230]

解 66.(2) 67.(3) 68.(3) 69.(4) 70.(4) 71.(3) 72.(3) 73.(2) 74.(2)

75. (　　) 請問組譯程式 (Assembler) 與虛擬運算指令 (Pseudo operation) 的關係爲何？　①組譯程式是用來連結虛擬運算指令　②虛擬運算指令可以編譯組譯程式　③虛擬運算指令編寫成的程式就是組譯程式　④組譯程式可用來編譯虛擬運算指令寫成的程式。 [232]

解 組譯程式（Assembler）可用來編譯虛擬運算指令（Pseudo operation）寫成的程式。

76. (　　) 下列關於 XML(eXtensible Markup Language) 的敘述中，何者是錯誤的？　① XML 提供一個跨平台、跨網路、跨程式語言的資料描述格式　② XML 和 HTML 一樣，都只能使用事先定義的標籤 (tag)　③ DTD 是用來規範 XML 文件的格式　④ XSL 用來提供 XML 套用排版樣式之功能。 [240]

解 XML 可以自行定義標籤（tag）。

77. (　　) 下列何者是使得 Java 程式能夠完成跨平台 (cross platform) 運作的主要機制？　①例外處理　②多執行緒 (multi-thread)　③虛擬機器　④物件導向。 [241]

78. (　　) 下列有關「雲端運算」技術概念的敘述，何者是正確的？　①在電腦上進行雲狀式的數學運算　②空軍在雲層中利用電腦進行運算　③兩台電腦以藍芽互相傳送機密性資料　④透過網路連線取得遠端主機提供的服務。 [244]

硬體

- 介面卡衝突：安裝介面卡時，若 PC 內已有其他介面卡，則應該注意 I/O 位址、IRQ 及 DMA 等是否衝突的問題。
  1. IRQ：用來傳送中斷或服務要求給微處理器的機制。
  2. DMA：允許電腦內部的硬體子系統直接讀寫系統記憶體，無須 CPU 介入處理，是一種快速的資料傳送方式。
- LCD 規格中的「燭光 / 平方公尺」所指的是亮度。

- 觸控面板：觸控面板技術可分以下幾大類：電阻式（類比或數位）、電容式（表面電容或投射電容）、光學式（紅外線或 CMOS 影像）、投射電容式（Projected Capacitive）等，其中投射式電容觸控面板能做到多點觸控的操作螢幕。相關特性如下：
  1. 電阻式觸控面板：採 2 層鍍上有導電能力的 ITO（銦錫氧化物）的 PET 塑膠膜或玻璃，當操作者利用指尖或是筆尖壓按螢幕表面（PET 膜或玻璃外層）時，壓力將使 PET 膜（玻璃）內凹，使得上、下 2 層 ITO 因變形而使銦錫氧化物導電層接觸導電，經由偵測 x、y 軸電壓變化換算出對應的壓力點，完成整個螢幕觸按輸入動作。整個電阻式觸控面板的結構及操作方式如下圖。

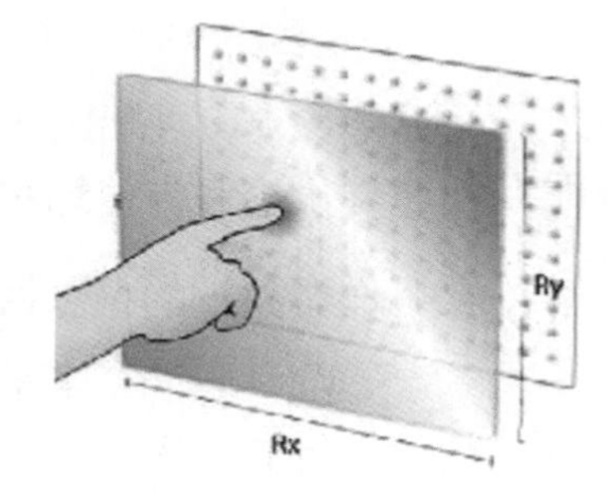

解 75.(4)　76.(2)　77.(3)　78.(4)

2. 電容式觸控面板：投射式電容技術，主要是將「橫向」與「直向」的電流，建構（蝕刻）在同一個 ITO layer 導電薄膜上，而當帶電物體（如手指）「靠近」或「觸碰」螢幕時，ITO Pattern 及控制 IC 便會立即感測到電容的變化，並且藉由感測點的電容強弱，計算出觸控點的位置，達到「多點」觸控的效果。

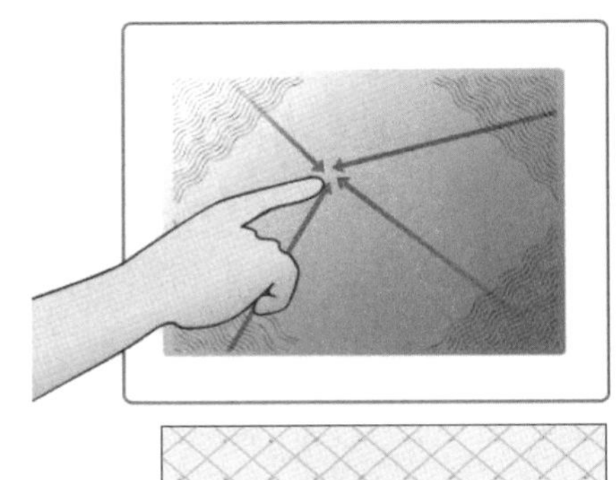

3. 投射式電容觸控面板：投射電容式採單層或多層圖樣化（Patterned）ITO 層形成行 / 列交錯感測單元（Sensor）矩陣。如此一來，不需透過校準就能得到精確觸控位置，而且可以使用較厚的覆蓋層，也能做到多點觸控操作。投射式電容觸控技術目前在大尺寸面板的應用（電視或 MNT）尚不普遍，主要還是應用在手機、小筆電等手持式消費電子產品的中小尺寸面板上。

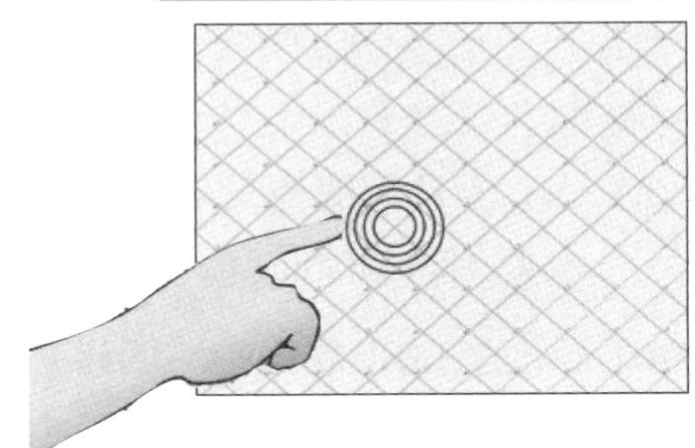

4. 光學式觸控面板：主要是利用在螢幕周圍設置紅外線光源，當物體接近或觸碰螢幕時，會產生阻斷紅外線的陰影，再透過紅外線攝影機（IR Camera）以及感測器（COMS Sensor）擷取「陰影」內的方位、寬度、高度與尖點等資訊，達到觸控的功用。

CMOS Sensor

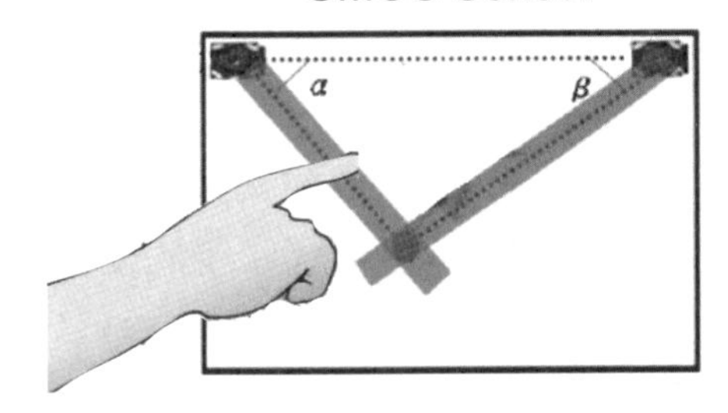

- 綠色環保電腦：條件為省電、符合人體工學、低污染，低輻射，木製外殼的電腦不符合環保電腦的條件。
- 超級電腦：是目前各種電腦類型中效能最佳的硬體架構。
- 檔案配置區：為硬碟結構中的系統區，檔案的真實位置被完整記錄在此區中。
- 固態硬碟（Solid State Disk，SSD）：是一種以記憶體作為永久性記憶體的電腦儲存裝置。SSD 已不是使用「硬碟」來記存資料，而是使用 NAND Flash。SSD 內也沒有用來驅動（Drive）旋轉的馬達，又稱固存（固態儲存器），因資料儲存密度高，故價格比傳統硬碟昂貴。其特性為：
  1. 無需馬達、軸承或旋轉頭。2. 低耗電、低熱能。3. 採用 DRAM 或 FLASH，速度快。

小試身手

79. (　　) 在安裝介面卡時，若 PC 內已有其他介面卡，則應該注意 I/O 位址、IRQ 及下列哪一項是否相衝突？ ① DMA ② Baud Rate ③ Packet Size ④ Frame Size。 [61]

解 Interrupt Request（IRQ）：中斷請求。

DMA（Direct Memory Access，直接記憶體存取）：可獨立地直接讀寫系統記憶體，而不需中央處理器（CPU）介入處理，例如硬碟控制器、繪圖顯示卡、網路卡、音效卡。

Baud Rate（鮑率）：串列通訊資料傳輸的速率。

Packet Size：封包大小。

Frame Size：每一張影像大小。

解 79.(1)

80. (　　) 硬碟結構中的系統區，檔案的眞實位置被完整記錄在哪一區中？ ①硬碟分割區 ②檔案配置區 ③根目錄區 ④啓動區。 [84]

解 檔案配置區（File Allocation Table，FAT）：記錄檔案在磁碟中所在位置。

81. (　　) 下列有關「符合綠色環保電腦的條件」之敘述，何者不正確？ ①必須是省電的 ②必須符合人體工學 ③必須是低污染，低輻射 ④必須是木製外殼。 [87]

82. (　　) 下列何種類型的電腦效能最佳？ ①個人電腦 ②工作站 ③中大型電腦 ④超級電腦。 [177]

83. (　　) 多點觸控螢幕是使用哪一類的螢幕？ ①電阻式觸控面板 ②電容式觸控面板 ③光學式觸控面板 ④投射式電容觸控面板。 [218]

84. (　　) LCD 規格中「燭光 / 平方公尺」所指的是？ ①對比率 ②亮度 ③可視角度 ④反應時間。 [216]

解 LCD（Liquid-Crystal Display，液晶顯示器，螢幕）的亮度單位：cd/m2（Candela Per Square Meter），意旨在 1 平方公尺的範圍內有多少燭光的亮度。

85. (　　) 下列關於固態硬碟 SSD(Solid State Disk) 的敘述中，何者是錯誤的？ ①無須驅動馬達、承軸或旋轉頭裝置，具有低耗電、低熱能的優點 ②比起傳統的標準機械硬碟來說，SSD 所能承受的操作衝擊耐受度較高 ③採用 DRAM 或 Flash 取代傳統硬碟的碟片，讀寫速度快 ④ SSD 資料儲存密度高，故價格 / 每單位儲存容量也比傳統硬碟便宜。 [239]

解 目前而言，SSD 價格仍較傳統硬碟高。SSD 的記憶體若採用同步顆料，較非同步的速度快但價格也貴。

網路功能

- ISP（Internet Service Provider，網際網路服務提供者）：提供使用者連上 Internet 及各種網路服務的供應商，提供使用者上 Internet 的各種服務；如撥接上網、電子郵件、出租硬碟空間、架設個人網頁等，但不提供作業系統安全服務。
- Giga-Fast Ethernet：傳輸速度更快，需使用 Category 5e 纜線。
- 電信服務的頻寬大小排序爲：MODEM 撥接 < ADSL < T1(1.544Mbps) < E1(2.048M) < T3(45M) < STM-1(155.5M)。
- FTTH（Fiber To The Home，光纖到府）：是一種光纖通訊的傳輸方法，是直接把光纖接到用戶的家中（用戶需要網路的地方）。
- 區域網路標準：
  1. ARCnet：是 1977 年由 Datapoint 公司開發的一種安裝廣泛的區域網路（LAN）技術，是一個令牌匯流排網路，但是它不承認 IEEE 802.4 標準，適用於中小型網路，是最慢的區域網路，傳輸速率爲 2.5Mbps。
  2. Ethernet（乙太網路）：最普遍的區域網路標準，傳輸速率爲 10Mbps。
- FDDI（Fiber Distributed Data Interface，光纖分散式資料介面）：傳輸速率爲 100Mbps。

解 80.(2) 81.(4) 82.(4) 83.(4) 84.(2) 85.(4)

- ATM（Asynchronous Transfer Mode，非同步傳輸模式）：由國際電話電報諮詢委員會（CCITT）所制定，具有高速分封及多工交換標準的高速網路傳輸協定，傳輸速率可達 622Mbps，適合使用於大量資料傳輸，如聲音、影像等多媒體資料。
- 各種資料傳輸介面的傳輸速度排序（快 ➔ 慢）：SATA3 (6Gbps) > USB3.0 (5Gbps) > eSATA (3Gbps) > IEEE1394b (200Mbps)
- 1000BaseT 是以四對絞線同時做傳輸，而不是使用光纖傳輸。如下圖：

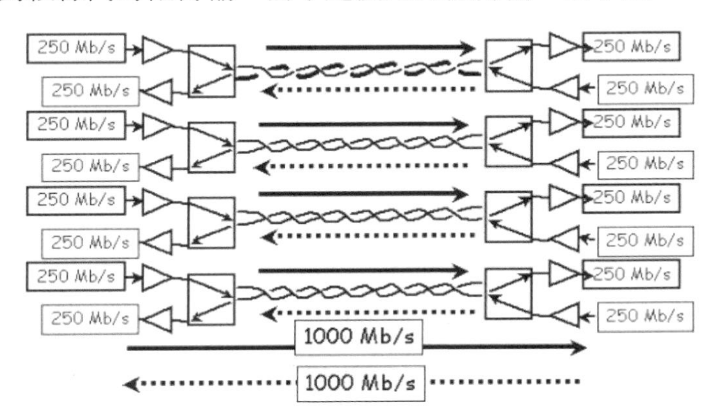

- 行動通訊網路傳輸速率（慢 ➔ 快）：GSM、IS-95(2G) < GPRS(2.5G) < HSDPA(3.5G)
- 星狀網路：若有數部電腦，將這些電腦以網路線與集線器（Hub）連接，此種方式爲網路實體線路拓樸的概念。
- 對於在 Internet 上的電腦而言，具有辨識獨一無二身分的資訊爲 IP 位址，其分類如下：

1. IPv4 位址
   (1) 32 位元的二進位組成（分 4 組）。
   (2) 表現形式爲 XXX.XXX.XXX.XXX（XXX : 0-255 的 10 進位，易閱讀及記憶）。如 192.192.44.1。
   (3) 可提供 2^{32} 個可用的位址空間。
   (4) 私有 IP 位址可用於私人網路，不能用於互聯網上的路由。它可以滿足安全性，目的是節省 IP 位址空間。但需要 NAT，即網路位址轉換，將內部所有私有 IP 位址轉換爲外部 IP 位址。
   (5) IPv4 被保留的私有 IP 位址空間：
   A 類：10.0.0.0 到 10.255.255.255
   B 類：172.16.0.0 到 172.31.255.255
   C 類：192.168.0.0 到 192.168.255.255
2. IPv6 位址
   (1) 128 位元的二進位組成（分 8 組，每組 4 個 16 進位）。簡寫規則爲：
   a. 每 16bits 若開頭之 4bits 爲 0，即可省略。
   b. 若 16bits 全爲 0，可簡寫爲 0。
   c. 連續完整 16bits 段落皆爲 0000，可全省略，簡寫爲 ::，以一次爲限。如 2003:0000:0000:00B3:0000:0000:0000:1234，爲便於記憶與書寫，可寫爲 2003::0B3:0:0:0:1234。
   (2) 可提供 2^{128} 個可用的位址空間，爲 IPv4 的 2^{96} 倍。

(3) IPv6的私有IP位址空間：FEC0:0000:0000:0000:0000:0000:0000:0000/10
因IPv6沒有A、B、C類的區隔，所有私有IP地址都是以FEC0::/10開頭，這表示首碼長度爲10個位元，固定長度爲16位元，即1111111011000000::。

■ 關於位址140.92.18.10/25的意義：

1. 子網路IP數爲256/2=128，有效IP區間爲1-126（0和127保留，無法使用）。
2. IP位址爲網路位址+主機位址，25表遮罩數，遮1-25位，(11111111.11111111.11111111.10000000)即1-25可通過，26-32被擋住，故子網路遮罩（subnet mask）爲255.255.255.128，能自由運用的只有最後7個bits，即0-127。位址若爲140.92.18.10，轉二進位01001100.01011100.00010010.00001010因遮罩關係，所以前25碼固定，後7碼可自由使用。
3. 140.92.18.0表整個網路（network）。
4. 140.92.18.127爲廣播使用（broadcast）後段主機位址從127開始。

一小試身手

86. (　　) 對於在Internet上的電腦而言，具有辨識獨一無二身分的資訊爲何？ ①IP位址 ②使用者名稱 ③使用者密碼 ④住家地址。 [178]

87. (　　) 下列何者爲網際網路服務提供商的英文縮寫？ ①ASP ②PHP ③ISP ④DSP。[198]

解 ASP（動態伺服器網頁）：Microsoft公司所發展的一種利用Active X技術來開發動態網頁的環境，是屬於Active X Server端的技術，網頁設計者可以利用ASP技術，將Script敘述及程式碼嵌在HTML檔案中，以產生動態、互動、高效能的網頁。PHP（Hypertext Preprocessor）：動態網頁語言。ISP（Internet Service Provider）：網際網路服務供應商。DSP（Digital Singnal Processor）：數位訊號處理器。

88. (　　) 想要使用Giga-Fast Ethernet至少要使用下列何種網路纜線等級？ ①Category 4 ②Category 4t ③Category 5 ④Category 5e。 [199]

89. (　　) 下列哪個電信服務的頻寬最大？ ①T1 ②T3 ③E1 ④STM-1。 [200]

解 T1：1.544 Mbps。T3：44.736 Mbps。E1：2.048 Mbps。STM-1（STM-Synchronous Transfer Module level-1）同步傳輸模組第一級別：155.52 Mbit/s。

90. (　　) 直接把光纖接到用戶的家中之網路技術是？ ①FTTH ②Cable Modem ③ADSL ④Ethernet。 [229]

解 FTTH（Fiber To The Home，光纖到府）：是一種光纖通訊的傳輸方法，是直接把光纖接到用户的家中（用户需要網路的地方）。

91. (　　) 以下哪一種區域網路，標準傳輸速率最慢？ ①ATM ②Ethernet ③ARCnet ④FDDI。 [231]

解 ARCnet（Attached Resource Computer Network，附加資源計算機網路）：最快傳輸速度爲5Mbps。
Ethernet（乙太網路）：最快傳輸速度爲100Mbps。
ATM（Asynchronous Transfer Mode，非同步傳輸模式網路）：是一種高速的資料傳輸技術，最快傳輸速度爲155Mbps，傳輸能力比3條T3專線加起來還快。
FDDI（Fiber Distributed Data Interface，光纖分散式資料介面）：最快傳輸速度爲622Mbps。

解 86.(1) 87.(3) 88.(4) 89.(4) 90.(1) 91.(3)

92. (　　) 下列有關資料傳輸的介面，根據官方所公佈的規格，何者是傳輸速度最快的？ ① SATA3　② eSATA　③ USB3.0　④ IEEE 1394b。 [243]

解 SATA3 速度爲 6Gbps。eSATA 速度爲 3Gbps。USB3.0 速度爲 5Gbps。IEEE 1394b 速度爲 0.8Gbps。

93. (　　) 下列何者的傳輸媒介不是使用光纖？ ① 1000BaseT　② 1000BaseSX　③ FDDI　④ 10BaseF。 [245]

解 1000BaseT 的 T 代表雙絞線。1000BaseSX 則是使用光纖。FDDI（Fiber Distributed Data Interface），光纖分散式資料介面。10BaseF 的 F 代表光纖。

94. (　　) 下列行動通訊網路系統中，何者可提供之資料傳輸速率最快？ ① GSM(Global System for Mobile communications)　② GPRS(General Packet Radio Service)　③ HSDPA(High-Speed Downlink Packet Access)　④ IS-95(Interim Standard 95)。 [246]

解 ① GSM（Global System for Mobile communications）：2G。② GPRS（General Packet Radio Service）：約 2.5G。③ HSDPA（High-Speed Downlink Packet Access）：3.5G。④ IS-95（Interim Standard 95）：2G。

95. (　　) 下列何者不是目前 ISP(Internet Service Provider) 所提供的服務？ ①撥接上網　②提供作業系統安裝　③提供個人網頁　④提供電子郵件信箱。 [247]

解 ISP（Internet Service Provider，網際網路服務提供者）：意即提供網路服務的機構或是公司。經由 ISP 的伺服器和高速網路，用戶端就能與網際網路相連。在家裡要利用電腦上網時，必須先向 ISP 申請一個帳號，帳號申請好後，再進行安裝數據機及接線工程、設定電腦中的各種連線設定等動作，才能順利的連上網際網路。

96. (　　) 辦公室中有數部電腦，將這些電腦以網路線與集線器 (Hub) 連接，以網路實體線路拓樸的概念來看，此種連接方式稱爲？ ①匯流排網路　②網狀網路　③環狀網路　④星狀網路。 [249]

解 星狀拓樸（Star Topology）：透過一個中央控制節點與其他節點連接，除了中央控制節點以外之其他節點間並不直接相連。

97. (　　) 下列有關 140.92.18.10/25 網段的敘述，何者是不正確的？ ①可用 IP 數量爲 126 個　② subnet mask：255.255.255.128　③ network：140.92.18.0　④ broadcast：140.92.18.128。 [237]

解 Broadcast 應爲 140.92.18.127。

98. (　　) IPv6 位址是使用 128bit 的長度來標示電腦所在位址，所可以容許的位址個數是 IPv4 位址 (位址長度爲 32bit) 的幾倍？ ① 4　② 96　③ 2^4　④ 2^{96}。 [250]

解 $2^{128} \div 2^{32} = 2^{96}$

99. (　　) 下列何者是不合法的 IPv6 位址寫法？ ① 1001::25de::cade　② 1001:0DB8:0:0:0:0:1482:57ab　③ 1001:0d8b:85a3:083d:1319:82ae:0360:7455　④ 1001:DB8:2de::e46。 [251]

解 雙冒號「::」用來表示一組 0 或多組連續的 0，僅可出現一次。

100.(　　) IPv4 中提供使用私有 IP 位址空間的網路，例如 192.168.0.0-192.168.255.255 的區塊，下列何者是 IPv6 私有 IP 位址空間的寫法？ ① FE80::1　② FEC0::2　③ FF02::A001　④ FF02::1:FF00:0101:0202。 [252]

解 IPv6 私有 IP 位址區間爲：FC00::/7（Unique-Local Addresses）。

解 92.(1)　93.(1)　94.(3)　95.(2)　96.(4)　97.(4)　98.(4)　99.(1)　100.(2)

單元三 作業系統功能

多媒體公用程式

- 錄音機：可錄製聲音，但無法做混音、加迴音或儲存為 midi 檔（可存 WMA 檔）。

- 媒體播放程式（Media Player）
  1. 支援 .asf、.wma、.wmv、.wm 等格式。
  2. 可播放 CD 及 DVD 影音檔、擷取音樂、觀看網路電視的串流視訊。其中，CD 音效的取樣頻率為 44.1KHz。
  3. 無法播放 .RMVBD 檔案格式，不支援 .mpeg 或 .dat 格式（VCD）。
  4. Media Play 無法轉檔成 mp4 檔案。
- Media Center：在 Windows 7 系統中，Media Center 可錄製和觀賞電視節目軟體，但 Windows 10 不支援此功能。
- Movie Maker：可以快速簡易的完成個人影片製作，包括 .png、.mod、.mp3 等檔案皆可匯入，但是 .mdf 檔案（光碟映像檔）則無法匯入使用。
- 小畫家與圖檔格式
  1. 小畫家所編輯的內容，預設儲存格式為 .png 檔案。
  2. 同樣像素的圖片（例如：800x600），若儲存成 .bmp 格式，則所佔用的磁碟空間最多。
  3. Windows 7 系統的桌面背景圖片可接受的副檔名有 .bmp、.gif、.jpg，但無法接受 .dwg 檔案格式。
- 向量圖：於放大或縮小後不會失真。

- 圖檔格式的比較

	點陣圖	向量圖
影像記錄方式	像素	數學運算方程式
影像特性	擅長表現顏色層次細緻的影像，適用於相片、細緻插畫等色彩複雜之圖形	適用於輪廓清楚，要求精準構圖之圖形
解析度	由一個一個的點（像素）所組成，將圖片放大或縮小會造成像素量重新計算，導致影像失真	以數學方程式運算圖形，放大或縮小並不會失真
主要優缺點	有較豐富的色彩	色彩表現較不豐富
	縮放影像會有鋸齒狀失真	縮放圖形不會失真
	不適合用於精細的線條繪圖	適合用於精細的線條繪圖
常見副檔名	.jpg、.jpeg、.png、.bmp、.gif、.tiff 等	.pcv、.ai、.cdr、.eps 等
相關軟體	Photoshop、PhotoImpact、Painter（小畫家）	Illustrator（.AI）、CorelDRAW（.CDR）、FreeHand、Flash

■ 音效的取樣頻率

取樣頻率	位元數
DVD	96000 Hz
CD 品質	44100 Hz
收音機品質	22050 Hz
電話品質	11025 Hz

小試身手

101.(　　) 以下的檔案格式中，何者無法在 Windows 7 的「媒體播放程式 Media Player」播放？ ① .AVI ② .WAV ③ .RMVB ④ . MID。 [68]

解 Windows 內建多媒體播放器為 Media Player，可以執行如 MP3、WMV 等影像檔，但不可開 VCD 格式。.RMVB：為 RealPlayer 的影音檔，RealPlayer 是一款免費的影音播放軟體，除可以播放網路上常見的 RMVB 影片，也支援 MPEG、MPA、AVI、MP4、WMV、MOV、DIVX、FLV、3GP、MP3、WAV、WMA、MP2、MIDI 等影音格式的播放，還具有影音的剪輯、轉換、分享和燒錄的功能。

102.(　　) 有關 Windows 8.1 的「錄音機」程式，下列敘述哪一項正確？ ①可以執行混音處理 ②可以錄製電腦播放的聲音 ③可以儲存爲 midi 檔 ④可以加入迴音效果。 [70]

解 錄音機程式的錄音可保存爲 wma 及 wav 格式，不可保存爲 MIDI。

103.(　　) Windows 7 中所使用的「Windows Media Player」程式，不具有下列哪一項功能？ ①擷取音樂 ②播放音樂 CD ③轉錄成 MP 4 檔案 ④觀看網路電視的串流視訊。 [72]

104.(　　) 以下何者爲 CD 音效的取樣頻率？ ① 44.1KHz ② 22.05KHz ③ 11.025KHz ④ 33.75KHz。 [73]

解 取樣頻率：即每秒所切割的片段數，單位爲 Hz 或 KHz。CD 音效頻率爲 44.1 千赫（Kilo Hertz，KHz）。

105.(　　) Windows Movie Maker 2012 可以快速簡易的完成個人影片製作，但是下列哪一種是該程式所無法匯入使用的素材？ ① .png 檔案 ② .mod 檔案 ③ .mdf 檔案 ④ .mp3 檔案。 [74]

解 .png 檔案：圖片的副檔名，可攜式網路圖形是一種無失真壓縮的點陣圖圖形格式。.mod 檔案：影片檔的副檔名，JVC 的 DV 攝影機因用 MPG 的檔名要付權利金，故自創 .MOD 檔。*.MDF、*.MDS：是光碟映像檔的副檔名，是由 Alcohol 120% 軟體所製作的，是將整片光碟製作成一個一模一樣的單一檔案，以方便備份及網路傳輸。

106.(　　) 在 Windows 7 系統下，「小畫家」所編輯的內容預設儲存成何種格式的檔案？ ① .jpeg ② .gif ③ .bmp ④ .png。 [140]

107.(　　) 同樣像素的圖片 (例如：800x600)，使用何種檔案格式儲存，所佔用的磁碟空間最多？ ① JPG ② PNG ③ GIF ④ BMP。 [159]

解 BMP 是不具壓縮功能的檔案格式。圖形檔占用磁碟空間由小到大排序： JPG < JPEG < GIF < BMP。

解 101.(3) 102.(2) 103.(3) 104.(1) 105.(3) 106.(4) 107.(4)

108.(　　) 下列何種圖案於放大或縮小後不失真？①點陣圖②向量圖③矩陣圖④立體圖。 [167]

109.(　　) 在 Windows 7 系統中，內建提供何種多媒體播放工具，可以進行播放音樂 CD 及 DVD 影音檔案的功能？ ① iTunes ② Power DVD ③ iKala ④ Media Player。 [183]

110.(　　) 在 Windows 7 系統中，內建可觀賞和錄製電視節目軟體為何？ ①遠端桌面連線 ② Windows Movie Maker ③ Windows Media Player ④ Windows Media Center。 [186]

111.(　　) 下列何者不是 Windows 7 系統的桌面背景圖片可接受的副檔名？ ① .bmp ② .gif ③ .jpg ④ .dwg。 [193]

解 .dwg 爲 Autodesk AutoCAD ® 軟體的副檔名（檔案格式）。

字型與輸入法

- 同時開啓不同應用程式時，可各自使用不同輸入法。
- 鍵盤語系可設定爲法文輸入（控制台 ➔ 地區及語言選項，或控制台 ➔ 地區 ➔ 語言喜好設定）。
- 造字程式（TrueType 字型）：TrueType 是由美國蘋果公司和微軟公司共同開發的一種電腦輪廓字型（曲線描邊字）類型標準。
  1. 可在 Windows 10 中 按右鍵 ➔ 選搜尋圖示 ➔ 輸入”造字程式”做搜尋（如右圖）。
  2. Windows 7 或 Windows 8 的預設字型。
  3. 可指定跟現有輸入法結合。
  4. 檔案類型爲 .ttf。
- 注音輸入法內定的鍵盤排列包含標準、倚天、IBM、精業等，但不包含王安。

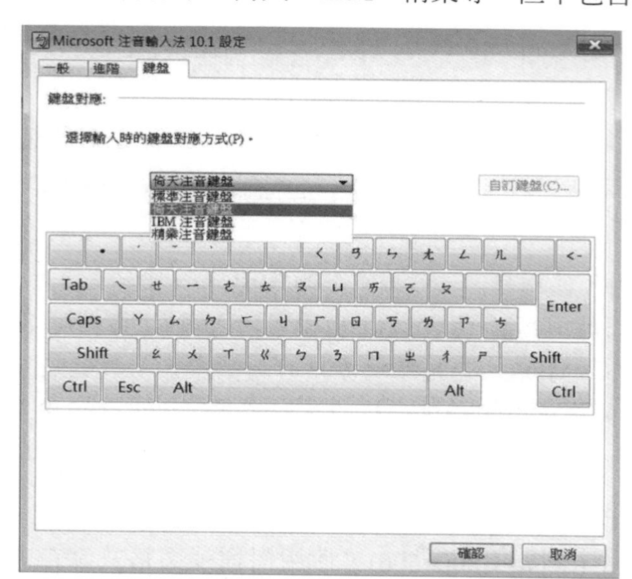

- 向量字型放大或縮小後都不會失真。

解 108.(2) 109.(4) 110.(4) 111.(4)

小試身手

112.( ) 若在 Windows 8 下開啓五個應用程式，並且要各自使用不同的輸入法？ ①無法做到 ②最多只能使用兩種輸入法 ③最多可使用四種輸入法 ④有提供此一功能。 [19]

113.( ) 如果要在 Windows 7 下輸入「法文」字，應該要如何操作？ ①更換爲法文鍵盤 ②國別設定爲法國 ③輸入法設定爲法文 ④鍵盤語系設定爲法文。 [21]

114.( ) 對於 Windows 7 的「TrueType 造字程式」的敘述，下列何者爲眞？ ①可以指定跟現有輸入法結合 ②無法匯入點陣字型檔 ③只能設定使用 UNICODE 的字碼 ④可以造出向量字型。 [39]

115.( ) 下列何者不是 Windows 7 中文版的「注音輸入法」所內定的鍵盤排列方式？ ①標準 ②倚天 ③ IBM ④王安。 [65]

解 王安電腦爲美國曾經存在的電腦公司，由美籍華人王安在 1951 年成立於麻薩諸塞州劍橋，曾爲世界最大桌上電腦企業，一度與 IBM 齊名，後因策略失誤於 1992 年破產，1999 年被併購消失。

116.( ) 在 Windows 8 下，下列何者爲預設的字型？ ① TrueType 字型 ②點陣字型 ③ ClearType 字型 ④向量字型。 [71]

117.( ) 在 Windows 7 中所使用的 TrueType 字型，其檔案類型爲下列哪一個？ ① .sys ② .ttf ③ .ini ④ .fon。 [107]

118.( ) 下列何種字型於放大或縮小後不失眞？ ①向量型 ②點陣型 ③平面型 ④立體型。 [162]

系統管理工具

- 休眠功能
  1. 系統可處於待命且省電狀態，RAM 資訊暫存於硬體。
  2. Windows 10 的環境中，電源與睡眠功能可設定「當我按下電源按鈕時」爲休眠（設定 ➔ 電源選項 ➔ 選擇按下電源按鈕時的行爲 ➔ 設定電池或一般電源爲休眠）。
- 檔案目錄：在 Windows 作業系統中，對於檔案的管理是採用樹狀結構。
- Administrator：此帳戶稱爲系統管理員，具有系統管理的身分及權限。若要建立多個使用者帳戶，只有系統管理員可以設定帳戶密碼。
- 系統工具可包括清理硬碟、磁碟重組、系統資訊，但不包括公共程式管理員。

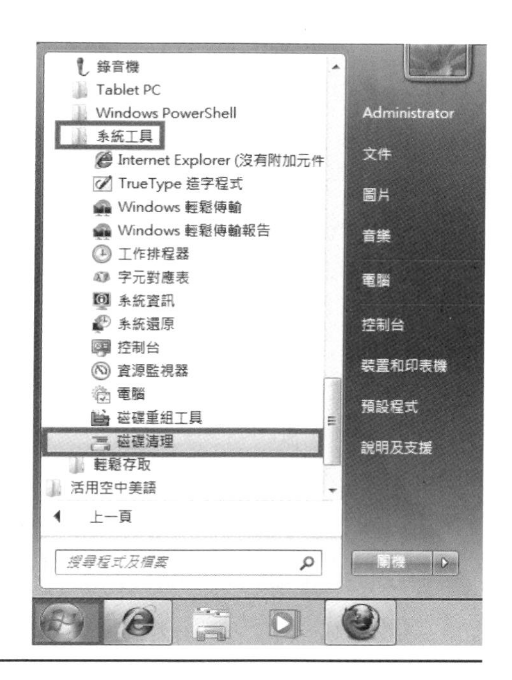

解 112.(4) 113.(4) 114.(1) 115.(4) 116.(1) 117.(2) 118.(1)

■ 磁碟重組程式

1. 因 Windows 經常複製及刪除檔案，此程式可整理硬碟空間，使其儘量存於連續磁區。
2. 重新安排硬碟上的檔案及未使用空間，加快執行速度。
3. 提高磁碟存取效能。

■ 清理磁碟程式：用來搜尋硬碟，列出可刪除之暫存檔、Internet 快取檔與不必要之程式檔，以協助釋放硬碟空間。

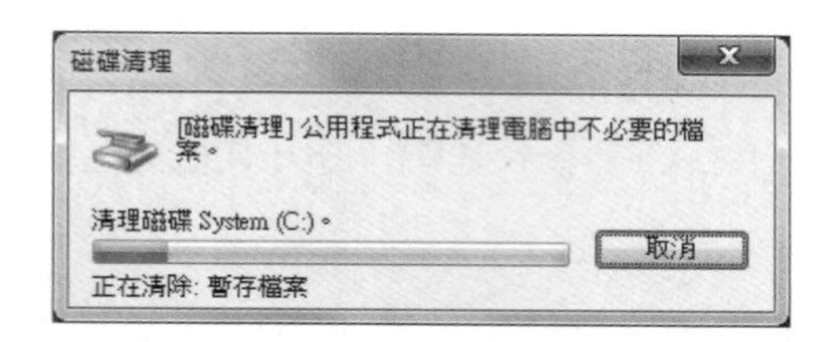

■ 修復磁碟程式：當系統發生問題，可用修復磁碟機之備份資料進行修復還原（Windows 10）。

■ 系統資訊程式：檢視系統完整組態資訊，含硬體資源、軟體環境。

■ 硬碟格式化：一個新的硬碟必須先做格式化工作才能開始使用。一般對硬碟進行格式化時經常使用 NTFS 檔案格式。FETS 並非磁碟配置格式。

■ 工作管理員：可查看 CPU、記憶體使用效能（可按 Ctrl+Alt+Del 呼叫工作管理員）。

■ 電腦的速度變慢的解決方式：

1. 增加 CPU 速度。
2. 擴充隨機存取記憶體及虛擬記憶體容量（改變光碟機無法加快電腦反應速度）。

■ 資源回收筒可依磁碟容量自訂大小（按右鍵 ➔ 內容）。

小試身手

119.(　　) 在 Windows 10 的環境中，下列何者可將「當我按下電源按鈕時」的功能設定為休眠？ ①個人化　②輕鬆存取　③電源與睡眠　④更新與安全性。 [10]

120.(　　) 在 Windows 8 系統中，能暫時將 RAM 資訊存在硬體，讓系統處於待命且省電的狀態，此為何項功能？ ①關機　②安全模式　③休眠　④重新啟動。 [38]

121.(　　) 在 Windows 7 的「系統工具」下，不具備下列何種功能？ ①系統資訊　②磁碟清理　③公用程式管理員　④磁碟重組工具。 [43]

解 Windows 7 的「系統工具」下有：系統資訊、清理磁碟、系統還原、磁碟重組工具、資訊安全中心、排定的工作、字元對應表及檔案及設定移轉精靈。

122.(　　) 因為經常會在 Windows 7 下複製及刪除檔案，應定期執行下列何種程式，以整理硬碟空間，讓檔案能儘量在連續磁區中被存放？ ①磁碟壓縮程式　②磁碟掃描工具　③磁碟重組工具　④病毒掃描程式。 [46]

解 磁碟壓縮程式：將檔案壓縮，使檔案容量變小。磁碟掃描工具：檢查硬碟的邏輯與實體錯誤，並修復受損區域。磁碟重組工具：重新安排硬碟上的檔案及未使用的空間，使程式執行速度加快。病毒掃描程式：專門用來移除惡意軟體與病毒的掃描工具。

解 119.(3)　120.(3)　121.(3)　122.(3)

123.(　　) 在 Windows 的作業系統中，對於檔案的管理是採用何種結構？ ①環狀 ②樹狀 ③網狀 ④線狀。 [80]

解 Windows 的檔案目錄是採用樹狀結構。

124.(　　) 在 Windows 7 系統中，具有系統管理員的身分，其屬於何種使用者帳戶？ ①標準 ②來賓 ③系統管理員 ④ Replicator。 [103]

125.(　　) 在 Windows 7 中，用來搜尋硬碟，並列出可以安全刪除的暫時檔、Internet 快取檔與不必要的程式檔，以協助釋放硬碟空間，應該執行以下哪一個程式？ ①磁碟清理 ②磁碟掃描 ③磁碟壓縮 ④磁碟重組工具。 [109]

解 開始 \ 所有程式 \ 附屬應用程式 \ 系統工具 \ 磁碟清理。Windows 7 磁碟清理：Windows 7 作業系統使用久了就會累積大量的暫存檔案，佔用很多磁碟空間，使用 Windows 7 內建的磁碟清理工具，可刪除下載的程式檔案、Temporary Internet Files、資源回收筒、暫存檔案、縮圖等不需要的檔案，釋放磁碟被佔用的空間。

126.(　　) 在 Windows 7 中，若要檢視系統的完整組態資訊，包含硬體資源、軟體環境等，可使用下列哪個應用程式？ ①系統監視程式 ②系統 ③電腦 ④檔案總管。 [110]

127.(　　) 在 Windows 7 預設中，如果對硬碟進行格式化，則該硬碟可使用的檔案格式為下列何者？ ① ext3 ② NTFS ③ EFS ④ DOS。 [121]

128.(　　) 在 Windows 7 中，若建立多個使用者帳戶，下列描述何者錯誤？ ①每個帳戶都可設定自己的桌面環境 ②來賓帳戶的使用者不能新增其他帳戶 ③只有系統管理員可新增或移除程式 ④只有系統管理員可以設定帳戶密碼。 [128]

129.(　　) 在 Windows 7 中，如果要檢視系統的完整組態資訊，包含硬體資源、軟體環境等，可以使用以下哪一個應用程式？ ①檔案總管 ②電腦 ③系統監視程式 ④系統資訊。[133]

130.(　　) 在 Windows 10 系統下，如何查看 CPU 現在的使用效能？ ①系統 ②排定的工作 ③協助工具選項 ④工作管理員。 [143]

131.(　　) 在 Windows 7 作業環境下，一個新的硬碟須做下列哪一項工作才能開始使用？ ①初始化 ②系統化 ③格式化 ④清除化。 [153]

132.(　　) 如果電腦的速度變慢，增加下列何者的容量或速度大小將不會加快電腦反應速度？ ① CPU ②隨機存取記憶體 ③虛擬記憶體 ④光碟機。 [160]

133.(　　) 在 Windows 7 系統中，「資源回收筒」最大容量為何？ ① 10MB ②依磁碟容量固定百分比 ③依磁碟容量等級固定大小 ④依磁碟容量可自訂大小。 [168]

開始功能表

- Windows 系統之電腦關機指令為開始功能表 ➔ 關機選項 ➔ 關機（Window 7,8,10 或 Windows Server 皆如此）。
- 更改開始功能表內容：在 Windows 7 中欲更改開始功能表的內容可對 按右鍵 ➔ 內容。
- 登出 / 登入選項：按開始功能表 ➔ 登出，可讓新的使用者登入。

解 123.(2)　124.(3)　125.(1)　126.(2)　127.(2)　128.(4)　129.(4)　130.(4)　131.(3)　132.(4)　133.(4)

■ 啓動資料夾：想在 Windows 7 或 Windows Server 2016 開啓時啓動某一程式，可以將欲啓動的程式放在啓動資料夾。
■ 尋找檔案：在 Windows 7 中尋找檔案時，可用「開始」功能表的搜尋方塊（Windows 8 或 10 可對 按右鍵 ➔ 搜尋）。

小試身手

134.(　　) 當要離開 Windows 10 並關閉電腦，以下何種方式爲正確？ ①按 PC 上的 Reset 鍵 ②關閉 PC 上的電源 ③使用開始功能表的電腦關機指令 ④按 Ctrl+Alt+Delete 鍵。 [18]

135.(　　) 若想要更改 Windows 7 開始功能表的內容，需要在何處設定？ ①選取工作列的「開始」功能表，按右鍵再選取「內容」選項 ②選取檔案總管的「編輯」 ③選取控制台的「系統」 ④選取工作列的「工作管理員」選項。 [44]
解 以滑鼠右鍵點擊工具列，再選擇「內容」，叫出工作列及 [開始] 功能表內容。

136.(　　) 在 Windows 7 中，如果執行「開始」功能表中的「登出」選項，會執行哪一個動作？ ①關閉 Windows 7 ②重新啓動 Windows 7 ③可以讓新的使用者登入 ④讓電腦運作暫停可以省電。 [64]

137.(　　) 想要在啓動 Windows Server 2016 的時候啓動某一程式，可以將欲啓動的程式放在下列何處？ ①啓動資料夾 ② Win.ini 中 ③系統的啓動 ④使用者設定檔。 [79]

138.(　　) 在 Windows 10 系統下，欲尋找檔案時可用何種方法？ ①「開始」功能表的搜尋方塊 ②「開始」功能表中之「預設程式」 ③「控制台」功能表中之「系統」 ④資源回收筒。 [158]
解 在 Windows 10 系統下欲尋找檔案時，可用「開始」功能表的搜尋方塊。

網路與通訊協定

■ 數據機：可將數位訊號轉爲類比訊號進行傳輸，並反轉收到的類比訊號以得到數位訊號的電子裝置，其傳輸速率單位爲 Bps（Bits per Second）。Windows 7 的「網路」無法分享數據機。
■ Windows 的通訊協定
  1. 電腦網路通訊時，通訊雙方必須遵守的資料格式與時序。
  2. 包括 TCP/IP、NetBEUI、IPX/SPX 等不同的通訊協定。NetRom 或 RFID（無線射頻辨識系統）並非通訊協定。
  3. Internet 必須安裝及設定 TCP/IP 網路通訊協定才能使用「撥號網路」上網或使用全球資訊網（WWW）。
  4. 電腦使用 Internet 服務必須使用 IP 位址才能上網（獨一無二的身分資訊）。
■ 網路服務（Internet）通訊協定包括 HTTP（超文本傳輸安全協定）、NNTP（網路新聞傳輸協定）、POP（郵局協定）。Netscape 不是通訊協定而是瀏覽器。
■ ISDN（Integrated Services Digital Network，高速數位電話服務）：可提高使用者連接 Internet 或公司區域網路（LAN）的速度。

解 134.(3) 135.(1) 136.(3) 137.(1) 138.(1)

■ TANet（Taiwan Academic Network）：台灣學術網路。

■ 一致性命名：也叫通用命名規範 UNC（Uniform Naming Convention），指用一種通用語法來描述網路資源（如已分享檔案、目錄或印表機）的位置。一般慣例爲 \\COM\document，例如：\\ComputerName\ShareFolderName\FileName。範例：\\teacher\ 丙級檢定用檔 \ 題組一 \920301.odt。

■ 使用權合法性

1. 在 Internet 上下載未授權檔案是違法的。
2. 具有網路使用權限的 User Name 爲 Administrator、guest、Remote desktop user。Anyone 不具有網路使用權。

■ 防火牆（Firewall）的功能

1. 可阻擋未設定爲例外的應用程式與網際網路連接。
2. 可偵測或停用電腦上的病毒及蠕蟲。
3. 可記錄連線至電腦的所有成功、失敗相關資訊。

但無法阻擋 ICMP 封包（用來解析網路封包或是分析路由的情況），避免網際網路的攻擊。

■ TCP/IP 的功能及指令

1. 使用 WWW 時必須在網路中設定 TCP/IP 通訊協定。
2. telnet 指令爲 Internet 的遠端登入（Login）功能，可登入到網路的另一部主機。
3. ipconfig 指令可查詢本機電腦在網路上的組態設定、檢視 IP 位址、子網路遮罩、預設通訊閘等設定。
4. ping 指令可偵測本端主機和遠端主機間的網路是否爲連線狀態。
5. net view 指令可查看網路上有哪些電腦提供共用的資源。

■ 網路連接速度：MODEM 撥接 < ADSL < T1(1.544Mbps) < T3(45 Mbps)

■ Windows 作業系統中，內建的瀏覽器爲 Internet Explorer。

■ IIS（Internet Information Server）：微軟伺服器上管理各種電腦網路服務的整合介面。它可以讓使用者直接在電腦網路上架設 web 網站伺服器的軟體。

小試身手

139.(　　) 使用 Windows 7 的「網路」，無法分享下列哪一項？　①區域網路上的其他電腦的檔案　②區域網路上的其他電腦上的印表機　③區域網路上的其他伺服器　④區域網路上的數據機。 [11]

140.(　　) 以下哪一個不是 Windows 8 提供的通訊協定？　① TCP/IP　② NetBEUI　③ IPX/SPX 相容通訊協定　④ NetRom。 [12]

解 TCP / IP 網際網路的標準協定。NetBEUI（微軟通訊協定），微軟改良 NetBIOS 而來的通訊協定。IPX / SPX（Netware 通訊協定）是網際網路封包交換／循序封包交換通訊協定。NetRom 是一個上網用記憶體。

解 139.(4)　140.(4)

141.(　　) 要利用 Windows 7 的「撥號網路」連接上 Internet，必須設定下列哪一個網路通訊協定？ ① IPX/SPX ② NetBUEI ③ TCP/IP ④ DLC。 [40]

解 IPX / SPX（Netware 通訊協定）是網際網路封包交換／循序封包交換通訊協定。NetBEUI（微軟通訊協定），微軟改良 NetBIOS 而來的通訊協定。TCP / IP：網際網路的標準協定。DLC（Downloadable Content，可下載內容，又稱追加下載內容），俗稱下載包，是一種以網際網路實現的數位媒體發行形式，主要功能是對已經獨立發行的電子遊戲添加額外的擴充內容，從而使該遊戲的可玩內容增加。

142.(　　) 何者為 Internet 的遠端登入 (login) 功能？ ① telnet ② ping ③ cmd ④ crd。 [50]

解 藉由 telnet 這個程式，我們可以由手邊的電腦連線到其他城市的電腦甚至是國外的電腦來執行一些工作。ping：偵測電腦或網路設備間的連線狀況。cmd：開啓「命令提示字元」視窗。

143.(　　) 數據機傳輸資料的速率之單位為何？ ① bps(bit per second) ② Bps(Byte per second) ③ Mps(Mega per second) ④ Gps(Gig a per second)。 [52]

解 數據機是連上 Internet 最重要的通訊設備，理論上來說，數據機的速度越快，連線時傳輸資料的速度也越快。數據機傳輸速率的單位是 bps（bit per second，位元 / 每秒），也就是每秒鐘可傳輸多少位元的意思。

144.(　　) 「台灣學術網路」的簡稱為何？ ① TANET ② TELNET ③ INTERNET ④ SEEDNET。 [81]

解 TANet（Taiwan Academic Network）：即臺灣學術網路，為中華民國教育部與臺灣各學術單位共同建立的一個全國性教學研究用網際網路系統。

145.(　　) 下列何者是一種高速的數位電話服務，可提高使用者連接 Internet 或公司區域網路 (LAN) 的速度？ ① ADSL ② ISDN ③ ISBN ④ ETHERNET。 [63]

解 ADSL（Asymmetric Digital Subscriber Line，非對稱數位用户線路）是一種利用傳統電話線來提供高速網際網路上網服務的技術。ISDN（Integrated Services Digital Network，整合服務數位網路）是一個數位電話網路國際標準，是一種典型的電路交換網路系統，它透過普通的銅纜，以更高的速率和質量傳輸語音和數據。ISDN 是全部數位化的電路，所以它能夠提供穩定的數據服務和連接速度。ISBN（International Standard Book Number，國際標準書號）是國際通用的圖書或獨立的出版物（定期出版的期刊除外）代碼。ETHERNET（乙太網路）是一種電腦區域網路技術。

146.(　　) Windows 10 內建防火牆 (Firewall) 的功能敘述，下列何者有誤？ ①可阻擋未設定為例外的應用程式與網際網路連接 ②可偵測或停用電腦上的病毒及蠕蟲 ③可記錄連線至電腦的所有成功、失敗相關資訊 ④可阻擋 ICMP 封包，避免網際網路的攻擊。 [102]

解 ICMP（Internet Control Message Protocol，網際網路控制訊息協定）：是網際網路協定套組的核心協定之一。它用於 TCP/IP 網路中傳送控制訊息，提供可能發生在通訊環境中的各種問題回饋，透過這些資訊，使管理者可以對所發生的問題做出診斷，然後採取適當的措施解決。

解 141.(3) 142.(1) 143.(1) 144.(1) 145.(2) 146.(4)

147.(　　) 在 Windows 7 中，若要使用全球資訊網 (WWW)，必須在網路中設定哪一種通訊協定？ ① TCP/IP　② IPX/SPX　③ NetBUEI　④ DLC。 [104]

解 TCP / IP：網際網路的標準協定。IPX / SPX（Netware 通訊協定）：「網際網路封包交換／循序封包交換」通訊協定。NetBEUI（微軟通訊協定）：微軟改良 NetBIOS 而來的通訊協定。DLC（Downloadable Content，可下載內容，又稱追加下載內容），俗稱下載包，是一種藉由網際網路實現的數位媒體發行形式，主要功能是對已經獨立發行的電子遊戲添加額外的擴充內容，從而使該遊戲的可玩內容增加。

148.(　　) 下列何者是合法的一致性命名慣例 UNC(Uniform Naming Convention)？ ① \\BYTE\program　② \\COM\document\　③ H:\ XCD\program　④ \\DATA\G:\。 [105]

解 UNC（Uniform Naming Convention，通用命名慣例）：可以使用 UNC 的路徑格式，來指定其目的地。通用命名慣例（UNC）路徑例如：\\ServerName\MyApplication\，標準 Windows 格式的相對路徑或絕對路徑例如：C:\Deploy\MyApplication 或 \MyApplication；網站的 URL 例如：http://www.microsoft.com/MyApplication。

149.(　　) 在 Windows 7 作業系統中，內建的瀏覽器為下列何者？ ① Chrome　② Safari　③ Internet Explorer　④ Firefox。 [116]

解 Google Chrome：由 Google 開發的免費網頁瀏覽器。Safari：由蘋果公司所開發，並內建於 macOS 的網頁瀏覽器。Internet Explorer：由微軟所開發的圖形化使用者介面網頁瀏覽器。Firefox 瀏覽器：Mozilla 公司的系列產品。

150.(　　) 在 Windows 7 中，要查詢本機電腦在網路上的 TCP/IP 組態設定值，應使用哪一個指令？ ① ipconfig　② ping　③ route　④ telnet。 [117]

解 ipconfig：查詢本機電腦在網路上的 TCP/IP 組態設定值。ping：偵測本端主機和遠端主機間的網路是否為連通狀態。route：控制網路路由表。telnet：使用 TCP/IP 協定中的 TELNET 協定登入到網路上另一部主機。

151.(　　) 在 Windows 7 中用來偵測本端主機和遠端主機間的網路是否為連線狀態，可以使用以下哪個指令？ ① ipconfig　② ping　③ route　④ telnet。 [118]

152.(　　) 在 Windows 7 中，如果要查看網路上有哪些電腦提供共用的資源，應使用哪一個指令？ ① net ver　② net use　③ net view　④ net init。 [132]

解 net use：連接電腦或斷開電腦與共用資源的連接，或顯示電腦的連接資訊。net view：顯示網域列表、電腦列表或指定電腦的共用資源列表。net init：動態載入協定或驅動程式，本指令 Windows 98/Me 無法使用。

153.(　　) 電腦網路通訊時，通訊雙方必須遵守的資料格式與時序稱為什麼？ ①通訊協定　②安全協定　③資訊協定　④網路協定。 [152]

解 通訊協定（Communication Protocol）定義電腦間互相通訊且受共同認定的協議標準。網路上所有電腦都必須依照此標準來互相通訊，才能使各個電腦間互相了解對方的意思，並能完成其共同的任務。

154.(　　) 在 Windows Server 2016 作業系統中，可以讓使用者直接在電腦網路上架設 Web 網站伺服器的軟體為何？ ① ASP　② PHP　③ IIS　④ MySQL。 [174]

解 ASP、PHP 是動態網頁設計程式語法。IIS（Internet Information Server）是 Windows 提供的網站伺服器的軟體，管理各種電腦網路服務（如 WWW、FTP）的整合介面。MySQL 是一個開放原始碼的關聯式資料庫管理系統。

解 147.(1)　148.(2)　149.(3)　150.(1)　151.(2)　152.(3)　153.(1)　154.(3)

155.(　　) 在 Internet 上做什麼是違法的？ ①股票交易 ②基金買賣 ③下載未授權檔案 ④用 LINE 聊天。 [176]

156.(　　) 對於在 Internet 上的電腦而言，具有辨識獨一無二身分的資訊爲何？ ① IP 位址 ②使用者名稱 ③使用者密碼 ④住家地址。 [178]

解 每一部電腦均有唯一識別的 IP Address。

157.(　　) 網路使用權限不包括下列何者？ ① Administrators ② Guest ③ Remote Desktop Users ④ Anyone。 [181]

解 Administrators：系統管理員。Guest：來賓。Remote Desktop Users：遠端桌面使用者。Anyone：任何人。

158.(　　) 下列何種網路之連接規格的速率最快？ ① MODEM 撥接 ② ADSL ③ T1 ④ T3。 [191]

解 T1 頻寬：1.544Mbps。T3 頻寬：44.736Mbps。E1 頻寬：2.048Mbps。ADSL 頻寬：54Kbps。MODEM 撥接頻寬：54Kbps。

159.(　　) 何者非網路服務通訊協定？ ① HTTP ② NNTP ③ POP ④ Netscape。 [195]

解 HTTP（HyperText Transfer Protocol，超文字傳輸協定）是一種透過電腦網路進行安全通訊的傳輸協定。全球資訊網（WWW）就是以 http 作爲傳輸資料的通訊協定。NNTP（Network News Transport Protocol，網路新聞傳輸協定）是一個主要用於閱讀和張貼新聞文章（新聞群組郵件）到 Usenet 上的 Internet 的應用協定。POP（Post Office Protocol，郵局協定）是一種規定個人電腦應如何連線到 Internet 上的郵件伺服器和下載電子郵件的通訊協定。Netscape：瀏覽器（網景公司）。

檔案命名規則

- 檔案名稱不能含「*」或「<」等字元。

- 檔案名稱最長能容納 255 個字元。

小試身手

160.(　　) Windows 8 使用的長檔名，不能含下列哪個字元？ ①空白 ② * ③【 ④ $。 [15]

161.(　　) 在 Windows 7 中，檔案命名不可使用下列哪個字元？ ① ~ ② - ③ < ④ .。 [112]

162.(　　) 在 Windows 10 中，檔案名稱可長達多少個英文及數字等字元？ ① 260 ② 255 ③ 127 ④ 265。 [114]

解 Windows 作業系統各版本都支援長檔名，檔案名稱可以長達 255 個英文及數字等字元，或 127 個中文字。

解 155.(3) 156.(1) 157.(4) 158.(4) 159.(4) 160.(2) 161.(3) 162.(2)

檔案總管

- 副檔名：.tmp 副檔名的檔案對電腦來說是多餘的，刪除也不影響其原本運作。
- 系統內容視窗：進入視窗方式為「檔案總管」➔「本機」(我的電腦) 圖示按右鍵 ➔ 選擇快顯功能表中的「內容」。
- 分割硬碟：當你買了一顆硬碟，想要在硬碟中調整裡面的分割區（Partition），例如分割成 C 磁碟與 D 磁碟等時，必須找相關硬碟切割軟體如 Partition Magic、Easeus Partition 等進行切割，檔案總管無法進行硬碟切割。
- 拖曳功能
  1. 將資料夾從 C 磁碟拖曳至 D 磁碟，此動作為「複製」。
  2. 將程式檔案從 C 磁碟拖曳至桌面，此動作為「搬移」。
- 資料顯示方式
  1. 「詳細資料」模式可檢視檔案的修改日期（動作為「檔案總管 ➔ 按右鍵 ➔ 檢視 ➔ 詳細資料」）。
  2. 「詳細資料」模式也可同時顯示 Windows 系統下「電腦」中所有磁碟容量大小。
- 資源回收筒
  1. 檔案刪除後，所刪除的檔案會先丟到資源回收筒。
  2. 從資源回收筒可以還原已被刪除的檔案，不過只限於本機磁碟，如 C 磁碟機。
  3. 若不想讓檔案移至資源回收筒，則可以使用 Shift+Delete 按鍵直接刪除。
- 檔案選取功能鍵
  1. Ctrl + A：可選取全部檔案。
  2. Ctrl + 滑鼠選取：可選取不連續的檔案。
  3. Shift + 滑鼠選取：選取連續多個檔案，必須以滑鼠先點取要選的第一個檔案，再按住 Shift，用滑鼠在要選取的最後一個檔案點取一下。
- 其他
  1. 檔案屬性包含唯讀、隱藏、保存，但不包含共享。
  2. 更改檔案或資料夾的名稱時，可使用 F2 快速鍵。
  3. 檔案總管中，如果選取一個檔案後，選取傳送到「隨身碟名稱 (隨身碟代號 :)」例如 32G(E:)，其功能相當於「複製這個檔案到隨身碟」。
  4. Windows 中，執行「複製」或「剪下」指令所得的資料，再執行「貼上」至目的位置前，其資料會暫存在「剪貼簿」。

小試身手

163.(　　) 在 Windows 8 的「檔案總管」中之「本機」圖示上按右鍵，並選擇快顯功能表中的「內容」，則會出現哪個視窗？ ①系統內容 ②磁碟內容 ③顯示內容 ④控制台。 [20]

164.(　　) Windows 8 的檔案屬性不包含下列何者？ ①唯讀 ②隱藏 ③共享 ④保存。 [35]

165.(　　) 關於 Windows 8 的「檔案總管」的敘述，何者為不正確？ ①可以用來複製檔案 ②可以用來設定版面配置方式 ③可以用來尋找檔案 ④可以用來分割硬碟區間。 [37]

166.(　　) 在 Windows 8 的檔案總管中，如果想要透過一組按鍵選取全部檔案，應使用下列哪組組合鍵？ ① Alt+A ② FN+A ③ Ctrl+ A ④ Shift+A。 [69]

167.(　　) 在 Windows 8 的「檔案總管」中，選取 C 磁碟中的一個資料夾，然後拖曳至 D 磁碟中，是執行下列哪一個動作？ ①搬移 ②複製 ③剪下 ④刪除。 [93]

168.(　　) 在 Windows 8 的「檔案總管」中，選取 C 磁碟中的一個程式檔案，並拖曳至桌面上，會產生什麼結果？ ①將檔案內容顯示桌面上 ②這個操作不被允許 ③刪除這個檔案 ④將這個檔案搬移到桌面上。 [94]

169.(　　) 在 Windows 7「檔案總管」中，以滑鼠要選取不連續的檔案，必須要配合哪一按鍵？ ① Ctrl 鍵 ② Alt 鍵 ③ Shift 鍵 ④ Tab 鍵。 [111]

解 選取多個不連續檔案（資料夾）：可輔助按住 Ctrl 鍵，再一個一個選取檔案（資料夾）。

170.(　　) 在 Windows 7 的「檔案總管」中，如果在刪除一個檔案時，不想讓檔案移至資源回收筒，則應使用以下哪一個按鍵？ ① Delete ② Shift+Delete ③ Alt+Delete ④ Ctrl+Delete。 [123]

解 Shift+Delete：檔案直接永久刪除。

171.(　　) 在 Windows 7 的「檔案總管」中，如果想要檢視檔案的修改日期，應選擇哪一種檢視模式？ ①清單 ②詳細資料 ③小圖示 ④並排。 [131]

172.(　　) 在 Windows 7 的「檔案總管」中，如果選取一個檔案後，選取傳送到「隨身碟名稱 (隨身碟代號 :)」例如 32G(E:)。其功能相當於以下何者？ ①在隨身碟中建立一個指到這個檔案的捷徑 ②複製這個檔案到隨身碟 ③由隨身碟中複製這個檔案到硬碟 ④搬移這個檔案到隨身碟。 [135]

173.(　　) 在 Windows 7 系統下，從哪裡可以還原已被刪除的檔案？ ①控制台 ②資源回收筒 ③我的文件 ④系統還原。 [139]

174.(　　) 在 Windows 7 的檔案總管中，要更改檔案或資料夾的名稱時，可使用下列快速鍵，進行更改？ ① F1 ② F2 ③ F3 ④ F4。 [142]

解 點選檔案或資料夾後按鍵盤上的 F2 即可更改名稱。

175.(　　) 在 Windows 10 中，下列何種儲存媒體之檔案被刪除後可以在「資源回收筒」中被「還原」？ ①網路磁碟機 ② C 磁碟機 ③卸除式磁碟機 ④雲端硬碟。 [146]

解 163.(1) 164.(3) 165.(4) 166.(3) 167.(2) 168.(4) 169.(1) 170.(2) 171.(2) 172.(2) 173.(2) 174.(2) 175.(2)

176.(　　) 在 Windows 10 中，執行「複製」、「剪下」指令所得的資料，再執行「貼上」至目的位置前，其資料會暫存在哪裡？ ①剪貼簿 ②記事本 ③控制台 ④檔案總管。 [149]

177.(　　) 在 Windows 7 系統下，若要以滑鼠選取連續多個檔案，必須以滑鼠先點取要選的第一個檔案後，再按住什麼鍵，用滑鼠在要選取的最後一個檔案點取一下？ ① Ctrl ② Shift ③ Alt ④ Tab。 [154]

解 選取多個連續檔案（資料夾）：以滑鼠左鍵選取第一個檔案後，接著輔助按住 Shift 鍵並且移動滑鼠指標到最後一個檔案上，並按一下滑鼠左鍵，即可選取連續多個檔案。

178.(　　) 在 Windows 7 系統下的「電腦」以何種檢視狀態呈現，可同時顯示所有磁碟容量的大小？ ①小圖示 ②大圖示 ③詳細資料 ④清單。 [157]

179.(　　) 在 Windows 7 系統下，所刪除的任何類型檔案都會被先丟到何處？ ①控制台 ②使用者的文件 ③資源回收筒 ④系統還原。 [187]

180.(　　) 下列何種副檔名的檔案對電腦來說是多餘的，刪除也不影響其原本運作？ ① .exe ② .tmp ③ .bat ④ .ini。 [184]

解 .exe 檔：可執行檔。.tmp 檔：暫存檔。.bat 檔：批次作業檔。.ini 檔：是一個無固定標準格式的設定檔。

控制台

■ 工作排程器：Windows 7 中可以使用此系統工具來指定使用者登入時，自動執行的指定程式。

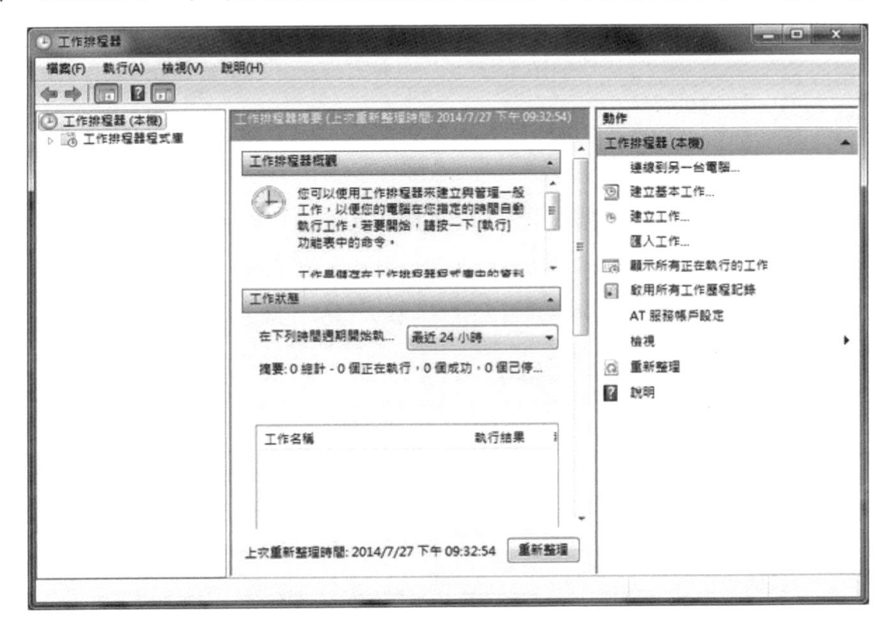

1. Windows 7：開始 ➔ 附屬應用程式 ➔ 系統工具 ➔ 工作排程器
2. Windows 8：控制台 ➔ 系統管理工具 ➔ 工作排程器
3. Windows 10：按 ⊞ 所有應用程式 ➔ 系統管理工具 ➔ 工作排程器

解 176.(1)　177.(2)　178.(3)　179.(3)　180.(2)

- 解除安裝程式：可將已安裝之應用程式從電腦中移除。
  1. Windows 8：控制台 ➔ 程式和功能
  2. Windows 10：設定 ➔ 應用程式
- 裝置管理員

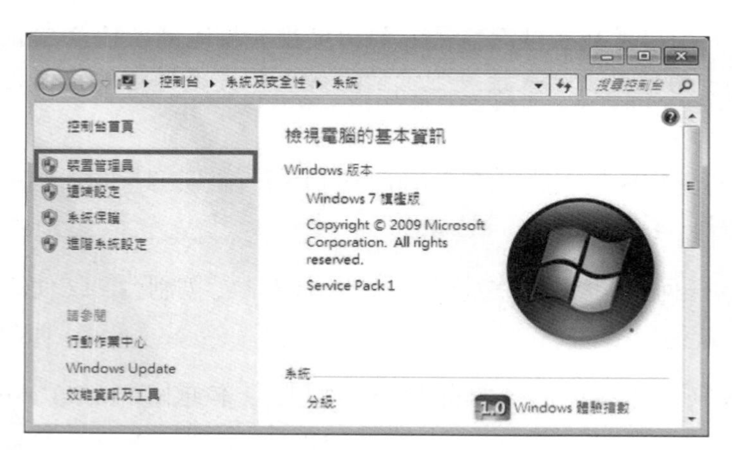

1. 有任何裝置與別的裝置發生衝突，會在該裝置前面顯示驚歎號「!」。
2. 可檢視電腦硬體狀態。
3. 可移除硬體的設定值。
4. 可依裝置類型來檢視電腦中的硬體裝置。
   (1) Windows 7：控制台 ➔ 裝置管理員
   (2) Windows 10：田 按右鍵 ➔ 裝置管理員

- 滑鼠設定：若按一下滑鼠左鍵，卻出現按右鍵的快捷功能表指令，可能的原因爲控制台的「滑鼠」設定被切換主要及次要按鈕。
- 個人化
  1. 可變更電腦視覺效果與音效（動作爲在桌面圖示按右鍵 ➔ 個人化或控制台 ➔ 個人化）。
  2. 可更改桌面背景圖案（動作爲在控制台 ➔ 個人化 ➔ 桌面背景）。

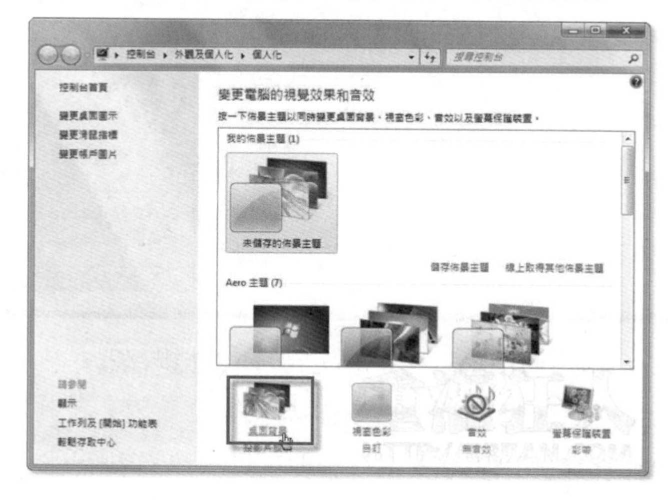

3. 可更改顯示器的視窗外框色彩（動作為在控制台 ➔ 個人化 ➔ 色彩）。

■ 顯示：可更改顯示器的解析度（動作為在控制台 ➔ 顯示 ➔ 調整解析度），在 Windows 10 之操作為：設定 ➔ 系統 ➔ 顯示器。

■ 地區及語言選項：在 Windows 中可用此功能來安裝新的輸入法。

1. Windows 7 之操作：控制台 ➔ 地區及語言選項。
2. Windows 8 之操作：控制台 ➔ 語言 ➔ 語言選項。
3. Windows 10 之操作：設定 ➔ 時間與語言 ➔ 語言 ➔ 選取預設語言中的選項 ➔ 新增鍵盤。

■ 使用者帳戶

1. 一台電腦中可建立多個使用者帳號（控制台 ➔ 使用者帳戶）。
2. 使用者帳號不一定要設密碼。建立密碼也無法防止電腦病毒入侵。
3. 電腦系統管理員有權限刪除其他使用者帳戶。

小試身手

181.(　) 在 Windows 10 之「裝置管理員」內發現有任何裝置與別的裝置發生衝突，會在該裝置前面顯示什麼符號？ ①問號 ②驚歎號 ③打X ④錢幣符號。 [24]

解 問號：不明硬體設備。驚歎號：驅動程式不正確。打X：停止使用。

182.(　) 在 Windows 7 的桌面上按一下滑鼠右鍵，並選擇「個人化」指令，則會開啓的哪一個項目？ ①變更桌面圖示 ②變更帳戶圖示 ③變更電腦視覺效果與音效 ④顯示。 [41]

183.(　) 在 Windows 8 中，若按一下滑鼠左鍵，卻出現按右鍵的快捷功能表指令，以下何者爲可能的原因？ ①滑鼠故障 ②控制台的「滑鼠」設定，被切換主要及次要按鈕 ③滑鼠的驅動程式設定有誤 ④滑鼠未安裝。 [45]

184.(　) 有關 Windows 7 環境下，可以使用哪個程式來指定使用者登入時，自動執行的指定程式？ ①資源監視器 ②工作排程器 ③執行 ④同步中心。 [75]

185.(　) 在 Windows 10 中，如果要更改顯示器的解析度，應在哪裡設定？ ①調整解析度 ②調整亮度 ③校正色彩 ④設定自訂文字大小。 [95]

186.(　) 在 Windows 7 中，若要更改顯示器的視窗外框色彩，應在「個人化」視窗按哪一個選項？ ①桌面背景 ②音效 ③視窗色彩 ④螢幕保護裝置。 [96]

187.(　) 在 Windows 7 中，要依裝置類型來檢視電腦中的硬體裝置，應該在哪一個項目查看？ ①遠端設定 ②裝置管理員 ③系統保護 ④效能。 [106]

188.(　) 在 Windows 7 中，如果要更改桌面背景，可使用控制台的何種功能？ ①顯示 ②個人化 ③系統 ④色彩管理。 [113]

189.(　) 在 Windows 7 中，若要將自己的照片設定成桌面的圖案，應在「個人化」視窗按哪一個選項？ ①桌面背景 ②音效 ③視窗色彩 ④螢幕保護裝置。 [127]

190.(　) 在 Windows 7 中，如果要移除一個硬體的設定值，應在下列何處操作？ ①裝置管理員 ②使用者帳戶 ③個人化 ④輕鬆存取中心。 [130]

191.(　) 在 Windows 7 系統中，從控制台的何處可檢視電腦硬體狀態？ ①裝置管理員 ②使用者帳戶 ③地區及語言選項 ④協助工具選項。 [141]

192.(　) 在 Windows 10 系統下，「控制台」中之何種功能可用來安裝新的輸入法？ ①字型 ②鍵盤 ③系統 ④地區及語言選項。 [148]

解 Windows 7 新增輸入法：進入控制台→時鐘、語言和區域→地區及語言→鍵盤及語言→變更鍵盤。

193.(　) 在 Windows 7 系統下，下列關於「使用者帳戶」之說明何者爲非？ ①一台電腦中可建立多個使用者帳號 ②使用者帳號不一定要設密碼 ③建立密碼可防止電腦病毒入侵 ④電腦系統管理員有權限刪除其它使用者帳戶。 [150]

194.(　) 在 Windows 8.1 系統下，使用下列何者可將已安裝之應用程式從電腦中移除？ ①使用控制台之「解除安裝程式」 ②清理資源回收筒 ③在桌面上刪除捷徑 ④從開始畫面取消釘選。 [151]

解 181.(2) 182.(3) 183.(2) 184.(2) 185.(1) 186.(3) 187.(2) 188.(2) 189.(1) 190.(1) 191.(1) 192.(4) 193.(3) 194.(1)

周邊安裝

- 安裝 Windows 作業系統必須注意的事項
  1. 記憶體是否足夠。
  2. CPU 速度是否為 1GHz 以上。
  3. 硬碟可用空間是否夠大。
  4. 是否安裝音效卡與安裝 Windows 無關。
- 安裝 USB 介面硬體
  1. 不需關機就能將硬體接上連接埠直接使用，所以具有隨插即用（Plug and Play）特性。
  2. 系統會自動偵測到硬體，並啓動「找到新硬體精靈」。
  3. 不可接到 IEEE 1394 連接埠（IEEE 1394 是一種高速串列匯流排介面，傳輸速度可達到 400Mb/s，可用在燒錄器、數位相機）。
  4. 若沒有偵測到新的隨插即用裝置，則可能是裝置本身沒有正常運作、沒有正確安裝或者根本沒有安裝，此時，可以使用裝置管理員功能解決這些問題。
- 設定印表機：在「印表機內容」選擇「連接埠」時會出現的選擇為 LPT1、File:、COM1（PS/2 是鍵盤及滑鼠介面，所以不會出現在選項當中）。

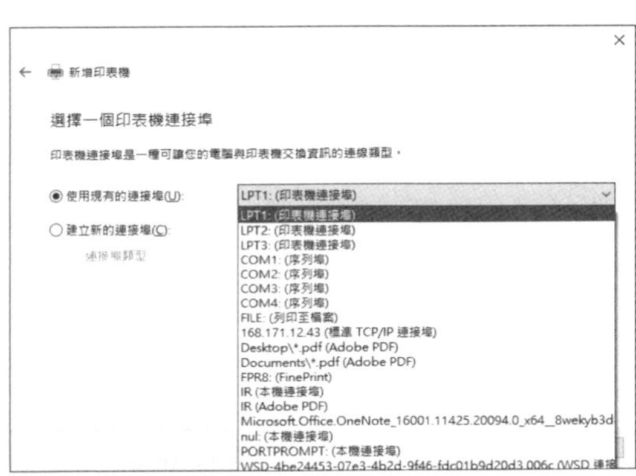

- 集線器（HUB）的種類
  1. 主動式（Active）：需連接電源，可加強訊號強度。
  2. 被動式（Passive）：不需連接電源，因此網路訊號隨距離衰減。
  3. 智慧型（Intelligent）：具有網路管理及路由功能。有些智慧型 HUB 可自行選擇最佳路徑。但不包括積極型 Aggressive。
- 記憶體（含輔助記憶體）大小及速度
  1. 容量大小單位排序由大到小：TB > GB > MB > KB。
  2. 存取速度排序，由快到慢：SRAM > DRAM > Hard Disk(硬碟) > USB。
- 智慧卡的特性與功能：大小與信用卡差不多，其中含有內嵌的積體電路，可用以防止其儲存內容被竄改，可保護各種個人資訊，例如悠遊卡、自然人憑證、健保卡（無 IC 則不具有此功能）。

小試身手

195.( ) 以下哪一個不是在安裝 Windows 8 時必須要注意的要素？ ①是否已安裝音效卡 ②記憶體是否足夠 ③ CPU 速度是否為 1GHz 以上 ④硬碟可用空間是否夠大。 [13]

解 未安裝音效卡並不會影響 Windows 的執行。

196.( ) 關於在「Windows 8 安裝 USB 介面的硬體」的敘述，下列何者錯誤？ ①系統會自動偵測到硬體，並啓動「找到新硬體精靈」 ②要關機才能將硬體接上連接埠 ③不可接到 IEEE 1394 的連接埠 ④ USB 支援隨插即用。 [14]

解 USB 允許熱插拔，具有 Plug & Play 特性（隨插即用），連接電腦後不需重新啓動電腦即可使用的設備，例如：插入 USB 隨身碟。

197.( ) Windows 8 在已設定印表機的「印表機內容」選擇「連接埠」，要設定使用的連接埠，下列哪一項不會出現在選擇清單下？ ① LPT1 ② File: ③ PS/2 ④ COM1。 [23]

解 PS/2 介面：鍵盤或滑鼠圓形接頭規格。

198.( ) 集線器 (HUB) 不包括下列哪一類？ ①主動式 (Active) ②被動式 (Passive) ③智慧型 (Intelligent) ④積極型 (Aggressive)。 [171]

解 集線器的種類眾多，大致可分主動集線器、被動集線器及智慧型集線器三大類。主動型集線器（Active Hub）：集線器需連接電源，可加強訊號強度（整波放大）。被動型集線器（Passive Hub）：集線器不需連接電源，因此網路訊號隨距離衰減，只適用於短距離的網路連接。智慧型集線器：整合系統級功能，通常是搭配獨立的 MCU（微控制器）或處理器。

199.( ) 下列何種記憶體或輔助記憶體存取速度最快？ ① SRAM ② DRAM ③ Hard Disk ④ USB 碟。 [180]

200.( ) 連接電腦後不需重新啓動電腦即可使用的設備，為具有何種特性？ ① plug and play ② input and output ③ all in one ④ pull and play。 [188]

解 Plug & Play（隨插即用）：連接電腦後不需重新啓動電腦即可使用，例如：插入 USB 隨身碟。

201.( ) 下列何種物品不具備「智慧卡」(大小與信用卡差不多，其中含有內嵌的積體電路，可用以防止其儲存內容被篡改，進而保護各種個人資訊) 功能？ ①悠遊卡 ②自然人憑證 ③健保卡 ④無 IC 的提款卡。 [190]

202.( ) 目前計算電腦記憶體 (含輔助記憶體) 容量大小的單位，下列何者最大？ ① GB ② MB ③ KB ④ TB。 [192]

203.( ) 如果 Windows 7 沒有偵測到新的隨插即用裝置，則可能是裝置本身沒有正常運作、沒有正確安裝或者根本沒有安裝，此時，可以使用何種功能解決這些問題？ ①裝置管理員 ②輕鬆存取 ③檔案管理員 ④更改佈景主題。 [194]

解 195.(1) 196.(2) 197.(3) 198.(4) 199.(1) 200.(1) 201.(4) 202.(4) 203.(1)

鍵盤操作

- Ctrl + Esc：顯示「開始功能表」。
- Ctrl + Alt + ,：在中文輸入狀態下，可在螢幕上顯示符號小鍵盤。
- Ctrl + Alt + G：在中文輸入狀態下，重送前一次輸入的字串。
- Ctrl + Shift：中文輸入法中，可切換不同的輸入法。
- Shift + Space：中文輸入法中，可切換全型和半型輸入。
- Ctrl + Space：中文輸入法中，可開啓或關閉中文輸入法。
- Alt + F4：可關閉一個作用中的視窗。
- PrintScreen：可擷取整個螢幕成爲一個圖案。但擷取內容會先存到剪貼簿。
- Alt + Tab：同時執行多個程式，但想透過按鍵方式來選擇其中某一個程式成爲使用中應用程式，可先按住 Alt 鍵，再利用 Tab 來依序切換到所要的應用程式。
- Ctrl + Alt + Del：顯示工作管理員視窗。
- 「剪取工具」程式：可擷取畫面上某一區域（按下 S 鍵 + Windows 標誌 + Shift 鍵）。

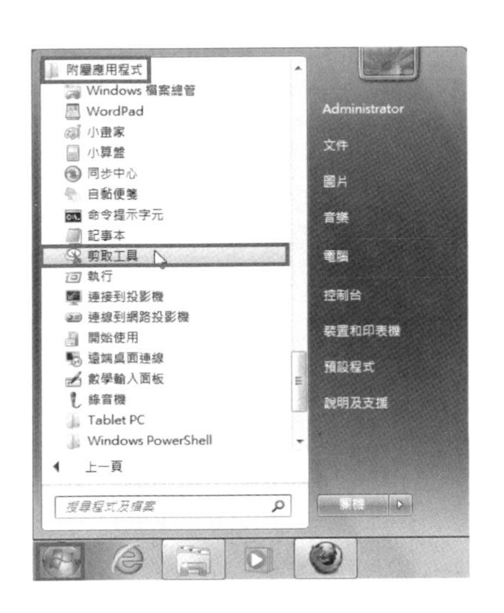

小試身手

204.(　　) 要使用下列哪一組按鍵，可以顯示「開始」功能表？ ① Alt+Shift ② Ctrl+Esc ③ Ctrl+Alt ④ Alt+Esc。 [16]

解 Ctrl + Esc：顯示「開始」功能表。Alt + Esc：切換不同視窗。

205.(　　) Windows 7 下已經同時執行多個程式，但想透過按鍵方式來選擇其中某一個程式成爲使用中應用程式，下列哪個操作描述是正確的？ ①先按住 Ctrl 鍵，再利用 Tab 鍵來依序切換到所要的應用程式 ②先按住 Alt 鍵，再利用 Tab 鍵來依序切換到所要的應用程式 ③同時按下 Ctrl+Tab 鍵幾次，以切換到所要的應用程式 ④同時按下 Alt+Tab 鍵幾次，以切換到所要的應用程式。 [17]

解 Alt + Tab：切換視窗。Ctrl + Tab：前往視窗中的下一個分頁。

206.(　　) Windows 7 的環境下，想要擷取畫面上的某一區域，下列描述何者是正確的？ ①同時按下 Shift+PrtSc 鍵即可指定區域 ②使用「剪取工具」程式 ③一定要另外購買安裝畫面擷取應用程式 ④按右鍵出現快顯功能表，選擇「複製」功能。 [22]

207.(　　) 在 Windows 7 中，在中文輸入狀態下，要在螢幕上顯示符號小鍵盤的預設值爲按下列哪一個按鍵？ ① Ctrl+Al t+, ② Ctrl+Alt+M ③ Ctrl+Alt+K ④ Ctrl+Alt+L。 [97]

解 Ctrl + Alt + ，：符號切換。Ctrl + Alt + M：附註。Ctrl + Alt + K：上個組字字根。Ctrl + Alt + L：UI 樣式切換。

208.(　　) 在 Windows 7 中，在中文輸入狀態下，要重送前一次輸入的字元，預設值爲按下列哪一組按鍵？ ① Ctrl+Alt+R ② Ctrl+Alt+G ③ Ctrl+Alt+K ④ Ctrl+Alt+L。 [98]

解 Ctrl+Alt+G：重送前一次輸入的字串。

解 204.(2) 205.(2) 206.(2) 207.(1) 208.(2)

209.(　　) 在 Windows 7 中，在中文輸入法中，要切換不同的輸入法，預設值爲按下列哪一個按鍵？ ① Ctrl+Space ② Ctrl +Shift ③ Shift+Space ④ Ctrl+Alt。 [99]

解 Ctrl + Space：開啓和關閉中文輸入法。Ctrl + Shift：切換不同的輸入法。Shift + Space：切換半形 / 全形。

210.(　　) 在 Windows 7 中，在中文輸入法中，要切換全型和半型輸入，預設值爲按下列哪一個按鍵？ ① Ctrl+Space ② Ct rl+Shift ③ Shift+Space ④ Ctrl+Alt。 [100]

解 Ctrl + Space：開啓和關閉中文輸入法。Ctrl + Shift：切換不同的輸入法。Shift + Space：切換半形 / 全形。

211.(　　) 在 Windows 10 中，在中文輸入法中，要開啓和關閉中文輸入法，預設值爲按下列哪一個按鍵？ ① Ctrl+Space ② Ctrl+Shift ③ Shift+Space ④ Ctrl+Alt。 [101]

解 Ctrl + Space：開啓和關閉中文輸入法。Ctrl + Shift：切換不同的輸入法。Shift + Space：切換半形 / 全形。

212.(　　) 在 Windows 7 中，要關閉一個作用中的視窗，可以使用以下哪一個按鍵？ ① F4 ② Shift+F4 ③ Alt+F4 ④ Ctrl+F4。 [125]

解 Alt + F4：強制關閉目前作業中的視窗。

213.(　　) 在 Windows 7 中，如果想要擷取整個螢幕成爲一個圖案，應按一下哪一個按鍵？ ① PrintScreen ② Alt+P ③ Ctrl+P ④ Ctrl+Print Screen。 [129]

解 Print Screen：只按 Print Screen 就會直接擷取整個螢幕的畫面。Alt + Print Screen：先按鍵盤上的 Alt 按鍵，接著按 Print Screen，就可以擷取單一視窗的畫面。

其他操作

- 安全模式：尚未進入 Windows 系統之前，按下鍵盤上的 F8 功能鍵，可以選擇進入安全模式。
- 鍵入密碼時，其大小寫不正確，會導致要求重新輸入密碼。
- 「切換使用者」功能：能保留原使用者之工作，並能切換到另一個使用者帳號。
- 檔案屬性
  1. 屬性包括讀取、隱藏、保存，不含共享（共享並非檔案屬性）。
  2. 提供檔案共享時，若檔案使用權限設讀取，則只能檢視檔案資料，不能變更資料。
  3. 更改檔案的屬性時，應先選取檔案，按一下滑鼠右鍵，在快顯功能表中選取內容。

  在 Windows 系統中，按一下滑鼠右鍵可顯示快顯功能表。
- 並排顯示視窗：要使在桌面上已開啓的視窗能並排顯示，可在工作列上按一下右鍵，再選取「並排顯示視窗」。
- Word Pad 文書編輯軟體可儲存成 .txt、.rtf、.odt 等檔案類型，但無法儲存成 .odg 檔案類型。
- 正確安裝軟體的方法是將軟體光碟放入光碟機，系統會啓動自動安裝程式。
- 記事本
  1. 可以更改字型大小、變換字型、設定字型樣式爲粗體。
  2. 無法插入圖片，也無法選擇文字顏色。

解 209.(2)　210.(3)　211.(1)　212.(3)　213.(1)

- 資源回收筒：圖示無法被刪除。
- Windows Defender 程式的功能：可定時掃描電腦、防護惡意或間諜程式、偵測電腦病毒，但無法將電腦設定檔備份復原。
- Chrome 視窗：點擊視窗「最小化」按鈕時，該視窗會縮小到工作列。
- 「圍繞文字」功能：在文書處理軟體中，選取文字後，可用此功能在文字加上圓圈符號。

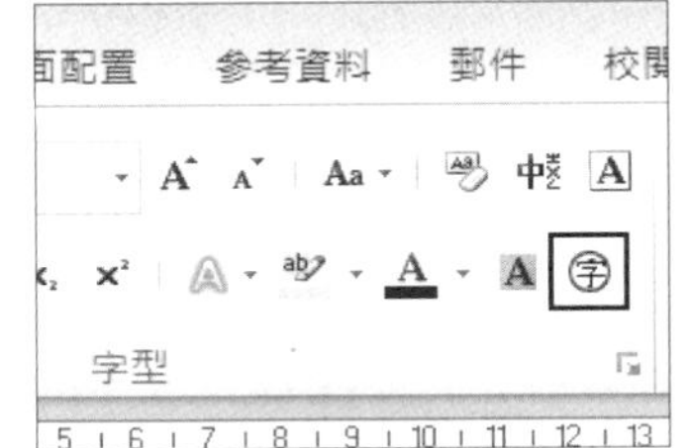

小試身手

214.(　　) 當在 Windows 8 系統登入並鍵入密碼時，其大小寫不正確會導致什麼結果？ ①仍可以進入 Windows 8　②進入 Windows 8 的安全模式　③要求重新輸入密碼　④關閉 Windows 8 並重新開機。 [25]

215.(　　) 在 Windows 8 中，能保留原使用者之工作，並能切換到另一個使用者帳號，此功能爲何？ ①登入　②切換使用者　③登出　④重新啓動。 [26]

216.(　　) 在 Windows 8 下提供檔案共享，且只准許能檢視檔案資料但不准變更，則使用權限應設定爲？ ①完全控制　②變更　③讀取　④複製。 [42]

217.(　　) 在 Windows 7 系統中，下列何者是正確安裝軟體的方法？ ①將軟體光碟放入光碟機，系統會啓動自動安裝程式　②使用程式集的啓動選項　③使用開始功能表的執行選項　④使用控制台的解除安裝程式。 [76]

218.(　　) 在 Windows 7 的「WordPad」軟體在預設狀況下，無法將資料儲存成下列哪一種檔案類型？ ① .txt　② .odg　③ .rtf　④ .odt。 [77]

解 WordPad 是一個簡易文書處理工具，可以輕鬆編輯、美化文字顯示格式，也提供簡單的美工影像繪製功能。點選開始按鈕→所有程式→附屬應用程式→ WordPad 指令，即可開啓 WordPad 文書處理軟體。.odg 爲 Draw 軟體的副檔名，Draw 是繪製圖表（Diagram）的軟體。可以 Flash 的格式（.swf）編輯，也可輸出爲 .bmp、.gif、.jpg、.png、.tiff 與 .wmf 等檔案格式。

219.(　　) 在 Windows 8 的環境中，使用 Windows Defender 程式不能夠執行以下那一個操作？ ①定時掃描電腦　②電腦設定檔備份復原　③防護惡意或間諜程式　④偵測電腦病毒。 [78]

220.(　　) 在 Windows 10 中，下列哪一個操作，可以顯示快顯功能表？ ①按一下滑鼠左鍵　②按二下滑鼠左鍵　③按一下滑鼠右鍵　④按一下滑鼠左鍵並拖曳。 [91]

221.(　　) 在 Windows 8 的檔案總管中，如果要更改檔案的屬性，應在選取這個檔案後，按一下滑鼠右鍵，在快顯功能表中選取哪一個指令？ ①重新命名　②傳送到　③開啓　④內容。 [92]

222.(　　) 在 Windows 8 中，若要使在桌面上已開啓的視窗能並排顯示，則應使用以下何者方式？ ①在每個視窗右上角按二下　②在桌面上按一下右鍵，選取「新增」　③在「電腦」中設定　④在 Windows 8 的工作列上按一下右鍵，再選取「並排顯示視窗」。 [136]

解 214.(3)　215.(2)　216.(3)　217.(1)　218.(2)　219.(2)　220.(3)　221.(4)　222.(4)

223.(　　) 在 Windows 7 中，點擊 Chrome 視窗的「最小化」按鈕，該視窗在螢幕上會有何改變？①縮小到桌面 ②縮小到工作列 ③縮小並隨即關閉 ④縮小到功能表。 [137]

224.(　　) 在 Windows 7 中，「Windows Defender」的功能為何？ ①變更此電腦的佈景主題 ②變更使用者帳戶設定和密碼 ③檢查是否有軟體及驅動程式更新 ④協助保護您的電腦不受「惡意程式」的攻擊。 [138]

225.(　　) 在 Windows 10 系統下，何種軟體不能插入圖片？ ① WordPad ②記事本 ③ Excel 2019 ④ PowerPoint 2019。 [144]

226.(　　) 在 Windows 7 系統下，「記事本」沒有下列哪一項功能？ ①更改字型大小 ②變換字型 ③字型樣式為粗體 ④選擇文字顏色。 [145]

227.(　　) 在文書處理軟體 Microsoft Word 2019 中，選取文字後，要在文字加上圓圈符號，可使用下列哪一項功能？ ①字元框線 ②圍繞文字 ③頁面框線 ④表格。 [170]

228.(　　) 在 Windows 7 系統中，下列何種圖示不能被刪除？ ①資源回收筒 ②電腦 ③網路 ④使用者的文件。 [172]

229.(　　) 在啓動 Windows 7 時，若尚未進入 Windows 系統之前，按下鍵盤上的何種功能鍵，可以選擇進入安全模式？ ① F4 ② F8 ③ F10 ④ F12。 [182]

解 只要電腦一按下電源，到準備要進入到 Windows 之前的時間之後，按下 F8 即可進入「安全模式」。

單元四 中文系統與內碼

中文字型

- 線段法：電腦中所使用的中文字型是依每一筆劃的起點、方向以及終點等資料儲存。
- 一個24×24點的中文字型，在記憶體中共佔用了72個位元組。一個點 = 1Bit，一個位元組（Byte）代表八個位元（Bits），24×24 ÷ 8 = 72（bytes）。
- 中文內碼
  1. 一字一碼，長度一定。
  2. 中文內碼（BIG-5）中，使用兩個位元組，其高位元組十六進位值均大於 80。
- 其他內碼特性
  1. BCD 碼使用一組 4 位元表示一個十進位制的數字。
  2. 通用漢字標準交換碼為目前我國之國家標準交換碼。
  3. ASCII 碼為常用的文數字資料的編碼。
  4. 交換碼：中文資料處理中，兩種不同資料之傳送過程必須靠交換碼來傳送。
  5. Unicode 內碼可以涵蓋世界各種不同文字。

解 223.(2)　224.(4)　225.(2)　226.(4)　227.(2)　228.(1)　229.(2)

■ 中文輸入法

1. 手寫輸入法與拆碼無關。
2. 注音輸入法是依照文字的字音來輸入。

■ 菊輪式印表機無法列印中文字。

小試身手

230.(　　) 下列何者是指電腦中所使用的中文字型，是依每一筆劃的起點、方向以及終點等資料儲存？ ①矩陣法 ②點字法 ③線段法 ④字根法。 [1]

231.(　　) 關於「中文內碼」的說明，下列何者正確？ ①一字一碼，長度一定 ②一字一碼，長度不定 ③一字多碼，長度一定 ④一字多碼，長度不定。 [2]

232.(　　) 電腦中，一個 24×24 點的中文字型，在記憶體中共佔用了多少位元組？ ① 48 ② 72 ③ 64 ④ 24。 [4]

233.(　　) 目前中文內碼 (BIG-5) 中，使用兩個位元組，其高位元組十六進位值均大於下列何值？ ① 80 ② 10 ③ 40 ④ F0。 [5]

解 (10000000)(XXXXXXXX)2=(80)(XX)16

234.(　　) 下列哪一種印表機一定無法列印中文字？ ①菊輪式印表機 ②噴墨式印表機 ③雷射印表機 ④點矩陣式印表機。 [8]

解 菊輪印表機屬撞擊式印表機，由固定字模來打印，通常為英、數字，列印頭是可以互換的，因此操作人員可以選擇字體。電子計算機或電子打字機上有個帶輪輻的轉輪，大概形成一個菊花的形狀。

235.(　　) 下列敘述何者不正確？ ① BCD 碼使用一組 4 位元表示一個十進位制的數字 ②通用漢字標準交換碼爲目前我國之國家標準交換碼 ③ ASCII 碼爲常用的文數字資料的編碼 ④ BIG-5 碼是中文的外碼。 [31]

解 BIG-5 碼：是中文內碼。

236.(　　) 在中文資料處理中，兩種不同資料之傳送過程必須靠下列何種碼來傳送？ ①輸入碼 ②內碼 ③交換碼 ④輸出碼。 [32]

解 ASCII（American Standard Code for Information Interchange，美國訊息交換標準代碼）是基於拉丁字母的一套電腦編碼系統。

237.(　　) 下列何種中文輸入法與拆碼無關？ ①行列輸入法 ②手寫輸入法 ③大易輸入法 ④倉頡輸入法。 [47]

238.(　　) 「注音輸入法」是依照文字的什麼輸入？ ①字形 ②字根 ③字義 ④字音。 [53]

239.(　　) 以下何種內碼可以涵蓋世界各種不同文字？ ① ASCII ② BIG-5 ③ UNICODE ④ EBCDIC。 [88]

解 UNICODE：萬國碼。

解 230.(3)　231.(1)　232.(2)　233.(1)　234.(1)　235.(4)　236.(3)　237.(2)　238.(4)　239.(3)

單元五 Windows 10 功能

- 桌面模式的「開始」鈕操作介面可使用「個人化」進行顯示應用程式清單的設定（或設定 ➔ 個人化 ➔ 開始）。
- 在「多顯示器」表單選取「延伸這些顯示器」，可使 2 個顯示器顯示 2 個不同視窗軟體（設定 ➔ 系統 ➔ 顯示器 ➔ 多部顯示器）。
- 選擇不同的中文輸入法按鍵：⊞ + 空白鍵。
- 虛擬桌面
  1. 切換虛擬桌面可按 ⊞ + Ctrl + 右方向鍵。
  2. 新增虛擬桌面可按 ⊞ + Ctrl +D。
  3. 關閉虛擬桌面可按 ⊞ + Ctrl + F4。
- OneDrive
  1. 可將檔案上傳到微軟雲端硬碟。
  2. 若工作列的通知區域顯示 OneDrive 的圖示爲圓形箭頭如右圖 表示 OneDrive 處於同步處理狀態。
- Windows 10 內建壓縮檔案與資料夾功能，壓縮後的預設副檔名爲 zip。
- Microsoft Edge 軟體
  1. 在網址列輸入查詢關鍵字，會啓動 Bing 搜尋服務。
  2. 是 Windows 10 環境的內建瀏覽器。
- 動態磚：「動態磚」區域最多可用滑鼠拖成 3 區。
- 切換中英文輸入法：切換中文 / 英文輸入模式可使用 Shift 鍵。
- 時間與語言設定
  1. 要同時顯示不同時區的時間，應該到「Windows 設定」的時間與語言功能中設定。
  2. 可以同時顯示不同時區的時間，最多可以顯示 3 個（動作爲設定 ➔ 時間與語言 ➔ 日期和時間 ➔ 新增不同時區的時鐘）。
- 利用「工作檢視」來管理視窗及桌面之組合鍵爲 ⊞ + Tab。
- 要取得免費遊戲軟體，可以經由「市集」之內建軟體中取得。

小試身手

240.(　　) 對於 Windows 10 桌面模式的「開始」鈕操作介面敘述，下列何者正確？　①只具有功能表　②只具有動態磚功能　③可以在「個人化」進行顯示應用程式清單的設定　④不能設定爲全螢幕顯示。 [34]

241.(　　) 在 Windows 10 作業系統環境下，要使用 2 個顯示器分別顯示不同的軟體視窗，則要在「多顯示器」表單選取下列哪項功能？　①延伸這些顯示器　②在這些顯示器上同步顯示　③只在 1 顯示　④只在 2 顯示。 [85]

242.(　　) 在 Windows 10 預設環境中，要選擇不同的中文輸入法，可以使用何鍵來選擇？① ⊞ + 空白鍵　② ⊞ +C　③ ⊞ +F　④ ⊞ +Alt。 [108]

解 240.(3)　241.(1)　242.(1)

243.( ) 在 Windows 10 預設環境中，要切換不同「虛擬桌面」，可以按下哪個組合鍵？ ① +Ctrl+ 右方向鍵 ② +Ctrl+ 下方向鍵 ③ +Ctrl+L ④ +Ctrl+R。 [119]

244.( ) 在 Windows 10 預設環境中，要將檔案上傳到微軟雲端硬碟，要用下列哪個軟體？ ① OneDrive ② CloudDrive ③ UpLoad ④ UpDrive。 [120]

245.( ) 在 Windows 10 預設環境中，要新增「虛擬桌面」可以按下哪個組合鍵？ ① +Ctrl+D ② +Ctrl+A ③ +Ctrl+C ④ +Ctrl+L。 [122]

246.( ) 在 Windows 10 環境中，內建壓縮檔案與資料夾功能，壓縮後的預設副檔名為何？ ① zip ② arj ③ tgz ④ tar。 [124]

247.( ) 在 Windows 10 的 Microsoft Edge 軟體中，在網址列輸入查詢關鍵字，會啓動哪個預設的搜尋服務？ ① Bing ② Xing ③ Ging ④ Fing。 [126]

248.( ) 在 Windows 10 環境中，「動態磚」的區域，最多可用滑鼠拖寬成幾區？ ① 2 ② 3 ③ 4 ④ 5。 [155]

249.( ) 在 Windows 10 預設環境中，要切換微軟中文輸入法的中文 / 英文輸入模式，應該使用何鍵？ ① Alt ② Ctrl ③ Shift ④ Tab。 [156]

250.( ) 在 Windows 10 作業系統中，若工作列的通知區域顯示 OneDrive 的圖示為圓形箭頭 ，表示 OneDrive 處於何種狀態？ ①暫停同步處理 ②帳號被封鎖 ③同步處理完畢 ④正在進行同步處理。 [163]

251.( ) 在 Windows 10 的環境中，要同時顯示不同時區的時間，應該到「Windows 設定」的哪裡設定？ ①時間與語言 ②個人化 ③裝置 ④輕鬆存取。 [164]

252.( ) 在 Windows 10 預設環境中，要關閉「虛擬桌面」，可以按下哪個組合鍵？ ① +Ctrl+F1 ② +Ctrl+F4 ③ +Ctrl+F8 ④ +Ctrl+F9。 [165]

253.( ) 在 Windows 10 的環境中，可以同時顯示不同時區的時間，最多可以顯示幾個？ ① 2 ② 3 ③ 4 ④沒有限制。 [169]

254.( ) 在 Windows 10 環境中，要利用「工作檢視」來管理視窗及桌面，可以按下哪個組合鍵來開啓？ ① +Tab ② +Ctrl ③ +Alt ④ +Shift。 [175]

255.( ) 下列何者為 Windows 10 環境內建瀏覽器？ ① Microsoft Edge ② Microsoft Page ③ Microsoft line ④ Microsoft Home。 [189]

256.( ) 在 Windows 10 的環境中，要取得免費遊戲軟體，可以經由哪個內建軟體中取得？ ①市集 ② OneDrive ③控制台 / 遊戲 ④露天。 [214]

解 243.(1) 244.(1) 245.(1) 246.(1) 247.(1) 248.(2) 249.(3) 250.(4) 251.(1) 252.(2) 253.(2) 254.(1) 255.(1) 256.(1)

工作項目04 資訊安全

單元一 基本概念

資訊安全管理系統

- 資訊安全管理系統（ISMS）：是一套有系統分析和管理資訊系統的方法，由英國工業貿易部倡導，並在全球推行。1995年英國提出BS 7799 Part1，成爲第一個ISMS標準，如今ISO的ISO 27003是新的ISMS標準。各組織對ISMS的導入使用規劃（Plan）、執行（Do）、檢查（Check）、行動（Action）四個步驟（PDCA）循環進行。預防電腦犯罪最應做的事項，就是建立資訊安全管理系統。成功的資訊安全環境，首要建立安全政策白皮書。
- 維護資訊安全的措施：設置防災監視中心、不斷電設備、空調設備、經常清潔、使用除濕設備。
- 資訊安全的威脅包括天然災害、人爲過失、機件故障，但不包括存取控制。
- 資訊安全防護項目：實體、資料、程式、系統（不包括上機紀錄）。
- 資訊安全三面向：
  1. 機密性（Confidentiality）：確保資料傳遞與儲存的私密性。
  2. 可用性（Availability）：讓資料隨時保持可用狀況。
  3. 完整性（Integrity）：避免非經授權的使用者或處理程序竄改資料。

一 小試身手

1. (　　) 下列何者爲預防電腦犯罪最應做之事項？ ①資料備份 ②建立資訊安全管制系統 ③維修電腦 ④和警局連線。 [1]

2. (　　) 關於「防治天然災害威脅資訊安全措施」之敘述中，下列何者不適宜？ ①設置防災監視中心 ②經常清潔不用除濕 ③設置不斷電設備 ④設置空調設備。 [2]

   解 一般資訊設備皆要注意防潮及防塵。

3. (　　) 下列何者不屬於資訊安全的威脅？ ①天然災害 ②人爲過失 ③存取控制 ④機件故障。 [9]

   解 存取控制：在資訊安全領域中，存取控制包含了認證、授權以及稽核。

4. (　　) 爲了防止因資料安全疏失所帶來的災害，一般可將資訊安全概分爲下列哪四類？ ①實體安全，網路安全，病毒安全，系統安全 ②實體安全，法律安全，程式安全，系統安全 ③實體安全，資料安全，人員安全，電話安全 ④實體安全，資料安全，程式安全，系統安全。 [60]

   解 一般資訊安全中心爲確保電腦作業而採取各種防護的措施，而防護的項目有實體安全，資料安全，程式安全，系統安全。

解 1.(2) 2.(2) 3.(3) 4.(4)

5. (　　) 一般資訊中心為確保電腦作業而採取各種防護的措施，而防護的項目有四項，下列哪一項不在這四項之內？ ①實體 ②資料 ③系統 ④上機紀錄。 [62]

解 一般資訊安全中心為確保電腦作業而採取各種防護的措施，而防護的項目有實體安全，資料安全，程式安全，系統安全。

6. (　　) 一個成功的安全環境之首要部分是建立什麼？ ①安全政策白皮書 ②認證中心 ③安全超文字傳輸協定 ④BBS。 [77]

解 白皮書（White Paper）：通常指具有權威性的報告書或指導性文本作品，用以闡述、解決或決策。

7. (　　) 「資訊安全」的三個面向不包含下列何者？ ①機密性 (Confidentiality) ②可用性 (Availability) ③不可否認性 (Non-repudiation) ④完整性 (Integrity)。 [90]

解 資訊安全指保護資訊之機密性、完整性與可用性。機密性（Confidentiality）：保護資訊不被非法或未授權之個人、實體或程序所取得或揭露的特性。完整性（Integrity）：確保資訊在任何階段沒有不適當的修改或損毀。可用性（Availability）：經授權的使用者能適時的存取所需資訊。

8. (　　) 資訊安全是必須保護資訊資產的哪些特性？ ①機密性、方便性、可讀性 ②完整性、可攜性、機動性 ③機動性、可用性、完整性 ④可用性、完整性、機密性。 [112]

9. (　　) 下列何者不是資訊安全要維護的資訊特性？ ①保密性 ②完整性 ③可用性 ④可讀性。 [119]

資訊科技災害復原

- 資訊科技（IT）災害復原意指回復組織被中斷的 IT 與通信能力，確保重要業務運作得以持續。
- 災害復原計畫：是一份載明當災害發生時，回復 IT 與通信能力之文件。內容包括主要參與人員（例如程式設計人員、系統操作人員、資料處理人員）、資源、服務及需要執行的行動方案。復原階段的首要工作為環境的重置。

資訊系統安全與保護措施

- 資訊系統安全相關措施應包括備份（Backup）、稽核（Audit）、識別（Identification）。
- 資料保護的方法如下：
  1. 機密檔案由專人保管。
  2. 定期備份資料庫。
  3. 留下重要資料的使用紀錄。
  4. 資料檔案與備份檔案不可同時保存在相同磁碟機。

解 5.(4)　6.(1)　7.(3)　8.(4)　9.(4)

小試身手

10.(　　) 災變復原計劃，不包括下列何者之參與？ ①程式設計人員 ②非組織內之使用人員 ③系統操作人員 ④資料處理人員。 [17]

11.(　　) 災害復原階段，首要的工作為何？ ①軟體的重置 ②環境的重置 ③系統的重置 ④資料的重置。 [19]

12.(　　) 下列何者不是資訊系統安全之措施？ ①備份 (Backup) ②稽核 (Audit) ③測試 (Testing) ④識別 (Identification)。 [24]

解 測試（Testing）是軟體開發過程之一。

13.(　　) 下列何者是錯誤的「保護資料」措施？ ①機密檔案由專人保管 ②資料檔案與備份檔案保存在同磁碟機 ③定期備份資料庫 ④留下重要資料的使用紀錄。 [27]

解 資料備份要儲存於不同電腦。

資訊安全

- 資訊安全威脅最難預防蓄意破壞，所以它不但是技術問題，而且也是管理問題，人人都應注意。定期提醒與教育訓練，是有效建立員工資訊安全意識的方法。
- 資訊安全威脅的攻擊目的：侵入、竄改或否認、阻斷服務（使目標電腦的網路或系統資源耗盡，導致其無法正常運作）。
- 資安事件的防護機制可採取 PDRR（預防、偵測、回應、復原）。

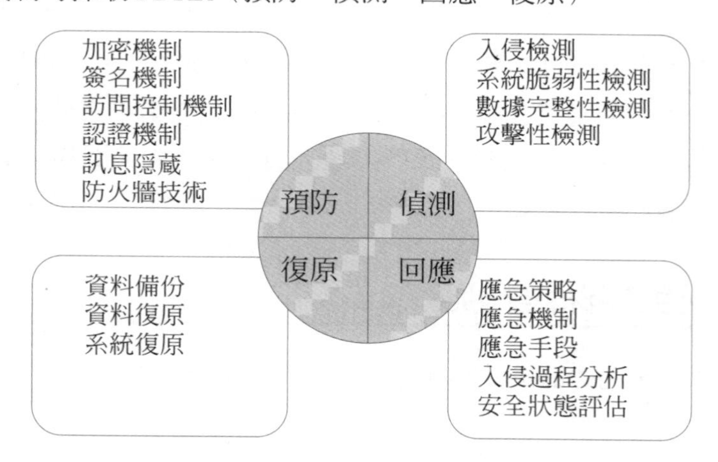

- 在電腦安全防護措施中，不斷電系統是同時針對「實體」及「資料」的防護措施。
- 密碼中最好包含字母及非字母字元，是網路安全的重要原則。
- 使用即時通訊軟體的正確態度：
  1. 不輕易開啓接收的檔案。
  2. 不任意安裝來路不明的程式。
  3. 不輕信陌生網友的話。
  4. 對不認識的網友勿隨意開啓視訊功能。

解 10.(2) 11.(2) 12.(3) 13.(2)

- 瀏覽器的設定如 ActiveX、Cookie、Script 可提高安全性（HomePage 設定則無關）。
- 若使用者的使用權限均設定為相同，則有害於資訊安全。

小試身手

14. (　) 下列何種類型的資訊安全威脅最難預防？ ①人為疏失 ②機械故障 ③天然災害 ④蓄意破壞。 [52]

15. (　) 資訊安全的性質為何？ ①既不是技術問題，也不是管理問題 ②純屬技術問題，無關管理問題 ③純屬管理問題，無關技術問題 ④不但是技術問題，且是管理問題。 [61]

16. (　) 有關「電腦安全防護的措施」的敘述中，下列哪一項是同時針對「實體」及「資料」的防護措施？ ①人員定期輪調 ②保留日誌檔 ③不斷電系統 ④管制上機次數與時間。 [63]

17. (　) 下列何者是網路安全之原則？ ①寫下你的密碼 ②密碼中最好包含字母及非字母字元 ③用你名字或帳號當作密碼 ④用你個人的資料當作密碼。 [78]

18. (　) 下列何者不是使用即時通訊軟體應有的正確態度？ ①不輕易開啓接收的檔案 ②不任意安裝來路不明的程式 ③對不認識的網友開啓視訊功能以示友好 ④不輕信陌生網友的話。 [82]

19. (　) 下列敘述何者正確？ ①資訊安全的問題人人都應該注意 ②我的電腦中沒有重要資料所以不需注意資訊安全的問題 ③為了怕忘記，所以密碼愈簡單易記愈好 ④網路上的免費軟體應多多下載，以擴充電腦的功能。 [88]

20. (　) 資安事件的防護機制可採取下列哪一方式？ ① DIY(執行、檢查、回報) ② TINA(測試、保險、協商、執行) ③ PIRR(預防、保險、回應、復原) ④ PDRR(預防、偵測、回應、復原)。 [92]

21. (　) 下列哪一項瀏覽器的設定和提高安全性無關？ ① HomePage ② ActiveX ③ Cookie ④ Script。 [95]

    解 HomePage 是電腦術語，指首頁或主頁，各網站的主要網頁。

22. (　) 如何最有效建立員工資訊安全意識？ ①從工作中建立 ②懲罰 ③獎勵 ④定期提醒與教育訓練。 [98]

23. (　) 下列何者不是資訊安全威脅的攻擊目的？ ①侵入 ②竄改或否認 ③阻斷服務 ④獲得歸屬感。 [120]

24. (　) 下列何種措拖有害於資訊安全？ ①使用者的使用權限均相同 ②定期保存日誌檔 ③設置密碼 ④資料備份。 [142]

解 14.(4)　15.(4)　16.(3)　17.(2)　18.(3)　19.(1)　20.(4)　21.(1)　22.(4)　23.(4)　24.(1)

電腦犯罪

- 透過網路入侵別人的電腦，破壞或竊取資料牟利者，一般稱之為駭客。
- 電腦犯罪的特性：1. 犯罪不容易察覺。2. 採用手法較隱藏。3. 高技術性的犯罪活動。4. 與一般傳統犯罪活動不同。
- 相關防範措施如下：1. 加強門禁管制。2. 資料檔案加密。3. 明確劃分使用者權限。
- 電腦犯罪與是否採用開放系統架構無直接關聯。

小試身手

25. (　　) 下列對電腦犯罪的敘述何者有誤？ ①犯罪容易察覺 ②採用手法較隱藏 ③高技術性的犯罪活動 ④與一般傳統犯罪活動不同。 [44]

26. (　　) 對於「防範電腦犯罪的措施」中，下列何者不正確？ ①避免採用開放系統架構 ②加強門禁管制 ③資料檔案加密 ④明確劃分使用者權限。[51]

27. (　　) 透過網路入侵別人的電腦，破壞或竊取資料謀利者，一般稱之為何？ ①人客 ②海客 ③駭客 ④害客。 [107]

人員安全管制

- 考慮資訊安全的公司或單位，在進出公司時，對於可攜式設備或可攜式儲存媒體（如手機、隨身碟、平板電腦、筆記型電腦）必須進行安全管制。
- 若一個僱員必須被停職，其網路存取權應在給予他停職通知前被關閉。
- 離開座位的時候啓動已設定密碼之螢幕保護程式，是正確的電腦安全習慣。
- 可攜式儲存媒體（光碟或隨身碟）的問題：
  1. 容易將電腦病毒、木馬程式傳回自己或其他的電腦。
  2. 媒體容易遺失。
  3. 儲存其中的資料易遭竊取或竄改。
  4. 若已連接到電腦上，就算不開啓其中內容，也存在風險。

小試身手

28. (　　) 對需考慮資訊安全的公司或單位，下列何者是屬於進出公司必要進行安全管制的可攜式設備或可攜式儲存媒體？ ①手機、隨身碟、平板電腦、投影機 ②手機、隨身碟、筆記型電腦、投影機 ③手機、隨身碟、平板電腦、筆記型電腦 ④隨身碟、平板電腦、筆記型電腦、投影機。 [99]

    解 投影機不是儲存媒體，無法存放資料，是屬於輸出設備。

29. (　　) 如果一個僱員必須被停職，他的網路存取權應在何時被關閉？ ①停職後一週 ②停職後二週 ③給予他停職通知前 ④不需關閉。 [79]

解 25.(1) 26.(1) 27.(3) 28.(3) 29.(3)

30. (　　) 離開座位的時候正確的電腦安全習慣是　①啓動已設定密碼之螢幕保護程式　②關掉電腦螢幕電源　③為節省時間，連線網路下載大量資料　④保持開機狀態，節省重新開機時間。 [80]

31. (　　) 對於使用可攜式儲存媒體 (光碟或隨身碟) 的風險描述，下列何者有誤？　①只要不開啓其中內容，就算已連接到電腦上，也是安全的　②容易將電腦病毒、木馬程式傳回自己或其他的電腦　③媒體容易遺失　④儲存其中的資料易遭竊取或竄改。 [100]

解 隨身碟的設定檔 autorun.inf 會在插入後自動被啓動。

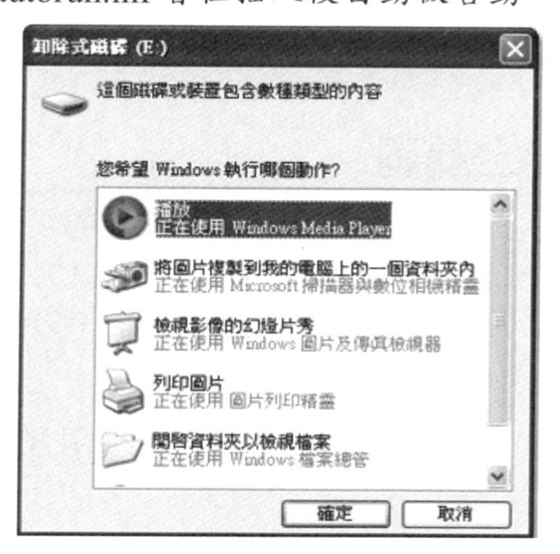

資訊安全管理系統規範標準

- 資訊安全管理系統（ISMS）是一套有系統地分析和管理資訊安全風險的方法。要達成 100% 的資訊安全是一種過高的期望，資訊安全管理的目標是透過控制方法，把資訊風險降低到可接受的程度內。ISMS 是一套國際驗證標準，以「計劃－實施－監督－改進」建置資訊安全管理系統的需求規範。

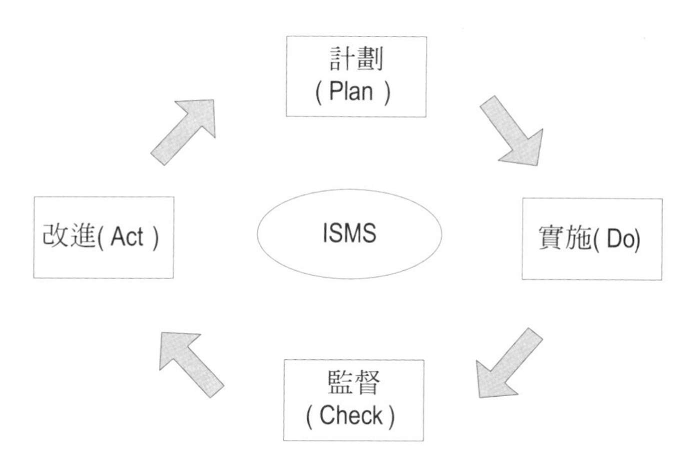

- ISO/IEC 27001：是一套國際資訊安全管理框架的驗證標準，可幫助組織管理和保護資訊資產，確保其安全無虞。透過 ISO/IEC 27001 可檢視並優化工作流程與管理措施，確保運作正常、提升組織聲譽。
- 在 ISMS 稽核報告中，不滿足標準條款規定稱為不符合事項（non-conformance）。

解 30.(1)　31.(1)

小試身手

32. ( ) 某企業為因應潮流並提升其企業對資訊系統的安全防護，決定導入最新的 ISMS 國際驗證標準，請問它應該導入的驗證標準是什麼？ ① ISO/IEC 17799:2005 ② ISO/IEC 27001 ③ BS7799 part 1 ④ ISO 9001:2000。 [103]

33. ( ) 在 ISMS 的稽核報告中，不滿足標準條款規定的，稱之為何？ ①不符合事項 (non-conformance) ②缺失事項 (defect) ③不足事項 (deficient) ④建議事項 (recommend)。 [109]

系統安全與網路安全漏洞

- 系統安全漏洞發生的主要原因為系統程式開發之疏失。
- 在公共環境中使用自己的筆記型電腦，若偵測到可用的無線網路時，應該確認自己是否有使用權，並瞭解其安全保護機制，再決定是否使用。
- 網路安全漏洞的來源：1. 軟體的瑕疵。2. 使用者的不良使用習慣。3. 多種軟 / 硬體結合而產生的問題。

小試身手

34. ( ) 系統安全漏洞發生的主要原因為何？ ①硬體速度過慢 ②系統程式開發之疏失 ③電腦儲存空間不足 ④電源供應不穩定。 [111]

35. ( ) 在公共環境中使用自己的筆記型電腦若偵測到可用的無線網路時應該如何處置？ ①馬上連線使用 ②確認自己是否有使用權並瞭解其安全保護機制再決定是否使用 ③無線網路不易監聽所以可以放心傳送重要的資訊 ④只要確認自己的筆記型電腦的資料傳輸是經過加密的，就可放心使用。 [114]

36. ( ) 下列何者不是網路安全漏洞的可能來源？ ①軟體的瑕疵 ②使用者的不良使用習慣 ③多種軟 / 硬體結合而產生的問題 ④圍牆與機房之間的距離很大。 [125]

其他

- NAT 協定：網路位址轉譯（Network Address Translate）可讓企業在區域網路內設定使用私人 IP，對外公共網路上則共用一個外部 IP。它可解決 IPv4 位址消耗不夠的問題。
- 防範駭客入侵常用之措施：1. 更換使用者密碼。2. 裝掃毒軟體並定期更新。3. 內部與外部網路之間建構防火牆。

解 32.(2) 33.(1) 34.(2) 35.(2) 36.(4)

小試身手

37.(　　) 下列何種協定可以讓組織在區域網路內使用私人 IP，而在公開網路上共用一個外部 IP？ ① VLAN　② DMZ　③ VPN　④ NAT。 [130]

解 VLAN（Virtual Local Area Network）：虛擬區域網路。DMZ（Demilitarized zone）：非軍事區。VPN（Virtual Private Network）：虛擬私人網路。NAT（Network Address Translation）：網路位址轉譯。

38.(　　) 下列何者不是企業常用來防止駭客入侵內部網路的措施？ ①定期更換使用者密碼 ②電腦加裝掃毒軟體且定期更新版本 ③定期進行資料備份 ④在內部網路與外部網路間建構防火牆。 [144]

解 定期進行資料備份是爲了保存資料。

實體安全防護

- 硬體安全防護包括虛擬電腦系統（Virtual Machine）、記憶體的保護、核心設計（Kernel Design）。而上線密碼（Login-Password）則與實體安全無關。
- 資訊安全種類中，媒體出入管制項目是屬於實體安全。
- 資訊人員安全管理措施包括：1. 銷毀無用報表。2. 訓練操作人員。3. 利用識別卡管制人員進出。
- 資訊中心的安全防護措施包括：
  1. 資訊中心的電源設備必須有穩壓器及不斷電系統（簡稱 UPS，確保電腦電源穩定的裝置，可防止電源中斷，且同時確保實體與軟體安全）。
  2. 機房應選用耐火、絕緣、散熱性良好的材料。
  3. 需要設置資料管制室，做爲原始資料的驗收、輸出報表的整理及其他相關資料保管。不同部門之間，資料不可以相互交流。
  4. 重要檔案每天備份四份以上，並分別存放。
  5. 設置煙及熱度感測器等設備，以防災害發生。
  6. 不使用未經驗證合格之電腦以符合迴避風險對策。
  7. 遇到不明人士要進入管制區域時，最好瞭解其來意，通知相關人員陪同進入。
- 「電腦機房設置空調」的目的爲避免電腦及附屬設備過熱。
- 電腦設備管理辦法：1. 所有設備專人管理。2. 定期保養設備。3. 使用電源穩壓器。4. 禁止使用者因個人方便隨意搬移設備。
- 實體安全防護措施：
  1. 入侵事件發生前，實體安全防禦措施要達到嚇阻效果，讓攻擊者知難而退。
  2. 入侵事件發生時，實體安全防禦措施應能儘量拖延入侵者的行動。
  3. 入侵事件發生後，實體安全防禦措施須能儘量記錄犯罪證據，以爲事後追查與起訴的憑據。

解 37.(4)　38.(3)

小試身手

39. (　　) 關於「資訊之人員安全管理措施」中，下列何者不適宜？ ①銷毀無用報表 ②訓練操作人員 ③每人均可操作每一電腦 ④利用識別卡管制人員進出。 [3]

40. (　　) 在資訊安全的種類中，有關媒體出入管制項目，是屬於下列何者的重要項目之一？ ①實體安全 ②資料安全 ③程式安全 ④系統安全。 [11]

41. (　　) 下列何者是錯誤的「電腦設備」管理辦法？ ①所有設備專人管理 ②定期保養設備 ③允許使用者因個人方便隨意搬移設備 ④使用電源穩壓器。 [28]

42. (　　) 確保電腦電源穩定的裝置是？ ①保護設備 ②網路系統 ③空調系統 ④不斷電系統。 [36]

43. (　　) 「電腦機房設置空調」的目的為下列何者？ ①避免機房空氣污染 ②避免電腦及附屬設備過熱 ③提供參觀的來賓使用 ④提供工作人員使用。 [38]

44. (　　) 在電腦術語中常用的「UPS」，其主要功能為何？ ①消除靜電 ②傳送資料 ③防止電源中斷 ④備份資料。 [50]

解 UPS（Uninterruptible Power System）：不斷電系統。

45. (　　) 對於「資訊中心的安全防護措施」的敘述中，下列哪一項不正確？ ①資訊中心的電源設備必有穩壓器及不斷電系統 ②機房應選用耐火、絕緣、散熱性良好的材料 ③四份以上的資料備份，並一起收妥以防遺失 ④需要資料管制室，做為原始資料的驗收、輸出報表的整理及其他相關資料保管。 [64]

解 四份以上的資料備份，應分散放置於不同位置。

46. (　　) 關於「資訊中心的安全防護措施」中，下列何者不正確？ ①重要檔案每天備份四份以上，並分別存放 ②設置煙及熱度感測器等設備，以防災害發生 ③雖是不同部門，資料也可以相互交流，以便相互支援合作，順利完成工作 ④加裝穩壓器及不斷電系統 (UPS)。 [65]

47. (　　) 主要的硬體安全防護措失中，下列何者不正確？ ①虛擬電腦系統 (Virtual machine) ②記憶體的保護 ③上線密碼 (Login-Password) ④核心設計 (Kernel design)。 [68]

解 上線密碼（Login-Password）是資訊安全防護措施。

48. (　　) 不使用未經驗證合格之電腦屬於哪一種風險對策？ ①破解 ②降低 ③接受 ④迴避。 [87]

49. (　　) 遇到不明人士要進入管制區域的最好處理方式是下列何者？ ①因為是來往洽公人員，所以沒關係 ②可能是長官巡視，就幫他開門 ③立即阻止其進入，通知檢警調單位協助處理 ④瞭解其來意，通知相關人員陪同進入。 [96]

50. (　　) 下列關於實體安全防禦措施的說明，何者不正確？ ①在事前，實體安全防禦措施要達到嚇阻效果，讓攻擊者知難而退 ②在事件發生中，實體安全防禦措施應能儘量拖延入侵者的行動 ③在偵測到入侵事件後，實體安全防禦措施須能儘量記錄犯罪證據，以為事後追查與起訴的憑據 ④在事件發生中，實體安全防禦措施要達到嚇阻效果，讓攻擊者知難而退。 [127]

解 39.(3) 40.(1) 41.(3) 42.(4) 43.(2) 44.(3) 45.(3) 46.(3) 47.(3) 48.(4) 49.(4) 50.(4)

系統安全防護措施

- 資料面：1. 加密保護機密資料。2. 使用者不定期更改密碼。3. 網路公用檔案設定成「唯讀」。使用者密碼不得由系統管理者統一保管。
- 人員面：加強人員權限管理，防止擅改資料內容之惡意破壞行為產生。
- 「減少因系統元件當機的影響」是屬於復原管理的範疇。

小試身手

51. (　　) 下列何者屬於惡意破壞？　①人為怠慢　②擅改資料內容　③系統軟體有誤　④系統操作錯誤。 [10]

52. (　　) 「減少因系統元件當機的影響」是屬於？　①變更管理　②能量管理　③復原管理　④績效管理。 [16]

53. (　　) 下列何者是錯誤的「系統安全」措施？　①加密保護機密資料　②系統管理者統一保管使用者密碼　③使用者不定期更改密碼　④網路公用檔案設定成「唯讀」。 [26]

系統安全相關問題

- 弱點：由於程式（軟體、韌體或硬體）設計或實作不良與疏忽，導致程式運作出現不符預期結果的情況，這種情況可能造成程式效能上的損失，或進一步的權益損害。因此，弱點是一種設計、實作或操作上的錯誤或瑕疵。
- 弱點法則概念：
  1. 舊的弱點攻擊重新發生的主要原因，多來自組織單位重新安裝佈署機器後未能立即修補。
  2. 安全弱點半衰期指的是一個重要的弱點，每隔一般時間後，發現有此弱點的系統將會減半。
  3. 常見的嚴重弱點，在一年內會被另一個新發現的弱點取代。
  4. 存放網頁應用程式的系統安裝最新系統修補程式後，仍存有弱點。
- 跨網站指令碼攻擊（Cross-Site Scripting，或跨站腳本攻擊）：以用戶端程式強迫瀏覽者轉址、偷取瀏覽者 Cookie、騙取瀏覽者輸入資料，但無法取得網站伺服器控制權。
- 零時差攻擊（Zero-Day Attack）：在軟體弱點（安全漏洞）被發現後，但尚未有任何修補方法前，所出現的對應攻擊行為，稱為零時差攻擊。
- 後門攻擊：軟體開發者忘記移除的維護後門、攻擊者植入的後門、或管理人員安裝遠端控制軟體等，皆可產生可供駭害攻擊之途徑。
- 阻斷服務攻擊：針對特定主機不斷且持續發出大量封包，藉以癱瘓系統，以達到攻擊目的。使用防火牆有助於防範此類型攻擊。

解 51.(2)　52.(3)　53.(2)

小試身手

54. (　　) 有關於「弱點法則」的描述，下列何者錯誤？　①舊的弱點攻擊重新發生的主要原因，多來自組織單位重新安裝佈署機器後未能立即修補　②有心人士利用弱點的入侵攻擊行爲，大約只有 20% 的少部分比率是發生在重要弱點的頭二個半衰期　③安全弱點半衰期指的是一個重要的弱點，每隔一般時間後，發現有此弱點的系統將會減半　④常見的嚴重弱點一年內會被另一個新發現的弱點取代。 [81]

55. (　　) 「Cross-site scripting 攻擊」無法達到下列何種行爲？　①強迫瀏覽者轉址　②取得網站伺服器控制權　③偷取瀏覽者 cookie　④騙取瀏覽者輸入資料。 [83]

56. (　　) 對於「零時差攻擊 (zero-day attack)」的描述，下列何者正確？　①在軟體弱點被發現，但尚未有任何修補方法前所出現的對應攻擊行爲　②在午夜 12 點 (零點) 發動攻擊的一種病毒行爲　③弱點掃描與攻擊發生在同一天的一種攻擊行爲　④攻擊與修補發生在同一天的一種網路事件。 [84]

57. (　　) 有關於「弱點」的描述，下列何者錯誤？　①弱點是一種使用者操作上的錯誤或瑕疵　②弱點存在與暴露可能導致有心人士利用作爲入侵途徑　③弱點可能導致程式運作出現非預期結果而造成程式效能上的損失或進一步的權益損害　④管理員若未能即時取得弱點資訊與修正檔將導致被入侵的可能性增加。 [89]

58. (　　) 下列敘述何者錯誤？　①跨站指令碼不但影響伺服主機，甚至會導致瀏覽者受害　② SQL injection 是一種攻擊網站資料庫的手法　③跨目錄存取是因爲程式撰寫不良　④存放網頁應用程式的系統安裝最新系統修補程式後，便不會存有弱點。 [108]

59. (　　) 下列何者不可能是後門攻擊的後門產生途徑？　①軟體開發者忘記移除的維護後門　②攻擊者植入的後門　③管理人員安裝的遠端控制軟體　④軟體開發者打開的客廳後門。 [123]

60. (　　) 使用防火牆有助於防範下列何種駭客的攻擊？　①零時差攻擊　②網路釣魚　③阻斷服務攻擊　④邏輯炸彈。 [148]

　　解 零時差攻擊：駭客發現軟體的安全漏洞後，趁廠商尚未進行修補時，立刻進行攻擊。阻斷服務攻擊：經由防火牆過濾進入網路的程式。邏輯炸彈：嵌入在正常軟體中，並在特定情況下執行的惡意程式碼。

61. (　　) 駭客發現軟體的安全漏洞後，趁廠商尚未進行修補時，立刻進行攻擊，這種手法稱爲？　①零時差攻擊　② BotNet 攻擊　③木馬攻擊　④ DoS 攻擊。 [150]

　　解 零時差攻擊：駭客發現軟體的安全漏洞後，趁廠商尚未進行修補時，立刻進行攻擊。BotNet 攻擊：駭客遙控大量的「殭屍電腦」來進行濫發垃圾郵件、竊取他人個資等不法行爲。木馬攻擊：木馬程式其實是一種惡性程式，和病毒最大的不同是，特洛伊木馬通常不會自我複製，大多用來竊取電腦密碼。它類似一種遠端管理工具，本身不帶傷害性，也沒有感染力。DoS 攻擊：針對特定主機不斷且持續發出大量封包，藉以癱瘓系統。

解 54.(2)　55.(2)　561.(1)　57.(1)　58.(4)　59.(4)　60.(3)　61.(1)

62. (　　) 下列何種攻擊針對特定主機不斷且持續發出大量封包，藉以癱瘓系統？　①木馬攻擊　②網路蠕蟲攻擊　③阻斷服務 (DoS) 攻擊　④隱私竊取。 [153]

防火牆

- 防火牆是能夠監控傳入和傳出網路流量的網路資訊安全裝置，並依據一組已定義的資安規則來決定允許或封鎖特定流量。防火牆一直是網路資安的第一道防線。它們在安全受控制的信任內部網路和不信任的外部網路（例如網際網路）之間建立一道屏障，因此，是用來防止駭客入侵的防護機制。
- 特性：
  1. 防火牆無法防止內賊對內的侵害，根據經驗，許多入侵或犯罪行爲都是自己人或熟知內部網路佈局的人做的。
  2. 防火牆基本上只管制封包的流向，它無法偵測出外界假造的封包，任何人皆可製造假的來源住址的封包。
  3. 防火牆無法確保連線的可信度，一旦連線涉及外界公眾網路，極有可能被竊聽或劫奪，除非連線另行加密保護。
  4. 可過濾、監視網路上的封包與通聯狀況，但無法防止病毒入侵，最好同時使用防毒軟體及防惡意程式，才能達到保護電腦的效果。
  5. 防火牆如果沒有合適的設定，則無法發揮過濾阻擋功效。
- 企業的防火牆可阻止之資料包括：
  1. 外部進入的 telnet 封包。
  2. 外部進入但位址標示爲內部的封包。
  3. 外部進入且目的位址是防火牆的封包，但不應該拒絕外部進入的 HTTP 封包。

小試身手

63. (　　) 關於「防火牆」之敘述中，下列何者不正確？　①防火牆無法防止內賊對內的侵害，根據經驗，許多入侵或犯罪行爲都是自己人或熟知內部網路佈局的人做的　②防火牆基本上只管制封包的流向，它無法偵測出外界假造的封包，任何人皆可製造假的來源住址的封包　③防火牆無法確保連線的可信度，一旦連線涉及外界公眾網路，極有可能被竊聽或劫奪，除非連線另行加密保護　④防火牆可以防止病毒的入侵。 [69]

64. (　　) 可過濾、監視網路上的封包與通聯狀況，達到保護電腦的軟體爲何？　①防毒軟體　②防火牆　③瀏覽器　④即時通。 [91]

65. (　　) 有關「防火牆」敘述，下列何者正確？　①企業使用，個人電腦中無法使用　②有了防火牆，電腦即可得到絕對的安全防護　③防火牆如果沒有合適的設定則無法發揮過濾阻擋功效　④防火牆可以修補系統的安全漏洞。 [115]

解 62.(3)　63.(4)　64.(2)　65.(3)

66. (　　) 企業的防火牆通常不應該拒絕下列哪種封包？ ①外部進入的 telnet 封包 ②外部進入但位址標示為內部的封包 ③外部進入的 HTTP 封包 ④外部進入且目的位址是防火牆的封包。 [128]

67. (　　) 下列有關網路防火牆（Firewall）的敘述，何者正確？ ①用來防止駭客入侵的防護機制 ②壓縮與解壓縮技術 ③資料加解密技術 ④電子商務的線上付款機制。 [145]

社交工程

- 社交工程是指利用與他人的合法交流，來使其心理受到影響，做出某些動作或者是透露一些機密資訊的方式。它通常被認為是欺詐他人以收集資訊、行騙和入侵電腦系統的行為，且是利用人際互動與人性弱點所發展出來的攻擊手法。
- 造成因素：社交工程造成資訊安全威脅的主要原因，在於惡意人士不需要具備頂尖的電腦專業技術，即可輕易地避過企業的軟硬體安全防護。
- 可能影響：社交工程與零時差攻擊結合，是政府機關公務內部網路系統資訊遭竊的最主要威脅來源。
- 防範電子郵件社交工程的措施：1. 安裝防毒軟體，確實更新病毒碼。2. 確認信件是否來自來往單位。3. 取消信件預覽功能。制訂企業資訊安全政策及禁止使用非法郵件軟體，並沒有辦法防範社交工程問題發生。
- 常見攻擊手法包括：1. 郵件仿冒或偽裝。2. 網路釣魚。3. 電話詐騙個人資訊。

※ 網路釣魚是透過電子郵件（E-mail）引導收件者至詐騙網站，以竊取個人資料。

小試身手

68. (　　) 社交工程造成資訊安全極大威脅的原因在於下列何者？ ①破壞資訊服務可用性，使企業服務中斷 ②隱匿性高，不易追查惡意者 ③惡意人士不需要具備頂尖的電腦專業技術即可輕易地避過了企業的軟硬體安全防護 ④利用通訊埠掃描 (Port Scan) 方式，無從防範。 [93]

69. (　　) 政府機關公務內部網路系統資訊遭竊的最主要威脅來自下列何者？ ①社交工程與位址假造 ②社交工程與零時差攻擊結合 ③國際恐怖分子與國內政治狂熱者 ④實體安全防護不佳。 [94]

解 2006 年 4 月，國家資通安全會報技術服務中心發佈漏洞預警，發現駭客使用未公開的 MS-Office 弱點設計及散播惡意電子郵件，結合社交工程與零時差攻擊，嚴重威脅政府機關公務內部網路系統。

70. (　　) 下列何者不是防範電子郵件社交工程的有效措施？ ①安裝防毒軟體，確實更新病毒碼 ②確認信件是否來自來往單位 ③取消信件預覽功能 ④制訂企業資訊安全政策，禁止使用非法郵件軟體。 [101]

71. (　　) 「社交工程 (social engineering)」是一種利用下列何種特性所發展出來的攻擊手法？ ①通訊協定的弱點 ②人際互動與人性弱點 ③作業系統的漏洞 ④違反資料機密性 (Confidentiality) 的要求。 [106]

解 66.(3)　67.(1)　68.(3)　69.(2)　70.(4)　71.(2)

72.(　　) 下列哪一項不屬於「社交工程攻擊」手法？ ①郵件仿冒或僞裝 ②針對帳號密碼採行字典攻擊法 ③網路釣魚 ④電話詐騙個人資訊。 [116]

解 針對帳號密碼採行字典攻擊法，常用字集破解密碼。

提升系統安全的方法

- 虛擬私人網路（VPN，Virtual Private Network）：是一種常用於連接中、大型企業或團體與團體間的私人網路的通訊方法。它利用隧道協定（Tunneling Protocol）來達到傳送端認證、訊息保密與準確性等功能。採用原理爲：
  1. 穿隧技術（在不相容的網路上傳輸資料，或在不安全網路上提供一個安全路徑）。
  2. 加解密技術。
  3. 使用者與設備鑑別技術（例如證件驗證、生物特性驗證、通行密碼驗證）。
- 作業系統安裝的安全考量應包括：
  1. 安裝合法的軟體。
  2. 安裝作業系統修補套件。
  3. 預設環境設定中不安全因素的修改檢驗。
- 入侵偵測與防禦系統（Intrusion Detection and Prevention Systems，IDPS）：是一種計算機網路安全設施，可做爲防病毒軟體和防火牆的補強。入侵預防系統是一部能夠監視網路或網路裝置的網路資料傳輸行爲的計算機網路安全裝置，能夠即時中斷、調整或隔離一些不正常或是具有傷害性的網路資料傳輸行爲。偵測方法爲：
  1. 比對惡意攻擊的特徵：將各種已知的入侵模式或攻擊行爲特徵建成資料庫，用來分析比對來源資料是否有這類模式，若有，則判斷其爲入侵。這種偵測方法需要不斷更新新的入侵模式。
  2. 分析異常的網路活動：先建立使用者的正常行爲模式，定義正常的標準值，若偵測到某些行爲超過該標準值，則判定有入侵行爲發生。
  3. 偵測異常的通訊協定狀態：預先定義各種正常的通訊協定狀態資料，並將觀察到的事件與之比對，看看是否有行爲偏離。
- 強化網頁伺服器安全：1. 伺服器只安裝必要的功能模組。2. 封鎖不良使用者的 IP。3. 使用防火牆使其只能於組織內部存取。

小試身手

73.(　　) 下列何者並非「虛擬私人網路 (VPN，Virtual Private Network)」採用的技術原理？ ①穿隧技術 ②加解密技術 ③備援技術 ④使用者與設備身份鑑別技術。 [97]

74.(　　) 下列對安裝作業系統時的安全考量，何者爲不適當的處理？ ①作業系統軟體的合法性 ②作業系統修補套件的安裝處理 ③作業系統軟體的破解版備份 ④預設環境設定中不安全因素的修改檢驗。 [104]

75.(　　) 下列何者不是入侵偵測與防禦系統 (IDPS) 的安全事件偵測方法？ ①比對惡意攻擊的特徵 ②分析異常的網路活動 ③偵測異常的通訊協定狀態 ④確認使用者的權限。 [124]

解 72.(2)　73.(3)　74.(3)　75.(4)

76. (　　) 下列何種作法無法強化網頁伺服器的安全？ ①伺服器只安裝必要的功能模組 ②封鎖不良使用者的 IP ③使用防火牆使其只能於組織內部存取 ④組織的所有電腦均使用 Intel CPU。 [126]

其他

- 記憶體滲漏：用完的記憶體未釋放，起源於作業系統錯誤、應用程式錯誤、驅動程式錯誤等。
- NTFS 權限：一個特別爲網路和磁碟配額、文件加密等管理安全特性設計的磁碟格式。NTFS 是以「簇」爲服務機構來儲存資料文件，但 NTFS 中，簇的大小並不依賴於磁碟或分區的大小。縮小簇的尺寸不但可以降低磁碟空間的浪費，還減少了產生磁碟碎片的可能。NTFS 支援文件加密管理功能，可爲用戶提供更高層次的安全保證。NTFS 可設定資料夾與檔案的權限，子資料夾可繼承父資料夾權限，但無設定副檔名權限。
- BotNet 攻擊（殭屍電腦）：是指接入網際網路受惡意軟體感染後，受控於駭客的電腦。其可以隨時按照駭客的命令與控制指令展開阻斷服務（DoS）攻擊或傳送垃圾資訊、竊取他人個資。通常，一部被侵佔的電腦只是殭屍網路裡眾多殭屍電腦中的一個，會被用來執行一連串的或遠端控制的惡意程式。一般電腦的擁有者都沒有察覺到自己的系統已經被「殭屍化」，就彷彿是沒有自主意識的殭屍一般。

小試身手

77. (　　) 下列何者不是發生電腦系統記憶體滲漏 (Memory Leak) 的可能肇因？ ①作業系統有錯誤 ②應用程式有錯誤 ③網路卡故障 ④驅動程式有錯誤。 [129]

78. (　　) Windows 作業系統不可以替下列何者指定 NTFS 權限？ ①副檔名 ②檔案 ③資料夾 ④子資料夾。 [143]

79. (　　) 駭客遙控大量的「殭屍電腦」來濫發垃圾郵件、竊取他人個資等不法行爲，這種手法稱爲？ ①木馬攻擊 ② BotNet 攻擊 ③零時差攻擊 ④網路釣魚攻擊。 [151]

解 木馬攻擊：木馬程式其實是一種惡性程式，和病毒最大的不同是，特洛伊木馬通常不會自我複製，大多用來竊取電腦密碼。它類似一種遠端管理工具，本身不帶傷害性，也沒有感染力。BotNet 攻擊：駭客遙控大量的「殭屍電腦」來濫發垃圾郵件、竊取他人個資等不法行爲。零時差攻擊：駭客發現軟體的安全漏洞後，趁廠商尚未進行修補時，立刻進行攻擊。網路釣魚攻擊：使用垃圾郵件、惡意網站、電子郵件及即時通訊來誘騙人們洩漏機密資訊，例如：銀行與信用卡帳戶。

資料安全防護

- 資料外洩：資料外洩是一種資安事件，惡意內部人員或外部攻擊者未經授權存取機密資料或敏感資訊，例如病歷、財務資訊或個人身分資料。資料外洩是最常見且代價最高的網路安全事件之一。資料外洩破壞了「資訊安全」中機密性（Confidentiality）的面向。

解 76.(4) 77.(3) 78.(1) 79.(2)

- 資料備份：可避免電腦中重要資料意外被刪除，常見做法為尋找第二安全儲存空間，包括：1. 尋求專業儲存公司合作。2. 存放在另一堅固建築物內。3. 使用防火保險櫃。
- 變動日誌：資訊系統或設備在連線和運作時所產生的紀錄。俗話說：「凡走過必留下痕跡」，藉由 Log 的收集和分析過程，可以讓 IT 人員監控系統運作及資料異動的狀態，分析資料存取行為和使用者的作業活動。另外，為了防止資料庫遭破壞後無法回復，除了定期備份外，也須隨時記錄變動日誌（Log）檔。

小試身手

80. (　　) 資料備份的常見做法為尋找第二安全儲存空間，其作法不包括？　①尋求專業儲存公司合作　②存放另一堅固建築物內　③儲存在同一部電腦上　④使用防火保險櫃。　[18]

81. (　　) 為了防止資料庫遭破壞後無法回復，除了定期備份外，尚須做下列哪一件事？　①管制使用　②人工記錄　③隨時記錄變動日誌 (Log) 檔　④程式修改。　[23]

82. (　　) 為了避免電腦中重要資料意外被刪除，我們應該？　①嚴禁他人使用該部電腦　②安裝保全系統　③將資料內容全部列印為報表　④定期備份。　[48]

83. (　　) 「資料外洩」是破壞了「資訊安全」中的哪一面向？　①可用性 (Availability)　②機密性 (Confidentiality)　③不可否認性 (Non-repudiation)　④完整性 (Integrity)。　[86]

資料安全防護措施

- 磁碟防護方法：1. 應經常備份磁碟資料。2. 在執行程式過程中，重要資料分別存在硬碟及碟片上。3. 備份磁片存放於不同地點。
- 不正確的行為：1. 經常對磁碟做格式化動作（Format）並無法防護資料安全。2. 程式正在對磁碟寫資料時，重新開機會造成檔案被破壞的可能性。
- 資料檢驗與安全保護措施：
  1. 身分證字號的最後一碼是用來做為檢查號碼的正確性。
  2. 資料安全的第一道保護措施為使用者密碼。
  3. 相關安全措施為：a. 電路安全系統。b. 投保產物險。c. 消防設施。

  工作人員意外險與資料安全措施無關。
- 資料加密：為避免文字檔案被任何人讀出，可進行加密（Encrypt）的動作，但必須給予 Key（如 RSA、AES、DES）才能加密，此方法最能確保通訊資料的安全性。在公開金鑰密碼系統中，加密可讓資料傳送時以亂碼呈現，且傳送者無法否認其傳送行為，但需要使用接收者的公鑰及傳送者的私鑰同時加密才能達成。

小試身手

84. (　　) 下列哪一項無法有效避免電腦災害發生後的資料安全防護？　①經常對磁碟作格式化動作 (Format)　②經常備份磁碟資料　③在執行程式過程中，重要資料分別存在硬碟及碟片上　④備份檔案存放於不同地點。　[29]

解 80.(3)　81.(3)　82.(4)　83.(2)　84.(1)

85. (　　) 下列哪一項動作進行時，重新開機會造成檔案被破壞的可能性？ ①程式正在計算 ②程式等待使用者輸入資料 ③程式從磁碟讀取資料 ④程式正在對磁碟寫資料。 [30]

86. (　　) 身分證字號的最後一碼是用來做為下列哪一種檢驗？ ①範圍 ②總數 ③檢查號碼的正確性 ④一致性。 [35]

87. (　　) 下列何者不屬於保護電腦資料的安全措施？ ①工作人員意外險 ②電路安全系統 ③投保產物險 ④消防設施。 [37]

88. (　　) 網路系統中資料安全的第一道保護措施為何？ ①使用者密碼 ②目錄名稱 ③使用者帳號 ④檔案屬性。 [47]

89. (　　) 為了避免文字檔案被任何人讀出，可進行加密 (Encrypt) 的動作 。在加密時一般是給予該檔案？ ①存檔的空間 ②個人所有權 ③ Key ④ Userid。 [49]

90. (　　) 下列何者最能確保通訊資料的安全性？ ①壓縮資料 ②備份資料 ③分割資料 ④加密資料。 [131]

91. (　　) 公開金鑰密碼系統中，要讓資料傳送時以亂碼呈現，並且傳送者無法否認其傳送行為，需要使用哪兩個金鑰同時加密才能達成？ ①傳送者及接收者的私鑰 ②傳送者及接收者的公鑰 ③接收者的私鑰及傳送者的公鑰 ④接收者的公鑰及傳送者的私鑰。 [132]

92. (　　) 下列何者不是加密法？ ① AES ② DES ③ NAS ④ RSA。 [137]

資料入侵

- Directory listing（目錄瀏覽弱點）：起因於網站設定不良，駭客可瀏覽目錄下所有的檔案，目前無法以過濾輸入參數的方式來防禦此類攻擊。
- SQL injection（資料隱碼攻擊）：指 SQL 語法上的漏洞，藉由特殊字元，改變語法上的邏輯，駭客就能取得資料庫的所有內容。發生的主要原因為程式缺乏輸入驗證（與使用者無關），攻擊時可跳過驗證並入侵系統，造成資料庫資料遭竄改或外洩。防禦方法：
  1. 對字串過濾並限制長度。
  2. 加強資料庫權限管理，不以系統管理員帳號連結資料庫。
  3. 對使用者隱藏資料庫管理系統回傳的錯誤訊息，以免攻擊者獲得有用資訊（在程式碼中標示註解並無法達到防禦效果）。

小試身手

93. (　　) 下列哪一項攻擊無法藉由過濾輸入參數來防禦？ ① Directory listing ② SQL injection ③ Cross site scripting ④ Command injection。 [102]

解 Directory listing 目錄列表：是指伺服器設定不當，駭客可列出網站目錄下的機密檔案。SQL injection：資料隱碼攻擊。Cross site scripting 跨網站指令碼。Command injection：命令注入弱點。

解 85.(4) 86.(3) 87.(1) 88.(1) 89.(3) 90.(4) 91.(4) 92.(3) 93.(1)

94. ( ) 下列何者不是「資料隱碼攻擊 (SQL injection)」的特性？ ①爲使用者而非開發程式者造成 ②造成資料庫資料遭竄改或外洩 ③主要原因爲程式缺乏輸入驗證 ④可跳過驗證並入侵系統。 [110]

95. ( ) 下列何者不是資料隱碼攻擊 (SQL Injection) 的防禦方法？ ①對字串過濾並限制長度 ②加強資料庫權限管理，不以系統管理員帳號連結資料庫 ③對使用者隱藏資料庫管理系統回傳的錯誤訊息，以免攻擊者獲得有用資訊 ④在程式碼中標示註解。 [121]

破解密碼

- 窮舉攻擊法：不斷嘗試不同組合的密碼進行密碼破解，直到正確爲止。
- 字典攻擊法：駭客準備一些詞庫或字庫，以此著手猜解密碼，以縮短破解時間。
- 彩虹表攻擊法：使用預先計算的方法（函數）搜尋密碼，如使用預先準備好的查找表進行搜索，以減少 CPU 運算時間。

小試身手

96. ( ) 下列何者不是通關密碼的破解方法？ ①窮舉攻擊 ②字典攻擊 ③彩虹表攻擊 ④ RGB 攻擊。 [122]

97. ( ) 包含可辨識單字的密碼，容易受到哪種類型的攻擊？ ① DDoS 攻擊 ②字典攻擊 ③雜湊攻擊 ④回放攻擊。 [134]

解 DDoS 攻擊：發動多台電腦同時攻擊同一部主機。字典攻擊：將字典裡面所查得到的任何單字或片語都輸入在程式中，然後使用該程式一個一個的去嘗試破解密碼。雜湊攻擊：竊取並重複使用密碼雜湊值，而不是實際的原始資料密碼，然後使用這些密碼來驗證網路中的其他電腦。回放攻擊：攻擊者發送一個目的主機已接收過的封包，來達到欺騙系統的目的，主要用於身分認證過程，破壞認證的正確性。

身分驗證

- 身爲資訊管理師，當使用者來電要求變更密碼，應該先驗證使用者的身分，才能進行相關處理。
- 數位憑證（簽名）：必須具備數位 ID 或在 Acrobat 或 Adobe Reader 中建立自簽數位 ID。數位 ID 包含私人密鑰以及公共密鑰和其他資訊的認證，可用來辨識認證對象的身分。其功能爲：1. 證明了信的來源。2. 可檢測信件是否遭竄改。3. 發信人無法否認曾發過信。

小試身手

98. ( ) 下列何者不是「數位簽名」的功能之一？ ①證明了信的來源 ②做爲信件分類之用 ③可檢測信件是否遭竄改 ④發信人無法否認曾發過信。 [70]

99. ( ) 如果您是某地方法院的資訊管理師，某位自稱王書記官的使用者來電要求變更密碼，您應該優先做何種處置？ ①提供新的密碼 ②驗證使用者的身分 ③替使用者更換電腦 ④中斷使用者電腦的網路連線。 [135]

解 94.(1) 95.(4) 96.(4) 97.(2) 98.(2) 99.(2)

100.(　　) 下列有關數位憑證的敘述，何者正確？ ①只能由警察局核發 ②可用來辨識認證對象的身分 ③自然人憑證不屬於數位憑證 ④自然人憑證只有公司行號能申請，個人無法申請。 [147]

區塊鏈

■ 區塊鏈是一個「去中心化的分散式資料庫」，透過集體維護，讓區塊鏈裡面的資料更可靠。或是可以把它理解成是一個全民皆可參與的電子記帳本，一筆一筆的交易資料都可以被記錄。區塊鏈技術可以說是互聯網時代以來，最具顛覆性的創新技術，依靠複雜的密碼學來加密資料，再透過巧妙的數學分散式演算法，讓互聯網最讓人擔憂的安全信任問題，可以在不需要第三方介入的前提下，讓使用者達成共識，以非常低的成本解決了網路上信任與資料價值的難題。其特性為：

1. 透過共識決策機制來達成認證。
2. 因多台網路主機存在需要，故而產生區塊（需有一致性）。
3. 以雜湊演算法執行加密，以進行資料認證（顧及安全性）。
4. 可使用 AES、DES（相同金鑰）或 RSA（一對金鑰）來加解密。

■ 區塊鏈的安全技術：

1. 運用時間戳記來記錄交易。
2. 使用橢圓曲線法來進行複雜加密處理。
3. 將資料建成鏈狀，再以雜湊來建構資料集與資料集之關連（並非以資料切割分開存放在不同主機）。

小試身手

101.(　　) 下列那一項不屬於區塊鏈技術可以達到的安全效果？ ①運用時間戳記來記錄交易 ②以資料切割分開存放在不同主機 ③使用橢圓曲線法來進行複雜加密處理 ④將資料建成鏈狀，再以雜湊來建構資料集與資料集之關鏈。 [25]

102.(　　) 下列那一項是區塊鏈用來達到認證的機制？ ①電子憑證 ②共識決 ③密碼 ④ kerberos 認證機制。 [59]

103.(　　) 下列那一項區塊鏈技術的描述不正確？ ①使用最少的資源來達到最安全的效果 ②仰賴多台網路主機來協助產生區塊 ③區塊是以被雜湊的加密和雜湊演算法來執行 ④每一項交易都需要進行資料認證。 [117]

其他

■ 按鍵記錄器可以在使用者不知情的情況下非法進行密碼收集。

解 100.(2)　101.(2)　102.(2)　103.(1)

小試身手

104.(　　) 下列何者可以在使用者不知情的情況下收集密碼？　①按鍵記錄器　②鍵盤驅動程式　③藍芽接收器　④滑鼠驅動程式。 [133]

程式安全防護

- 入侵偵測方法
  1. 特徵偵測：針對入侵特徵建立「異常資料庫」，當偵測到的特徵與資料庫某個特徵相符時，即判別爲入侵（儲存異常狀況資料）。
  2. 異常偵測：運用統計分析的方式，先定義出正常的系統模式，當檢測出不符合正常模式的流量時，即判定爲異常（儲存正常狀況資料）。
  3. 黑名單與白名單：將已知有風險者記入黑名單，已知安全者記入白名單，可以有效降低入侵偵測系統（IDS）的誤判機率。
- DNS-Poisoning：DNS Cache-Poisoning Attacks，DNS 快取下毒攻擊模式，駭客所攻擊的是負責提供 DNS 的中繼伺服器，入侵裡面的系統，並且僞造定義域名的 IP 位址記錄（插入錯誤訊息），藉以將網站訪問者引導到攻擊者所設立的伺服器，以達到竊取機密的目的。

小試身手

105.(　　) 入侵偵測方法中，相較於特徵偵測 (Signature-Based Detection)，異常偵測 (Anomaly-Based Detection) 的好處爲何？　①偵測比較準確　②可以偵測未知的威脅　③速度較快　④可以做到即時偵測。 [136]

106.(　　) 下列哪種方法可以有效降低入侵偵測系統 (IDS) 的誤判機率？　①優化通知的優先順序　②將已知有風險者記入黑名單，已知安全者記入白名單　③更多元的警示方式　④修改 IDS，讓它更符合組織的安全政策。 [138]

107.(　　) 下列何種駭客手法是在 DNS 伺服器插入錯誤訊息，藉以將網站訪問者引導到其它網站？　① DNS-Poisoning　② DNS-Hijacking　③ DNS-Cracking　④ DNS-Injection。 [141]

單元二　電子交易與電子郵件安全

Web 安全協定

- PCT：私人通訊技術協定，是 Microsoft 推出的傳輸加密協定，允許雙方協調更多的加密演算法。功能與結構可視爲 SSL 的改良版，主要差別在於連線之初雙方的 Handshake（交握）程序，步驟及訊息構造較 SSL 簡潔。
- S-HTTP：安全超文字傳輸協定，爲 HTTP 協定的延伸，是爲 HTTP 加密通訊而設計，僅適用於 HTTP 連線上，可提供通訊保密、身分識別、可信賴的資料傳輸服務及數位簽名等。

解 104.(1)　105.(2)　106.(2)　107.(1)

- SET：安全電子交易協議，是由 Master Card 和 Visa 聯合 Netscape 及 Microsoft 等公司，於 1997 年 6 月 1 日推出的一種電子支付模型。SET 協議是 B2C 上基於信用卡支付模式而設計的，它保證了開放網路上使用信用卡進行線上購物的安全。SET 主要是為了解決用戶、商家、銀行之間通過信用卡的交易而設計的，它具有保證交易數據的完整性，交易的不可否認性等種種優點，因此成為目前公認的信用卡網上交易國際標準。
- 電子錢包：用來存放與管理通訊錄及我們在網路上付費的信用卡資料，以確保交易時各項資料的儲存或傳送時的隱密性與安全性。

小試身手

108.(　　) 下列何者不是常見的「Web 安全協定」之一？ ①私人通訊技術 (PCT) 協定 ②安全超文字傳輸協定 (S-HTTP) ③電子佈告欄 (BBS) 傳輸協定 ④安全電子交易 (SET) 協定。 [71]

解 BBS 傳輸協定不具安全防護功能。

109.(　　) 下列何者是兩大國際信用卡發卡機構 Visa 及 Master Card 聯合制定的網路信用卡安全交易標準？ ①私人通訊技術 (PCT) 協定 ②安全超文字傳輸協定 (S-HTTP) ③電子佈告欄 (BBS) 傳輸協定 ④安全電子交易 (SET) 協定。 [72]

110.(　　) 下列何者是一個用來存放與管理通訊錄及我們在網路上付費的信用卡資料，以確保交易時各項資料的儲存或傳送時的隱密性與安全性？ ①電子錢包 ②商店伺服器 ③付款轉接站 ④認證中心。 [73]

電子郵件安全之正確使用習慣

- 不輕易將自己的電子郵件位址公布於網站中。
- 轉寄信件時，不要將前寄件人的收件名單引入信件中。
- 不在網站中任意留下自己的私密資料。
- 不使用電子郵件傳遞機密文件。
- 使用防毒軟體保護自己的電腦。

小試身手

111.(　　) 下列何者是好的電子郵件使用習慣？ ①收到信件趕快打開或執行郵件中的附檔 ②利用電子郵件傳遞機密資料 ③使用電子郵件大量寄發廣告信 ④不輕易將自己的電子郵件位址公佈與網站中。 [105]

112.(　　) 從資訊安全的角度而言，下列哪一種作法是不適當的？ ①轉寄信件時將前寄件人的收件名單引入信件中 ②不在網站中任意留下自己的私密資料 ③不使用電子郵件傳遞機密文件 ④使用防毒軟體保護自己的電腦。 [118]

解 108.(3) 109.(4) 110.(1) 111.(4) 112.(1)

單元三 電腦病毒

電腦病毒

- 電腦病毒是一種破壞性軟體，且是在人爲或非人爲的情況下產生的惡意破壞，在用戶不知情或未批准下，能自我複製或運行的電腦程式。
- 病毒來源：網路、電子郵件、免費軟體。製作「電腦病毒」的人，是最沒道德且是違法的行爲。
- 病毒特性：
  1. 具有寄居性、傳染性、繁殖性。
  2. 具有自行複製繁殖能力，能破壞資料檔案及干擾個人電腦系統的運作。
  3. 病毒可駐留在主記憶體中。
  4. 具特殊的隱密攻擊技術。
  5. 具自我複製的能力。
  6. 關機或重開機後病毒不會自動消失。
  7. 它可能會使程式不能執行。
  8. 病毒感染電腦後不一定會立刻發作。當病毒感染正常程式，有時須條件成立時，才會發病。
  9. 它可能會破壞硬碟中的資料。
  10. 有些病毒發作時會降低 CPU 的執行速度。
  11. 病毒會寄生在正常程式中，伺機將自己複製並感染給其他正常程式。
  12. 病毒即使發作，也可應用相關軟體及步驟進行解毒。
- 病毒感染辨識方式：檔案長度及日期改變、系統經常無故當機（或無法開機）、奇怪的錯誤訊息或演奏美妙音樂、鍵盤無法輸入等。
- 正確的防毒觀念：
  1. 使用防毒軟體仍需經常更新病毒碼。
  2. 不可隨意開啓不明來源電子郵件的附加檔案。
  3. 重要資料燒錄於光碟儲存，可避免受病毒感染及破壞。但將資料備份於不同的資料夾內，無法確保資料安全。

小試身手

113.(　　) 下列哪一種程式具有自行複製繁殖能力，能破壞資料檔案及干擾個人電腦系統的運作？ ①電腦遊戲 ②電腦病毒 ③電腦程式設計 ④電腦複製程式。 [6]

114.(　　) 下列何者不是電腦病毒的特性？ ①駐留在主記憶體中 ②具特殊的隱秘攻擊技術 ③關機或重開機後會自動消失 ④具自我拷貝的能力。 [12]

解 病毒會寄生於檔案中，不會因爲關機或重開機後而自動消失。

115.(　　) 電腦病毒的侵入是屬於？ ①機件故障 ②天然災害 ③惡意破壞 ④人爲過失。 [14]

解 113.(2) 114.(3) 115.(3)

116.(　　) 「電腦病毒」係下列何者？ ①硬體感染病菌 ②一種破壞性軟體 ③帶病細菌潛入主機 ④硬碟污垢。 [20]

117.(　　) 電腦病毒通常不具有下列哪一項特性？ ①寄居性 ②傳染性 ③繁殖性 ④抵抗性。[32]

118.(　　) 電腦病毒的發作，是由於？ ①操作不當 ②程式產生 ③記憶體突變 ④細菌感染。[34]

119.(　　) 下列何者不是電腦感染病毒的現象？ ①檔案長度無故改變 ②無法開機 ③電源突然中斷 ④鍵盤無法輸入。 [46]

解 電源突然中斷通常是電源供應器的問題。

120.(　　) 所謂的「電腦病毒」其實是一種？ ①資料 ②黴菌 ③毒藥 ④程式。 [53]

121.(　　) 製作「電腦病毒」害人的人，是怎樣的行爲？ ①最沒道德且違法 ②有研究精神 ③有創造思考能力 ④偶像。 [57]

122.(　　) 下列何者對「電腦病毒」的描述是錯誤的？ ①它會使程式不能執行 ②病毒感染電腦後一定會立刻發作 ③它具有自我複製的能力 ④它會破壞硬碟的資料。 [58]

解 病毒感染電腦後不一定會立刻發作，可能特定日子才會發作。

123.(　　) 下列何者不是電腦病毒的特性？ ①病毒一旦病發就一定無法解毒 ②病毒會寄生在正常程式中，伺機將自己複製並感染給其它正常程式 ③有些病毒發作時會降低 CPU 的執行速度 ④當病毒感染正常程式中，並不一定會立即發作，有時須條件成立時，才會發病。 [66]

解 電腦病毒一旦病發，仍然有可能解毒。

124.(　　) 下列何者較不可能爲電腦病毒之來源？ ①網路 ②原版光碟 ③電子郵件 ④免費軟體。 [74]

125.(　　) 下列何者無法辨識是否被病毒所感染？ ①檔案長度及日期改變 ②系統經常無故當機 ③奇怪的錯誤訊息或演奏美妙音樂 ④系統執行速度變快。 [76]

解 通常中毒系統執行速度變慢。

126.(　　) 防毒軟體的功能不包含下列何者？ ①即時偵測電腦病毒 ②掃描檔案是否有電腦病毒 ③處理中電腦病毒的檔案 ④備份中毒檔案。 [113]

127.(　　) 下列何種觀念敘述不正確？ ①使用防毒軟體仍需經常更新病毒碼 ②不可隨意開啓不明來源電子郵件的附加檔案 ③重要資料燒錄於光碟儲存，可避免受病毒感染及破壞 ④將資料備份於不同的資料夾內，可確保資料安全。 [152]

電腦病毒的類型

- 開機型病毒：比作業系統先一步被讀入記憶體中，在開機過程中佈下陷阱，並伺機對其他欲做讀寫動作的磁片感染病毒（暗中傳染病毒），也就是開機後，即有病毒侵入記憶體。大腦病毒（Brain）屬於此類型病毒。
- 檔案型病毒：將原執行檔程式的程序中斷，佈下陷阱後，再回頭繼續執行原始程式的病毒。此類型病毒通常會附著於 xxx.exe（執行檔）檔案上，並隨著檔案的執行載入記憶體。

解 116.(2) 117.(4) 118.(2) 119.(3) 120.(4) 121.(1) 122.(2) 123.(1) 124.(2) 125.(4) 126.(4) 127.(4)

- 頑皮性病毒：具有感染及複製能力，不進行破壞工作，但會干擾系統之運作及使用者之工作（如降低作業速度、搗亂螢幕等）。如「二隻老虎」會唱歌干擾使用者的工作。
- 巨集型病毒：利用應用程式本身的巨集程式設計語言來自行散播的電腦病毒。 這些巨集可能會造成文件或其他電腦軟體的損害。巨集病毒可感染 Word 檔案以及使用程式設計語言的其他任何應用程式，但不會感染程式，而是感染文件和範本。
- 特洛伊木馬病毒：1. 會破壞資料。2. 不會感染其他檔案。3. 會竊取使用者密碼。4. 病毒不會自我複製。
- 一般而言，由於病毒程式的寄居，中毒的檔案通常會變大。但若主記憶體無毒，此時 COPY 無毒的檔案到磁片，並不會使磁片中毒。

小試身手

128.(　　) 「大腦病毒 (Brain)」屬於何型病毒？ ①混合型 ②作業系統型 ③程式檔案型 ④開機型病毒。 [7]

解 整句修正爲 (注意標點符號)：
大腦病毒是在 1986 年 1 月發布的電腦病毒，並且是在 MS-DOS 上第一個病毒，它會侵入電腦開機磁區裡的 DOS File Allocation Table (FAT) 檔案系統。

129.(　　) 電腦螢幕上出現「兩隻老虎」唱歌，但不會破壞檔案的病毒爲？ ①惡性病毒 ②良性病毒 ③頑皮性病毒 ④開機型病毒。 [8]

130.(　　) 關於「電腦病毒」的敘述中，下列何者有誤？ ①開機型病毒，開機後，即有病毒侵入記憶體 ②中毒的檔案，由於病毒程式的寄居，檔案通常會變大 ③主記憶體無毒，此時 COPY 無毒的檔案到隨身碟，將使隨身碟中毒 ④檔案型病毒，將隨著檔案的執行，載入記憶體。 [22]

131.(　　) 檔案型病毒會附著於下列何種檔案上？ ① xxx.bat ② xxx.exe ③ xxx.sys ④ xxx.txt。 [31]

解 xxx.bat、xxx.sys、xxx.txt 均爲文字檔，因此不會感染檔案型病毒。檔案型病毒僅會感染執行檔，包括 xxx.exe、xxx.com 或 Overlay 檔。

132.(　　) 比作業系統先一步被讀入記憶體中，並伺機對其他欲做讀寫動作的磁碟感染病毒，此種是屬於下列哪一型病毒的特徵？ ①檔案非常駐型病毒 ②開機型病毒 ③檔案常駐型病毒 ④木馬型病毒。 [43]

133.(　　) 在開機過程中佈下陷阱，暗中傳染病毒的是？ ①磁碟機病毒 ②記憶體病毒 ③開機型病毒 ④檔案型病毒。 [54]

134.(　　) 將原執行檔程式的程序中斷，佈下陷阱後，再回頭繼續原始程式的可能病毒爲下列哪一種？ ①記憶體病毒 ②開機型病毒 ③檔案型病毒 ④磁碟機病毒。 [55]

135.(　　) 下列何者不是電腦病毒的分類之一？ ①開機型病毒 ②檔案型病毒 ③加值型病毒 ④巨集型病毒。 [75]

136.(　　) 下列何者不是「特洛伊木馬 (Trojan Horse)」的特徵？ ①會破壞資料 ②會自我複製 ③不會感染其他檔案 ④會竊取使用者密碼。 [85]

解 128.(4)　129.(3)　130.(3)　131.(2)　132.(2)　133.(3)　134.(3)　135.(3)　136.(2)

防毒軟體

- 防毒軟體的功能：即時偵測電腦病毒、掃描檔案是否有電腦病毒、處理中電腦病毒的檔案。
- 防毒軟體的設計方式
  1. 掃描式：將新發現的病毒加以分析後、據其特徵，編成病毒碼，加入資料庫中。以後每當執行掃毒程式時，便能立刻掃描程式檔案，並做病毒碼比對，即能偵測到是否有病毒。
  2. 檢查碼式：對檔案進行掃描後，可以將正常檔案的內容，計算其校驗和，將該校驗和寫入檔案中或寫入別的檔案中儲存；在檔案使用過程中，定期地或每次使用檔案前，檢查檔案現在內容算出的校驗和與原來儲存的校驗和是否一致，因而可以發現檔案是否感染病毒。
  3. 推測病毒行爲模式：透過對病毒多年的觀察、研究，發現有一些行爲是病毒的共同行爲，而且比較特殊，在正常程式中，這些行爲比較罕見。當程式執行時，監視其行程中的各種行爲，如果發現了病毒行爲，立即警示。
     (1) 優點：可發現未知病毒、可相當準確地預報未知的多數病毒。
     (2) 缺點：可能會錯誤警示、不能辨識病毒名稱、有一定實現難度、需要用戶的參與判斷。
  4. 探索法防毒軟體：採用先進的啓發探索法來發現新的威脅，應用簽名的掃描來發現已知威脅及未知威脅（包括病毒、間諜軟體，甚至 Phishing 攻擊）的防範能力，可偵測全新的病毒。

小試身手

137.(　　) 防毒軟體可分爲三種設計方式，下列哪一項不屬之？ ①抽查式的防毒軟體 ②掃描式的防毒軟體 ③檢查碼式的防毒軟體 ④推測病毒行爲模式的防毒軟體。 [67]

138.(　　) 相較於特徵比對法，下列何者是使用探索法防毒軟體的優點？ ①對於識別已知惡意程式相當有效 ②擅長偵測已知病毒的變形、變種 ③可有效降低誤殺率 ④可以偵測全新的病毒。 [139]

電腦病毒傳染

- 病毒可透過磁片、光碟片、隨身碟或網路（如上網瀏覽網頁）傳染。
- 感染檔案：病毒除了可依附於 xxx.exe 檔案類型外，也可能感染資料檔（如 Word 檔），一部硬碟也可能同時感染數種不同病毒。
- 預防措施：
  1. 常用掃毒程式偵測，有毒即將之清除。
  2. 不使用來路不明的磁片，且不與他人交流各種軟體磁片。
  3. 3.5 吋（inch）磁片設定在防寫位置。
  4. 常做備份。
  5. 開機時執行偵毒程式。
  6. 使用原版軟體可預防感染，但不可拷貝他人有版權的軟體。

解 137.(1)　138.(4)

■ 安裝最新的防毒軟體，並不一定能確保電腦不會中毒。

小試身手

139.(　　) 關於「預防電腦病毒的措施」之敘述中，下列敘述何者錯誤？ ①常用掃毒程式偵測 ②不使用來路不明的隨身碟 ③可拷貝他人有版權的軟體 ④隨身碟設定在防寫位置。 [4]

140.(　　) 關於「預防電腦病毒的措施」之敘述中，下列何種方式較不適用？ ①常用掃毒程式檢查，有毒即將之清除 ②常與他人交流各種軟體 ③常做備份 ④開機時執行偵毒程式。 [5]

141.(　　) 下列何者是預防病毒感染的最佳途徑？ ①使用盜版軟體 ②個人電腦 (PC) 上不安裝硬碟改用光碟 ③由電子佈告欄 (BBS) 或區域網路 (LAN) 上擷取自己需用的程式 ④使用原版軟體。 [40]

142.(　　) 一部硬碟有可能會感染幾種病毒？ ①數種不同病毒 ②二種病毒 ③一種病毒 ④不會被感染。 [42]

143.(　　) 電腦病毒最主要的傳染途徑為？ ①灰塵 ②網路 ③鍵盤 ④滑鼠。 [45]

144.(　　) 下列敘述何者錯誤？ ①販賣盜版軟體是違法的行為 ②電腦病毒不可能經由光碟片來感染 ③使用並定期更新防毒軟體可以降低感染電腦病毒的機會 ④惡意製作並散播電腦病毒是違法的行為。 [146]

解 唯讀光碟是無法任意寫入的，因此不會中毒，而如果在燒錄前檔案中毒，其光碟就有機會傳染。

145.(　　) 下列有關電腦病毒的敘述及處理，何者正確？ ①關閉電腦電源，即可消滅電腦病毒 ②由於 Word 文件不是可執行檔，因此不會感染電腦病毒 ③購買及安裝最新的防毒軟體，即可確保電腦不會中毒 ④上網瀏覽網頁有可能會感染電腦病毒。 [149]

解決勒索病毒的方法

■ 定期離線備份成不同版本。

■ 使用雲端儲存服務並採取版本控制。

小試身手

146.(　　) 下列那一項為解決勒索病毒最根本的方法？ ①安裝防毒軟體 ②定期離線備份成不同版本 ③使用合法軟體 ④使用異地線上即時同步備援。 [13]

147.(　　) 使用同步式雲端儲存服務，下列那一項可以有效解決勒索病毒？ ①檔案在本地端儲存時即上傳雲端儲存 ②雲端設置自動資料複本功能，有任何更新即複製到遠端另一台儲存設備 ③版本控制 ④雲端儲存裝置加裝防毒軟體。 [15]

解 139.(3)　140.(2)　141.(4)　142.(1)　143.(2)　144.(2)　145.(4)　146.(2)　147.(3)

如何解毒

- 先關閉電源，置入乾淨無毒的系統開機片，按 Reset 鍵，重新開機後，執行解毒程式。
- 不可以溫開機方式（「按 Ctrl+Alt+Del 鍵」）重新啓動電腦，否則可能所中病毒會摧毀硬碟或磁片。

小試身手

148.(　　) 個人電腦 (PC) 之硬碟如果已感染開機型病毒時，應該如何解決？ ①先關閉電源後再開機進行解毒 ②按 Ctrl+Alt+Del 鍵溫機啓動 ③每次感染病毒就重新格式化硬碟 ④先關閉電源，以一個未感染病毒且可開機的儲存媒體由磁碟機重新開機後，再行解毒。[39]

149.(　　) 當你發現系統可能有毒時，下列哪一項是首先要做的？ ①馬上執行解毒程式 ②按 Reset 鍵重新開機後，執行解毒程式 ③置入乾淨無毒的系統開機片，按 Ctrl+Alt+Del 鍵重新開機後，執行解毒程式 ④置入乾淨無毒的系統開機片，按 Reset 鍵，重新開機後，執行解毒程式。[21]

150.(　　) 如果電腦記憶體中已感染病毒，這時以溫機方式「按 Ctrl+Alt+Del 鍵」重新啓動電腦的話？ ①有可能所中病毒會摧毀硬碟 ②硬碟中資料一定會被清除 ③可清除感染的病毒 ④做檔案備份時病毒才會發作。[41]

其他

- 唯讀檔案的特性：用 DIR（顯示目錄）命令可看到其檔案名稱、不可用 DEL 刪除、能看到其內容。
- 軟體套數合法性：公司有幾部電腦，就應買幾套相對應的軟體（如 50 部電腦，則須購置 50 套軟體）。
- Redundancy：容錯式磁碟陣列（Redundant Array of Independent Disks，RAID），利用虛擬化儲存技術把多個硬碟組合起來，成為一個或多個硬碟陣列組，目的為提升效能或資料冗餘（Redundancy），或是兩者同時提升。RAID 把多個硬碟組合成一個邏輯硬碟，因此，作業系統只會把它當作一個實體硬碟。在運作中，取決於 RAID 層級不同，資料會以多種模式分散於各個硬碟。RAID 層級的命名會以 RAID 開頭並帶數字，例如：RAID 0、RAID 1、RAID 5、RAID 6、RAID 7、RAID 01、RAID 10、RAID 50、RAID 60。每種等級都有其理論上的優缺點，不同的等級在兩個目標間取得平衡，分別是增加資料可靠性以及增加記憶體（群）讀寫效能。RAID 0 亦稱為帶區集。它將兩個以上的磁碟並聯起來，成為一個大容量的磁碟。在存放資料時，分段後分散儲存在這些磁碟中，因為讀寫時都可以並列處理，所以在所有的級別中，RAID 0 的速度是最快的。但是 RAID 0 既沒有冗餘功能，也不具備容錯能力，如果一個磁碟（物理）損壞，所有資料都會遺失，危險程度相對較高。

解 148.(4)　149.(4)　150.(1)

小試身手

151.(　　) 若某公司內部存在 100 名員工、50 部個人電腦、20 部印表機、且運作時須特定軟體「Windows」方可運作，則至少應採購幾套此一特定軟體的授權？ ① 20 套 ② 1 套 ③ 100 套 ④ 50 套。 [33]

152.(　　) 關於「唯讀檔案」的特性，何者不正確？ ①能變更其內容 ②用 DIR 命令可看到其檔案名稱 ③不可用 DEL 刪除 ④能看到其內容。 [56]

解 唯讀（Read-Only）檔案：僅能被讀取，無法存入或刪除。

153.(　　) 下列何者沒有 Redundancy？ ① RAID 0 ② RAID 1 ③ RAID 10 ④ RAID 3。 [140]

解 151.(4) 152.(1) 153.(1)

第二篇

共同科目

90006　職業安全衛生
90007　工作倫理與職業道德
90008　環境保護
90009　節能減碳

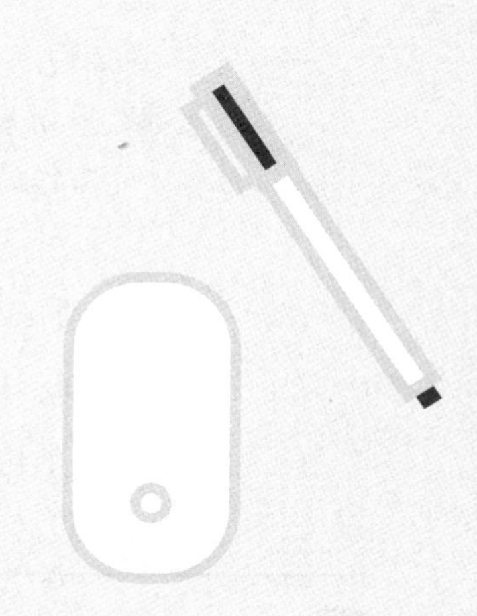

90006　職業安全衛生

1. (　　) 對於核計勞工所得有無低於基本工資，下列敘述何者有誤？　①僅計入在正常工時內之報酬　②應計入加班費　③不計入休假日出勤加給之工資　④不計入競賽獎金。

解 勞基法第2條第3款：「工資：指勞工因工作而獲得之報酬；包括工資、薪金及按計時、計日、計月、計件以現金或實物等方式給付之獎金、津貼及其他任何名義之經常性給與均屬之。」加班費並非經常性給與。

2. (　　) 下列何者之工資日數得列入計算平均工資？　①請事假期間　②職災醫療期間　③發生計算事由之前6個月　④放無薪假期間。

解 日平均工資：以計算事由發生之當日前6個月內所得工資總額，除以該期間之總日數所得之金額。工作未滿6個月者，以工作期間所得工資總額除以工作期間之總日數所得之金額。

月平均工資：事由發生前6個月工資除以6；或日平均工資乘以計算期間每月之平均日數。

3. (　　) 下列何者，非屬法定之勞工？　①委任之經理人　②被派遣之工作者　③部分工時之工作者　④受薪之工讀生。

解 事業單位之經理人依公司法所委任者，與事業單位之間爲委任關係，其受任經營事業，擁有較大自主權，與一般受僱用勞工不同，故依公司法所委任負責經營事業之經理人等，非屬勞動基準法上之勞工（勞基法第2條及公司法第8、29、192、208條）。

4. (　　) 以下對於「例假」之敘述，何者有誤？　①每7日應休息1日　②工資照給　③出勤時，工資加倍及補休　④須給假，不必給工資。

解 「例假日」：係指勞基法第36條規定，勞工每7日中至少應有1日休息之例假。勞動基準法第40條：沒有天災、事變或突發事件，雇主不得使勞工於「例假日」出勤，若因前揭原因有使勞工出勤者，該日應加倍給薪，並應給予勞工事後補假休息。

「休假日」：係指勞基法第37條規定，紀念日、勞動節日及其他由中央主管機關規定應放假之休假。即指勞基法施行細則第23條規定之國定放假日，以及涵蓋勞基法第38條規定之「特別休假」。

5. (　　) 勞動基準法第84條之1規定之工作者，因工作性質特殊，就其工作時間，下列何者正確？　①完全不受限制　②無例假與休假　③不另給予延時工資　④勞雇間應有合理協商彈性。

解 勞動基準法第84條之1規定，意旨在使部分工作性質特殊者，與雇主間有合理協商工作時間之彈性，非可使勞工之工作時間完全不受限制，或無例假與休假及不另給予延時工資。

6. (　　) 依勞動基準法規定，雇主應置備勞工工資清冊並應保存幾年？　①1年　②2年　③5年　④10年。

7. (　　) 事業單位僱用勞工多少人以上者，應依勞動基準法規定訂立工作規則？　①200人　②100人　③50人　④30人。

解 1.(2)　2.(3)　3.(1)　4.(4)　5.(4)　6.(3)　7.(4)

8. (　　) 依勞動基準法規定，雇主延長勞工之工作時間連同正常工作時間，每日不得超過多少小時？ ①10 ②11 ③12 ④15。

解 雇主延長勞工之工作時間連同正常工作時間，一日不得超過12小時；延長之工作時間，一個月不得超過46小時，但雇主經工會同意，如事業單位無工會者，經勞資會議同意後，延長之工作時間，一個月不得超過54小時，每三個月不得超過138小時。

9. (　　) 依勞動基準法規定，下列何者屬不定期契約？ ①臨時性或短期性的工作 ②季節性的工作 ③特定性的工作 ④有繼續性的工作。

解 勞動基準法中將勞動契約區分爲「不定期契約」及「定期契約」。有約定契約期間的屬於「定期契約」，沒有約定則爲「不定期契約」。一般而言，「不定期契約」對於勞工較有保障。

10. (　　) 依職業安全衛生法規定，事業單位勞動場所發生死亡職業災害時，雇主應於多少小時內通報勞動檢查機構？ ①8 ②12 ③24 ④48。

11. (　　) 事業單位之勞工代表如何產生？ ①由企業工會推派之 ②由產業工會推派之 ③由勞資雙方協議推派之 ④由勞工輪流擔任之。

12. (　　) 職業安全衛生法所稱有母性健康危害之虞之工作，不包括下列何種工作型態？ ①長時間站立姿勢作業 ②人力提舉、搬運及推拉重物 ③輪班及夜間工作 ④駕駛運輸車輛。

解 有母性健康危害之虞的工作包括：

1. 工作暴露於具有依國家標準CNS15030分類，屬生殖毒性物質、生殖細胞致突變性物質，或其他對哺乳功能有不良影響之化學品者。
2. 勞工個人工作型態易造成妊娠或分娩後哺乳期間，產生健康危害影響之工作，包括勞工作業姿勢、人力提舉、搬運、推拉重物、輪班及工作負荷等工作型態，致產生健康危害影響者。

13. (　　) 職業安全衛生法之立法意旨爲保障工作者安全與健康，防止下列何種災害？ ①職業災害 ②交通災害 ③公共災害 ④天然災害。

14. (　　) 依職業安全衛生法施行細則規定，下列何者非屬特別危害健康之作業？ ①噪音作業 ②游離輻射作業 ③會計作業 ④粉塵作業。

解 職安法第20條第1項第2款所稱特別危害健康作業，指下列作業：高溫作業、噪音作業、游離輻射作業、異常氣壓作業、鉛作業、四烷基鉛作業、粉塵作業、有機溶劑作業、使用特定化學物質之作業、黃磷之製造處置或使用作業、聯啶或巴拉刈之製造作業、其他經中央主管機關指定公告之作業。

15. (　　) 從事於易踏穿材料構築之屋頂修繕作業時，應有何種作業主管在場執行主管業務？ ①施工架組配 ②擋土支撐組配 ③屋頂 ④模板支撐。

16. (　　) 對於職業災害之受領補償規定，下列敘述何者正確？ ①受領補償權，自得受領之日起，因2年間不行使而消滅 ②勞工若離職將喪失受領補償 ③勞工得將受領補償權讓與、抵銷、扣押或擔保 ④須視雇主確有過失責任，勞工方具有受領補償權。

解 勞基法第61條之受領補償權，自得受領之日起，因二年間不行使而消滅。受領補償之權利，不因勞工之離職而受影響，且不得讓與、抵銷、扣押或供擔保。

解 8.(3)　9.(4)　10.(1)　11.(1)　12.(4)　13.(1)　14.(3)　15.(3)　16.(1)

17. (　　) 以下對於「工讀生」之敘述，何者正確？ ①工資不得低於基本工資之80% ②屬短期工作者，加班只能補休 ③每日正常工作時間得超過8小時 ④國定假日出勤，工資加倍發給。

解 依勞動基準法規定，勞工每7日應有2日之休息，其中1日爲例假，1日爲休息日，並應由雇主照給例假及休息日工資，按日或按時計酬之勞工，依法亦有上開規定之適用；也就是說，雇主仍應給付部分工時勞工例假及休息日工資。

18. (　　) 經勞動部核定公告爲勞動基準法第84條之1規定之工作者，得由勞雇雙方另行約定之勞動條件，事業單位仍應報請下列哪個機關核備？ ①勞動檢查機構 ②勞動部 ③當地主管機關 ④法院公證處。

解 依勞動基準法第84條之1規定，得由勞雇雙方另行約定工作時間、例假、休假、女性夜間工作，並報請當地主管機關核備後，不受第30條、第32條、第36條、第37條、第49條規定之限制。

19. (　　) 勞工工作時手部嚴重受傷，住院醫療期間公司應按下列何者給予職業災害補償？ ①前6個月平均工資 ②前1年平均工資 ③原領工資 ④基本工資。

解 勞動基準法第59條規定，勞工在醫療期間，如果無法工作，雇主應按照其原領工資的數額予以補償；不過，如果醫療期間屆滿二年仍未痊癒，經指定醫院診斷，審定勞工喪失原有工作能力，可是又不符合「勞工保險條例」的失能給付標準，雇主得一次給付40個月的平均工資後，免除此項工資補償責任。

20. (　　) 勞工在何種情況下，雇主得不經預告終止勞動契約？ ①確定被法院判刑6個月以內並諭知緩刑超過1年以上者 ②不服指揮對雇主暴力相向者 ③經常遲到早退者 ④非連續曠工但1個月內累計達3日以上者。

解 勞工有下列情形之一者，雇主得不經預告終止契約：

1. 於訂立勞動契約時爲虛僞意思表示，使雇主誤信而有受損害之虞者。
2. 對於雇主、雇主家屬、雇主代理人或其他共同工作之勞工，實施暴行或有重大侮辱之行爲者。
3. 受有期徒刑以上刑罰之宣告確定，而未諭知緩刑或未准易科罰金者。
4. 違反勞動契約或工作規則，情節重大者。
5. 故意損耗機器、工具、原料、產品，或其他雇主所有物品，或故意洩漏雇主技術上、營業上之秘密，致雇主受有損害者。
6. 無正當理由繼續曠工三日，或一個月內曠工達六日者。雇主依前項第1款、第2款及第4款至第6款規定終止契約者，應自知悉其情形之日起，30日內爲之。

21. (　　) 對於吹哨者保護規定，下列敘述何者有誤？ ①事業單位不得對勞工申訴人終止勞動契約 ②勞動檢查機構受理勞工申訴必須保密 ③爲實施勞動檢查，必要時得告知事業單位有關勞工申訴人身分 ④任何情況下，事業單位都不得有不利勞工申訴人之行爲。

解
1. 吹哨者又稱告密者，勞工發現事業單位違反本法及其他勞工法令規定時，得向雇主、主管機關或檢查機構申訴。
2. 雇主不得因勞工爲前項申訴，而予以解僱、降調、減薪、損害其依法令、契約或習慣上所應享有之權益，或其他不利之處分。

解 17.(4)　18.(3)　19.(3)　20.(2)　21.(3)

3. 主管機關或檢查機構於接獲第一項申訴後，應爲必要之調查，並於60日內將處理情形，以書面通知勞工。
4. 主管機關或檢查機構應對申訴人身分資料嚴守秘密，不得洩漏足以識別其身分之資訊。

22. (　　) 勞工發生死亡職業災害時，雇主應經以下何單位之許可，方得移動或破壞現場？ ①保險公司 ②調解委員會 ③法律輔助機構 ④勞動檢查機構。

23. (　　) 職業安全衛生法所稱有母性健康危害之虞之工作，係指對於具生育能力之女性勞工從事工作，可能會導致的一些影響。下列何者除外？ ①胚胎發育 ②妊娠期間之母體健康 ③哺乳期間之幼兒健康 ④經期紊亂。

24. (　　) 下列何者非屬職業安全衛生法規定之勞工法定義務？ ①定期接受健康檢查 ②參加安全衛生教育訓練 ③實施自動檢查 ④遵守安全衛生工作守則。

解 第20條雇主於僱用勞工時，應施行體格檢查。
一、一般健康檢查。
二、從事特別危害健康作業者之特殊健康檢查。
三、經中央主管機關指定爲特定對象及特定項目之健康檢查。
第32條雇主對勞工應施以從事工作與預防災變所必要之安全衛生教育及訓練。
第34條勞工對於雇主與勞工代表訂定之安全衛生工作守則，應切實遵行。

25. (　　) 下列何者非屬應對在職勞工施行之健康檢查？ ①一般健康檢查 ②體格檢查 ③特殊健康檢查 ④特定對象及特定項目之檢查。

26. (　　) 下列何者非爲防範有害物食入之方法？ ①有害物與食物隔離 ②不在工作場所進食或飲水 ③常洗手、漱口 ④穿工作服。

27. (　　) 有關承攬管理責任，下列敘述何者正確？ ①原事業單位交付廠商承攬，如不幸發生承攬廠商所僱勞工墜落致死職業災害，原事業單位應與承攬廠商負連帶補償及賠償責任 ②原事業單位交付承攬，不需負連帶補償責任 ③承攬廠商應自負職業災害之賠償責任 ④勞工投保單位即爲職業災害之賠償單位。

解 勞工安全衛生法第16條明定，事業單位以其事業招人承攬時，其承攬人就承攬部分負本法所定雇主之責任；原事業單位就職業災害補償仍應與承攬人負連帶責任。

28. (　　) 依勞動基準法規定，主管機關或檢查機構於接獲勞工申訴事業單位違反本法及其他勞工法令規定後，應爲必要之檢查，並於幾日內將處理情形，以書面通知勞工？ ① 14 ② 20 ③ 30 ④ 60。

29. (　　) 依職業安全衛生教育訓練規則規定，新僱勞工所接受之一般安全衛生教育訓練，不得少於幾小時？ ① 0.5 ② 1 ③ 2 ④ 3。

~~30. (　　) 職業災害勞工保護法之立法目的爲保障職業災害勞工之權益，以加強下列何者之預防？ ①公害 ②職業災害 ③交通事故 ④環境汙染。~~ 【本題刪題】

31. (　　) 我國中央勞工行政主管機關爲下列何者？ ①內政部 ②勞工保險局 ③勞動部 ④經濟部。

解 22.(4) 23.(4) 24.(3) 25.(2) 26.(4) 27.(1) 28.(4) 29.(4) 30.(2) 31.(3)

32. (　　) 對於勞動部公告列入應實施型式驗證之機械、設備或器具，下列何種情形不得免驗證？ ①依其他法律規定實施驗證者 ②供國防軍事用途使用者 ③輸入僅供科技研發之專用機 ④輸入僅供收藏使用之限量品。

解 職業安全衛生法第8條：製造者或輸入者對於中央主管機關公告列入型式驗證之機械、設備或器具，非經中央主管機關認可之驗證機構實施型式驗證合格及張貼合格標章，不得產製運出廠場或輸入。前項應實施型式驗證之機械、設備或器具，有下列情形之一者，得免驗證：

一、依第16條或其他法律規定實施檢查、檢驗、驗證或認可。

二、供國防軍事用途使用，並有國防部或其直屬機關出具證明。

三、限量製造或輸入僅供科技研發、測試用途之專用機型，並經中央主管機關核准。

四、非供實際使用或作業用途之商業樣品或展覽品，並經中央主管機關核准。

五、其他特殊情形，有免驗證之必要，並經中央主管機關核准。

33. (　　) 對於墜落危險之預防措施，下列敘述較為妥適？ ①在外牆施工架等高處作業應盡量使用繫腰式安全帶 ②安全帶應確實配掛在低於足下之堅固點 ③高度2m以上之邊緣開口部分處應圍起警示帶 ④高度2m以上之開口處應設護欄或安全網。

解 職業安全衛生法第224條：雇主對於高度在2公尺以上之工作場所邊緣及開口部分，勞工有遭受墜落危險之虞者，應設有適當強度之護欄、護蓋等防護設備。

34. (　　) 下列對於感電電流流過人體的現象之敘述何者有誤？ ①痛覺 ②強烈痙攣 ③血壓降低、呼吸急促、精神亢奮 ④顏面、手腳燒傷。

35. (　　) 下列何者非屬於容易發生墜落災害的作業場所？ ①施工架 ②廚房 ③屋頂 ④梯子、合梯。

36. (　　) 下列何者非屬危險物儲存場所應採取之火災爆炸預防措施？ ①使用工業用電風扇 ②裝設可燃性氣體偵測裝置 ③使用防爆電氣設備 ④標示「嚴禁煙火」。

解 危險物儲存場所應採措施：

1. 應通風。
2. 應裝設可燃性氣體偵測裝置，並使用。
3. 防爆電氣設備。
4. 標示「嚴禁煙火」。

37. (　　) 雇主於臨時用電設備加裝漏電斷路器，可減少下列何種災害發生？ ①墜落 ②物體倒塌、崩塌 ③感電 ④被撞。

38. (　　) 雇主要求確實管制人員不得進入吊舉物下方，可避免下列何種災害發生？ ①感電 ②墜落 ③物體飛落 ④缺氧。

解 起重吊掛作業危險性極高，相關工作場所可能發生以下類似危害：

1. 人員進入吊舉物下方或起重機作業半徑範圍內，因吊舉物飛落砸死下方人員。
2. 違規以起重機載人從事作業，或於桁架上作業，未設防墜設施，致人員墜落。
3. 鄰近高壓架空線路作業，電路未設絕緣防護套管包覆而感電；起重機桁架上維修時，誤觸裸銅線而感電。

解 32.(4) 33.(4) 34.(3) 35.(2) 36.(1) 37.(3) 38.(3)

4. 外伸撐座未確實伸至定位，或地面軟弱承載力不足，致起重機翻覆倒塌。
5. 未使用輔助繩，直接推（或拉）吊舉物，致人員被夾於吊舉物與其他物體間。

39. (　　) 職業上危害因子所引起的勞工疾病，稱爲何種疾病？ ①職業疾病 ②法定傳染病 ③流行性疾病 ④遺傳性疾病。

40. (　　) 事業招人承攬時，其承攬人就承攬部分負雇主之責任，原事業單位就職業災害補償部分之責任爲何？ ①視職業災害原因判定是否補償 ②依工程性質決定責任 ③依承攬契約決定責任 ④仍應與承攬人負連帶責任。

41. (　　) 預防職業病最根本的措施爲何？ ①實施特殊健康檢查 ②實施作業環境改善 ③實施定期健康檢查 ④實施僱用前體格檢查。

解 職業病防治工作爲三級預防：
1. 一級預防也稱病因預防，即從根本上消除和控制職業病危害因素，主要措施有改進技術設備與環境，如強通風、除塵、排毒等。
2. 二級預防則是早期發現、早期診斷、早期治療防治病損的發展，主要措施有對職業接觸人群開展普查、篩檢、定期健康檢查，發現問題立即採取防治對策。
3. 三級預防指患者在明確診斷後，得到及時、合理的處理和治療。

42. (　　) 以下爲假設性情境：「在地下室作業，當通風換氣充分時，則不易發生一氧化碳中毒或缺氧危害」，請問「通風換氣充分」係指「一氧化碳中毒或缺氧危害」之何種描述？ ①風險控制方法 ②發生機率 ③危害源 ④風險。

解 組織對現有的職業安全衛生管理系統及相關作法進行先期審查時，應包含：
1. 辨識、預測和評估現在或預期的作業環境，及組織中存在的危害及風險。
2. 確定現有的或欲採取的控制措施，可有效的消除危害或控制風險。相關預防和控制之優先順序爲：
   (1) 消除危害及風險。
   (2) 經由工程控制或管理控制從源頭控制危害及風險。
   (3) 設計安全的作業制度，包括行政管理措施，將危害及風險的影響減到最低。
   (4) 當綜合上述方法仍然不能控制殘餘的危害及風險時，雇主應免費提供適當的個人防護具，並採取措施確保防護具的使用和維護。

43. (　　) 勞工爲節省時間，在未斷電情況下清理機臺，易發生危害爲何？ ①捲夾感電 ②缺氧 ③墜落 ④崩塌。

44. (　　) 工作場所化學性有害物進入人體最常見路徑爲下列何者？ ①口腔 ②呼吸道 ③皮膚 ④眼睛。

45. (　　) 於營造工地潮濕場所中使用電動機具，爲防止漏電危害，應於該電路設置何種安全裝置？ ①閉關箱 ②自動電擊防止裝置 ③高感度高速型漏電斷路器 ④高容量保險絲。

46. (　　) 活線作業勞工應佩戴何種防護手套？ ①棉紗手套 ②耐熱手套 ③絕緣手套 ④防振手套。

47. (　　) 下列何者非屬電氣災害類型？ ①電弧灼傷 ②電氣火災 ③靜電危害 ④雷電閃爍。

解 39.(1) 40.(4) 41.(2) 42.(1) 43.(1) 44.(2) 45.(3) 46.(3) 47.(4)

48. (　　) 下列何者非屬電氣之絕緣材料？ ①空氣 ②氟氯烷 ③漂白水 ④絕緣油。

49. (　　) 下列何者非屬於工作場所作業會發生墜落災害的潛在危害因子？ ①開口未設置護欄 ②未設置安全之上下設備 ③未確實配戴耳罩 ④屋頂開口下方未張掛安全網。

~~50. (　　) 我國職業災害勞工保護法，適用之對象為何？ ①未投保健康保險之勞工 ②未參加團體保險之勞工 ③失業勞工 ④未加入勞工保險而遭遇職業災害之勞工。【本題刪題】~~

51. (　　) 在噪音防治之對策中，從下列哪一方面著手最為有效？ ①偵測儀器 ②噪音源 ③傳播途徑 ④個人防護具。

52. (　　) 勞工於室外高氣溫作業環境工作，可能對身體產生熱危害，以下何者非屬熱危害之症狀？ ①熱衰竭 ②中暑 ③熱痙攣 ④痛風。

53. (　　) 勞動場所發生職業災害，災害搶救中第一要務為何？ ①搶救材料減少損失 ②搶救罹災勞工迅速送醫 ③災害場所持續工作減少損失 ④ 24 小時內通報勞動檢查機構。

54. (　　) 以下何者是消除職業病發生率之源頭管理對策？ ①使用個人防護具 ②健康檢查 ③改善作業環境 ④多運動。

55. (　　) 下列何者非為職業病預防之危害因子？ ①遺傳性疾病 ②物理性危害 ③人因工程危害 ④化學性危害。

56. (　　) 對於染有油污之破布、紙屑等應如何處置？ ①與一般廢棄物一起處置 ②應分類置於回收桶內 ③應蓋藏於不燃性之容器內 ④無特別規定，以方便丟棄即可。

解 職業安全衛生法第 193 條：雇主對於染有油污之破布、紙屑等應蓋藏於不燃性之容器內，或採用其他適當處置。

57. (　　) 下列何者非屬使用合梯，應符合之規定？ ①合梯應具有堅固之構造 ②合梯材質不得有顯著之損傷、腐蝕等 ③梯腳與地面之角度應在 80 度以上 ④有安全之防滑梯面。

解 職業安全衛生法第 230 條，雇主對於使用之合梯，應符合下列規定：

1. 具有堅固之構造。
2. 其材質不得有顯著之損傷、腐蝕等。
3. 梯腳與地面之角度應在 75 度以內，且兩梯腳間有金屬等硬質繫材扣牢，腳部有防滑絕緣腳座套。
4. 有安全之防滑梯面。

58. (　　) 下列何者非屬勞工從事電氣工作，應符合之規定？ ①使其使用電工安全帽 ②穿戴絕緣防護具 ③停電作業應檢電掛接地 ④穿戴棉質手套絕緣。

解 為防止感電事故，應注意下列事項：

1. 使用機械設備前，應檢查線路絕緣，不可有破損情形。
2. 安裝或檢修機械設備前，應確實執行斷電、掛牌及上鎖。
3. 從事電氣作業時，應佩帶電工安全帽及使用絕緣用防護具等。
4. 從事活線作業時，應使用活線作業用器具。
5. 在高壓線附近作業應保持安全距離。
6. 每月應測試漏電斷路器功能及定期檢查接地狀況。

解 48.(3) 49.(3) 50.(4) 51.(2) 52.(4) 53.(2) 54.(3) 55.(1) 56.(3) 57.(3) 58.(4)

59. (　　) 爲防止勞工感電，下列何者爲非？ ①使用防水插頭 ②避免不當延長接線 ③設備有金屬外殼保護即可免裝漏電斷路器 ④電線架高或加以防護。

60. (　　) 電氣設備接地之目的爲何？ ①防止電弧產生 ②防止短路發生 ③防止人員感電 ④防止電阻增加。

61. (　　) 不當抬舉導致肌肉骨骼傷害或肌肉疲勞之現象，可稱之爲下列何者？ ①感電事件 ②不當動作 ③不安全環境 ④被撞事件。

62. (　　) 使用鑽孔機時，不應使用下列何護具？ ①耳塞 ②防塵口罩 ③棉紗手套 ④護目鏡。

63. (　　) 腕道症候群常發生於下列何種作業？ ①電腦鍵盤作業 ②潛水作業 ③堆高機作業 ④第一種壓力容器作業。

64. (　　) 若廢機油引起火災，最不應以下列何者滅火？ ①厚棉被 ②砂土 ③水 ④乾粉滅火器。

解 由於油的密度小於水的密度，假如把水澆入鍋中，水會立刻沉到油層下層，而油層卻會上浮，因此這時既無法隔絕空氣，又不會使溫度降低，所以油鍋中的火根本不會被水撲滅。

65. (　　) 對於化學燒傷傷患的一般處理原則，下列何者正確？ ①立即用大量清水沖洗 ②傷患必須臥下，而且頭、胸部須高於身體其他部位 ③於燒傷處塗抹油膏、油脂或發酵粉 ④使用酸鹼中和。

66. (　　) 下列何者屬安全的行爲？ ①不適當之支撐或防護 ②使用防護具 ③不適當之警告裝置 ④有缺陷的設備。

67. (　　) 下列何者非屬防止搬運事故之一般原則？ ①以機械代替人力 ②以機動車輛搬運 ③採取適當之搬運方法 ④儘量增加搬運距離。

68. (　　) 對於脊柱或頸部受傷患者，下列何者不是適當的處理原則？ ①不輕易移動傷患 ②速請醫師 ③如無合用的器材，需 2 人作徒手搬運 ④向急救中心聯絡。

69. (　　) 防止噪音危害之治本對策爲 ①使用耳塞、耳罩 ②實施職業安全衛生教育訓練 ③消除發生源 ④實施特殊健康檢查。

70. (　　) 進出電梯時應以下列何者爲宜？ ①裡面的人先出，外面的人再進入 ②外面的人先進去，裡面的人才出來 ③可同時進出 ④爭先恐後無妨。

71. (　　) 安全帽承受巨大外力衝擊後，雖外觀良好，應採下列何種處理方式？ ①廢棄 ②繼續使用 ③送修 ④油漆保護。

72. (　　) 下列何者可做爲電氣線路過電流保護之用？ ①變壓器 ②電阻器 ③避雷器 ④熔絲斷路器。

73. (　　) 因舉重而扭腰係由於身體動作不自然姿勢，動作之反彈，引起扭筋、扭腰及形成類似狀態造成職業災害，其災害類型爲下列何者？ ①不當狀態 ②不當動作 ③不當方針 ④不當設備。

解 59.(3)　60.(3)　61.(2)　62.(3)　63.(1)　64.(3)　65.(1)　66.(2)　67.(4)　68.(3)　69.(3)　70.(1)　71.(1)　72.(4)　73.(2)

74. (　) 下列有關工作場所安全衛生之敘述何者有誤？ ①對於勞工從事其身體或衣著有被污染之虞之特殊作業時，應備置該勞工洗眼、洗澡、漱口、更衣、洗濯等設備 ②事業單位應備置足夠急救藥品及器材 ③事業單位應備置足夠的零食自動販賣機 ④勞工應定期接受健康檢查。

75. (　) 毒性物質進入人體的途徑，經由那個途徑影響人體健康最快且中毒效應最高？ ①吸入 ②食入 ③皮膚接觸 ④手指觸摸。

76. (　) 安全門或緊急出口平時應維持何狀態？ ①門可上鎖但不可封死 ②保持開門狀態以保持逃生路徑暢通 ③門應關上但不可上鎖 ④與一般進出門相同，視各樓層規定可開可關。

77. (　) 下列何種防護具較能消減噪音對聽力的危害？ ①棉花球 ②耳塞 ③耳罩 ④碎布球。

78. (　) 流行病學實證研究顯示，輪班、夜間及長時間工作與心肌梗塞、高血壓、睡眠障礙、憂鬱等的罹病風險之關係一般爲何？ ①無相關性 ②呈負相關 ③呈正相關 ④部分爲正相關，部分爲負相關。

79. (　) 勞工若面臨長期工作負荷壓力及工作疲勞累積，沒有獲得適當休息及充足睡眠，便可能影響體能及精神狀態，甚而較易促發下列何種疾病？ ①皮膚癌 ②腦心血管疾病 ③多發性神經病變 ④肺水腫。

80. (　) 「勞工腦心血管疾病發病的風險與年齡、吸菸、總膽固醇數值、家族病史、生活型態、心臟方面疾病」之相關性爲何？ ①無 ②正 ③負 ④可正可負。

81. (　) 勞工常處於高溫及低溫間交替暴露的情況、或常在有明顯溫差之場所間出入，對勞工的生(心)理工作負荷之影響一般爲何？ ①無 ②增加 ③減少 ④不一定。

82. (　) 「感覺心力交瘁，感覺挫折，而且上班時都很難熬」此現象與下列何者較不相關？ ①可能已經快被工作累垮了 ②工作相關過勞程度可能嚴重 ③工作相關過勞程度輕微 ④可能需要尋找專業人員諮詢。

83. (　) 下列何者不屬於職場暴力？ ①肢體暴力 ②語言暴力 ③家庭暴力 ④性騷擾。

84. (　) 職場內部常見之身體或精神不法侵害不包含下列何者？ ①脅迫、名譽損毀、侮辱、嚴重辱罵勞工 ②強求勞工執行業務上明顯不必要或不可能之工作 ③過度介入勞工私人事宜 ④使勞工執行與能力、經驗相符的工作。

85. (　) 勞工服務對象若屬特殊高風險族群，如酗酒、藥癮、心理疾患或家暴者，則此勞工較易遭受下列何種危害？ ①身體或心理不法侵害 ②中樞神經系統退化 ③聽力損失 ④白指症。

86. (　) 下列何種措施較可避免工作單調重複或負荷過重？ ①連續夜班 ②工時過長 ③排班保有規律性 ④經常性加班。

解 74.(3) 75.(2) 76.(3) 77.(3) 78.(3) 79.(2) 80.(2) 81.(2) 82.(3) 83.(3) 84.(4) 85.(1) 86.(3)

87. (　　) 一般而言下列何者不屬對孕婦有危害之作業或場所？ ①經常搬抬物件上下階梯或梯架 ②暴露游離輻射 ③工作區域地面平坦、未濕滑且無未固定之線路 ④經常變換高低位之工作姿勢。

88. (　　) 長時間電腦終端機作業較不易產生下列何狀況？ ①眼睛乾澀 ②頸肩部僵硬不適 ③體溫、心跳和血壓之變化幅度比較大 ④腕道症候群。

89. (　　) 減輕皮膚燒傷程度之最重要步驟為何？ ①儘速用清水沖洗 ②立即刺破水泡 ③立即在燒傷處塗抹油脂 ④在燒傷處塗抹麵粉。

90. (　　) 眼內噴入化學物或其他異物，應立即使用下列何者沖洗眼睛？ ①牛奶 ②蘇打水 ③清水 ④稀釋的醋。

91. (　　) 石綿最可能引起下列何種疾病？ ①白指症 ②心臟病 ③間皮細胞瘤 ④巴金森氏症。

解 世界衛生組織指出，接觸石棉可導致癌症，如肺癌和間皮瘤（一種胸腔和腹腔內壁上的罕見癌症）。接觸石棉也可引起其他疾病，如石棉沉着病（肺纖維化）、胸膜斑、胸膜增厚和胸腔積水。

92. (　　) 作業場所高頻率噪音較易導致下列何種症狀？ ①失眠 ②聽力損失 ③肺部疾病 ④腕道症候群。

93. (　　) 下列何種患者不宜從事高溫作業？ ①近視 ②心臟病 ③遠視 ④重聽。

94. (　　) 廚房設置之排油煙機為下列何者？ ①整體換氣裝置 ②局部排氣裝置 ③吹吸型換氣裝置 ④排氣煙囪。

95. (　　) 消除靜電的有效方法為下列何者？ ①隔離 ②摩擦 ③接地 ④絕緣。

96. (　　) 防塵口罩選用原則，下列敘述何者有誤？ ①捕集效率愈高愈好 ②吸氣阻抗愈低愈好 ③重量愈輕愈好 ④視野愈小愈好。

97. (　　) 「勞工於職場上遭受主管或同事利用職務或地位上的優勢予以不當之對待，及遭受顧客、服務對象或其他相關人士之肢體攻擊、言語侮辱、恐嚇、威脅等霸凌或暴力事件，致發生精神或身體上的傷害」此等危害可歸類於下列何種職業危害？ ①物理性 ②化學性 ③社會心理性 ④生物性。

98. (　　) 有關高風險或高負荷、夜間工作之安排或防護措施，下列何者不恰當？ ①若受威脅或加害時，在加害人離開前觸動警報系統，激怒加害人，使對方抓狂 ②參照醫師之適性配工建議 ③考量人力或性別之適任性 ④獨自作業，宜考量潛在危害，如性暴力。

99. (　　) 若勞工工作性質需與陌生人接觸、工作中需處理不可預期的突發事件或工作場所治安狀況較差，較容易遭遇下列何種危害？ ①組織內部不法侵害 ②組織外部不法侵害 ③多發性神經病變 ④潛涵症。

100. (　　) 以下何者不是發生電氣火災的主要原因？ ①電器接點短路 ②電氣火花 ③電纜線置於地上 ④漏電。

解 87.(3) 88.(3) 89.(1) 90.(3) 91.(3) 92.(2) 93.(2) 94.(2) 95.(3) 96.(4) 97.(3) 98.(1) 99.(2) 100.(3)

90007 工作倫理與職業道德

1. ( ) 請問下列何者「不是」個人資料保護法所定義的個人資料？ ①身分證號碼 ②最高學歷 ③綽號 ④護照號碼。

2. ( ) 下列何者「違反」個人資料保護法？ ①公司基於人事管理之特定目的，張貼榮譽榜揭示績優員工姓名 ②縣市政府提供村里長轄區內符合資格之老人名冊供發放敬老金 ③網路購物公司為辦理退貨，將客戶之住家地址提供予宅配公司 ④學校將應屆畢業生之住家地址提供補習班招生使用。

3. ( ) 非公務機關利用個人資料進行行銷時，下列敘述何者「錯誤」？ ①若已取得當事人書面同意，當事人即不得拒絕利用其個人資料行銷 ②於首次行銷時，應提供當事人表示拒絕行銷之方式 ③當事人表示拒絕接受行銷時，應停止利用其個人資料 ④倘非公務機關違反「應即停止利用其個人資料行銷」之義務，未於限期內改正者，按次處新臺幣2萬元以上20萬元以下罰緩。

   解 個資法規定，非公務機關應建立當事人「退場」（Opt-out）之機制，於當事人表示拒絕接受行銷時，應即停止利用其個人資料行銷；且非公務機關於首次行銷時，應提供當事人表示拒絕接受行銷之方式，並支付所需費用。

4. ( ) 個人資料保護法為保護當事人權益，多少位以上的當事人提出告訴，就可以進行團體訴訟： ①5人 ②10人 ③15人 ④20人。

5. ( ) 關於個人資料保護法之敘述，下列何者「錯誤」？ ①公務機關執行法定職務必要範圍內，可以蒐集、處理或利用一般性個人資料 ②間接蒐集之個人資料，於處理或利用前，不必告知當事人個人資料來源 ③非公務機關亦應維護個人資料之正確，並主動或依當事人之請求更正或補充 ④外國學生在臺灣短期進修或留學，也受到我國個人資料保護法的保障。

   解 個資法第15條 公務機關對個人資料之蒐集或處理，應有特定目的，並符合下列情形之一者：

   一、執行法定職務必要範圍內。

   二、經當事人同意。

   三、對當事人權益無侵害。

   個資法第9條（間接蒐集個人資料之告知義務） 公務機關或非公務機關蒐集非由當事人提供之個人資料，應於處理或利用前，向當事人告知個人資料來源。

   個資法第11條 公務機關或非公務機關應維護個人資料之正確，並應主動或依當事人之請求更正或補充之。

   個人資料保護法規定，只要是在我國領域內所進行的蒐集、處理或利用個人資料，無論是本國國民或是外國人，均為個資法所規範。

解 1.(3) 2.(4) 3.(1) 4.(4) 5.(2)

6. (　　) 下列關於個人資料保護法規的敘述，下列敘述何者「錯誤」？ ①不管是否使用電腦處理的個人資料，都受個人資料保護法保護 ②公務機關依法執行公權力，不受個人資料保護法規範 ③身分證字號、婚姻、指紋都是個人資料 ④我的病歷資料雖然是由醫生所撰寫，但也屬於是我的個人資料範圍。

7. (　　) 對於依照個人資料保護法應告知之事項，下列何者不在法定應告知的事項內？ ①個人資料利用之期間、地區、對象及方式 ②蒐集之目的 ③蒐集機關的負責人姓名 ④如拒絕提供或提供不正確個人資料將造成之影響。

解 個資法第 8 條　公務機關或非公務機關向當事人蒐集個人資料時，應明確告知當事人下列事項：
一、公務機關或非公務機關名稱。
二、蒐集之目的。
三、個人資料之類別。
四、個人資料利用之期間、地區、對象及方式。
五、當事人依第 3 條規定得行使之權利及方式。
六、當事人得自由選擇提供個人資料時，不提供將對其權益之影響。

8. (　　) 請問下列何者非為個人資料保護法第 3 條所規範之當事人權利？ ①查詢或請求閱覽 ②請求刪除他人之資料 ③請求補充或更正 ④請求停止蒐集、處理或利用。

解 個資法第 3 條　當事人就其個人資料依本法規定行使之下列權利，不得預先拋棄或以特約限制之：
一、查詢或請求閱覽。
二、請求製給複製本。
三、請求補充或更正。
四、請求停止蒐集、處理或利用。
五、請求刪除。

9. (　　) 下列何者非安全使用電腦內的個人資料檔案的做法？ ①利用帳號與密碼登入機制來管理可以存取個資者的人 ②規範不同人員可讀取的個人資料檔案範圍 ③個人資料檔案使用完畢後立即退出應用程式，不得留置於電腦中 ④為確保重要的個人資料可即時取得，將登入密碼標示在螢幕下方。

10. (　　) 下列何者行為非屬個人資料保護法所稱之國際傳輸？ ①將個人資料傳送給經濟部 ②將個人資料傳送給美國的分公司 ③將個人資料傳送給法國的人事部門 ④將個人資料傳送給日本的委託公司。

解 個資法第 2 條第 6 款規定，國際傳輸指將個人資料作跨國（境）之處理或利用。例如：
1. 總公司將資料傳送給國外（境外）分公司或國外其他公司、機關（構）等。
2. 公務機關將資料傳送給國外（境外）辦事處或國外其他公務機關（構）、公司等。

解 6.(2)　7.(3)　8.(2)　9.(4)　10.(1)

11. (　　) 有關專利權的敘述，何者正確？ ①專利有規定保護年限，當某商品、技術的專利保護年限屆滿，任何人皆可運用該項專利 ②我發明了某項商品，卻被他人率先申請專利權，我仍可主張擁有這項商品的專利權 ③專利權可涵蓋、保護抽象的概念性商品 ④專利權爲世界所共有，在本國申請專利之商品進軍海外，不需向他國申請專利權。

解 專利法第51條第3項規定，發明專利權期限，自申請日起算20年屆滿。專利權期限屆滿，自期滿後專利權當然消滅，任何人皆可運用該項專利。專利權具有無形性及公共性之特徵，必須透過媒介物而表現，本身乃一概念上存在而以文字符號抽象表達而界定之權利類型。專利權爲一種屬地權，獲得某一國家之專利，並非授與全球性的保護。

12. (　　) 下列使用重製行爲，何者已超出「合理使用」範圍？ ①將著作權人之作品及資訊，下載供自己使用 ②直接轉貼高普考考古題在FACEBOOK ③以分享網址的方式轉貼資訊分享於BBS ④將講師的授課內容錄音分贈友人。

解 重製行爲的「合理使用」，分別規定在著作權法第46條、第52條及第65條第2項。著作權法第46條規定：「依法設立之各級學校及其擔任教學之人，爲學校授課需要，在合理範圍內，得重製他人已公開發表之著作。

13. (　　) 下列有關智慧財產權行爲之敘述，何者有誤？ ①製造、販售仿冒註冊商標的商品不屬於公訴罪之範疇，但已侵害商標權之行爲 ②以101大樓、美麗華百貨公司做爲拍攝電影的背景，屬於合理使用的範圍 ③原作者自行創作某音樂作品後，即可宣稱擁有該作品之著作權 ④著作權是爲促進文化發展爲目的，所保護的財產權之一。

解 1. 若販賣仿冒物品即違犯了商標法第95條之規定。其罰則是屬於「非告訴乃論之罪」，也就是俗稱的「公訴罪」，就算達成和解，也只有民事責任方面，至於刑事責任仍需依法律程序處理。

2. 依著作權法規定，著作係指屬於文學、科學、藝術或其他學術範圍之創作，著作人自創作完成時起，即享有著作權法第22條至第29條重製、散布等權利，未取得著作財產權人之同意或授權就使用他人的著作，則可能構成侵害著作權之行爲。權利期間爲
   (1) 著作人之生存期間及死後50年。
   (2) 法人爲著作人之著作、攝影、視聽、錄音、電腦程式及表演著作，該著作權存續爲該著作發表後50年。

智慧財產權包括專利權、商標權、著作權等，其立法目的爲：

- 專利法：立法目的爲鼓勵、保護、利用發明與創作，以促進產業發展。
- 商標法：立法目的爲保障商標權及消費者利益，以促進工商企業之正常發展。
- 著作權法：立法目的爲保障著作權人著作權益，調和社會公共利益，促進國家文化發展。

14. (　　) 專利權又可區分爲發明、新型與設計三種專利權，其中發明專利權是否有保護期限？期限爲何？ ①有，5年 ②有，20年 ③有，50年 ④無限期，只要申請後就永久歸申請人所有。

解 11.(1)　12.(4)　13.(1)　14.(2)

15. (　　) 下列有關著作權之概念，何者正確？ ①國外學者之著作，可受我國著作權法的保護 ②公務機關所函頒之公文，受我國著作權法的保護 ③著作權要待向智慧財產權申請通過後才可主張 ④以傳達事實之新聞報導，依然受著作權之保障。

16. (　　) 受雇人於職務上所完成之著作，如果沒有特別以契約約定，其著作人爲下列何者？ ①雇用人 ②受雇人 ③雇用公司或機關法人代表 ④由雇用人指定之自然人或法人。

解 著作權法第11條規定，受雇人於職務上完成的著作，如果沒有特別約定，雖是以受雇人爲著作人，享有著作人格權，但著作財產權則歸雇用人享有。

17. (　　) 任職於某公司的程式設計師，因職務所編寫之電腦程式，如果沒有特別以契約約定，則該電腦程式重製之權利歸屬下列何者？ ①公司 ②編寫程式之工程師 ③公司全體股東共有 ④公司與編寫程式之工程師共有。

18. (　　) 某公司員工因執行業務，擅自以重製之方法侵害他人之著作財產權，若被害人提起告訴，下列對於處罰對象的敘述，何者正確？ ①僅處罰侵犯他人著作財產權之員工 ②僅處罰雇用該名員工的公司 ③該名員工及其雇主皆須受罰 ④員工只要在從事侵犯他人著作財產權之行爲前請示雇主並獲同意，便可以不受處罰。

解 著作權法第101條　法人之代表人、法人或自然人之代理人、受雇人或其他從業人員，因執行業務侵害他人之著作財產權者，除依各該條規定處罰其行爲人外，對該法人或自然人亦科各該條之罰金。

19. (　　) 某廠商之商標在我國已經獲准註冊，請問若希望將商品行銷販賣到國外，請問是否需在當地申請註冊才能受到保護？ ①是，因爲商標權註冊採取屬地保護原則 ②否，因爲我國申請註冊之商標權在國外也會受到承認 ③不一定，需視我國是否與商品希望行銷販賣的國家訂有相互商標承認之協定 ④不一定，需視商品希望行銷販賣的國家是否爲WTO會員國。

20. (　　) 受雇人於職務上所完成之發明、新型或設計，其專利申請權及專利權如未特別約定屬於下列何者？ ①雇用人 ②受雇人 ③雇用人所指定之自然人或法人 ④雇用人與受雇人共有。

解 專利法第7條　受雇人於職務上所完成之發明、新型或設計，其專利申請權及專利權屬於雇用人，雇用人應支付受雇人適當之報酬。但契約另有約定者，從其約定。

21. (　　) 任職大發公司的郝聰明，專門從事技術研發，有關研發技術的專利申請權及專利權歸屬，下列敘述何者錯誤？ ①職務上所完成的發明，除契約另有約定外，專利申請權及專利權屬於大發公司 ②職務上所完成的發明，雖然專利申請權及專利權屬於大發公司，但是郝聰明享有姓名表示權 ③郝聰明完成非職務上的發明，應即以書面通知大發公司 ④大發公司與郝聰明之雇傭契約約定，郝聰明非職務上的發明，全部屬於公司，約定有效。

解 專利法第8條　受雇人於非職務上所完成之發明、新型或設計，其專利申請權及專利權屬於受雇人。

解 15.(1)　16.(2)　17.(1)　18.(3)　19.(1)　20.(1)　21.(4)

22. (　　) 有關著作權的下列敘述何者不正確？　①我們到表演場所觀看表演時，不可隨便錄音或錄影　②到攝影展上，拿相機拍攝展示的作品，分贈給朋友，是侵害著作權的行為　③網路上供人下載的免費軟體，都不受著作權法保護，所以我可以燒成大補帖光碟，再去賣給別人　④高普考試題，不受著作權法保護。

解 所謂「共享軟體（Shareware）」或「免費軟體（Freeware）」都是著作權法上受保護之電腦程式著作，並不因為其名為「共享」或「免費」，或在網路上允許任何人自由免費下載，便表示該電腦程式著作不受著作權法保護。

23. (　　) 有關著作權的下列敘述何者錯誤？　①撰寫碩博士論文時，在合理範圍內引用他人的著作，只要註明出處，不會構成侵害著作權　②在網路散布盜版光碟，不管有沒有營利，會構成侵害著作權　③在網路的部落格看到一篇文章很棒，只要註明出處，就可以把文章複製在自己的部落格　④將補習班老師的上課內容錄音檔，放到網路上拍賣，會構成侵害著作權。

解 並不是說，只要註明出處、作者，就都是合理使用。如果我們只要註明出處、作者，就可以任意重製，那麼著作權人的權利根本無從主張。正確的概念應該是只有符合著作權法第44條到第63條及第65條第2項有關合理使用規定（在合理範圍內，得重製他人之著作），才是合法的「合理使用」行為。

24. (　　) 有關商標權的下列敘述何者有誤？　①要取得商標權一定要申請商標註冊　②商標註冊後可取得10年商標權　③商標註冊後，3年不使用，會被廢止商標權　④在夜市買的仿冒品，品質不好，上網拍賣，不會構成侵權。

解 商標法第33條　商標自註冊公告當日起，由權利人取得商標權，商標權期間為10年。商標權期間得申請延展，每次延展為10年。

商標法第63條第2項　商標註冊無正當事由迄未使用或繼續停止使用滿三年者，商標專責機關應依職權或據申請廢止其註冊。

25. (　　) 下列關於營業秘密的敘述，何者不正確？　①受雇人於非職務上研究或開發之營業秘密，仍歸雇用人所有　②營業秘密不得為質權及強制執行之標的　③營業秘密所有人得授權他人使用其營業秘密　④營業秘密得全部或部分讓與他人或與他人共有。

解 第3條　受雇人於職務上研究或開發之營業秘密，歸雇用人所有。但契約另有約定者，從其約定。受雇人於非職務上研究或開發之營業秘密，歸受雇人所有。但其營業秘密係利用雇用人之資源或經驗者，雇用人得於支付合理報酬後，於該事業使用其營業秘密。

第6條　營業秘密得全部或部分讓與他人或與他人共有。

第7條　營業秘密所有人得授權他人使用其營業秘密。授權人非經營業秘密所有人同意，不得將其被授權使用之營業秘密再授權第三人使用。

第8條　營業秘密不得為質權及強制執行之標的。

26. (　　) 下列何者「非」屬於營業秘密？　①具廣告性質的不動產交易底價　②須授權取得之產品設計或開發流程圖示　③公司內部管制的各種計畫方案　④客戶名單。

解 第2條　所稱營業秘密，係指方法、技術、製程、配方、程式、設計或其他可用於生產、銷售或經營之資訊，而符合下列要件者。

解 22.(3)　23.(3)　24.(4)　25.(1)　26.(1)

一、非一般涉及該類資訊之人所知者。
二、因其秘密性而具有實際或潛在之經濟價值者。
三、所有人已採取合理之保密措施者。

27. (　　) 營業秘密可分為「技術機密」與「商業機密」，下列何者屬於「商業機密」？ ①程式 ②設計圖 ③客戶名單 ④生產製程。

解 營業秘密可分為「技術機密」及「商業機密」二種，前者偏向經研究、設計、製造而成，屬於技術性之秘密；後者比較廣泛，凡涉及與商業經營有關之資料均屬之，例如：顧客名單、行銷策略與計畫、財務及會計報表、受雇人資料等。

28. (　　) 甲公司將其新開發受營業秘密法保護之技術，授權乙公司使用，下列何者不得為之？ ①乙公司已獲授權，所以可以未經甲公司同意，再授權丙公司使用 ②約定授權使用限於一定之地域、時間 ③約定授權使用限於特定之內容、一定之使用方法 ④要求被授權人乙公司在一定期間負有保密責任。

29. (　　) 甲公司嚴格保密之最新配方產品大賣，下列何者侵害甲公司之營業秘密？ ①鑑定人 A 因司法審理而知悉配方 ②甲公司授權乙公司使用其配方 ③甲公司之 B 員工擅自將配方盜賣給乙公司 ④甲公司與乙公司協議共有配方。

30. (　　) 故意侵害他人之營業秘密，法院因被害人之請求，最高得酌定損害額幾倍之賠償？ ① 1 倍 ② 2 倍 ③ 3 倍 ④ 4 倍。

解 第 13 條　請求損害賠償時，法院得因被害人之請求，依侵害情節，酌定損害額以上之賠償。但不得超過已證明損害額之三倍。

31. (　　) 受雇者因承辦業務而知悉營業秘密，在離職後對於該營業秘密的處理方式，下列敘述何者正確？ ①聘雇關係解除後便不再負有保障營業秘密之責 ②僅能自用而不得販售獲取利益 ③自離職日起 3 年後便不再負有保障營業秘密之責 ④離職後仍不得洩漏該營業秘密。

32. (　　) 按照現行法律規定，侵害他人營業秘密，其法律責任為： ①僅需負刑事責任 ②僅需負民事損害賠償責任 ③刑事責任與民事損害賠償責任皆須負擔 ④刑事責任與民事損害賠償責任皆不須負擔。

33. (　　) 企業內部之營業秘密，可以概分為「商業性營業秘密」及「技術性營業秘密」 二大類型，請問下列何者屬於「技術性營業秘密」？ ①人事管理 ②經銷據點 ③產品配方 ④客戶名單。

34. (　　) 某離職同事請求在職員工將離職前所製作之某份文件傳送給他，請問下列回應方式何者正確？ ①由於該項文件係由該離職員工製作，因此可以傳送文件 ②若其目的僅為保留檔案備份，便可以傳送文件 ③可能構成對於營業秘密之侵害，應予拒絕並請他直接向公司提出請求 ④視彼此交情決定是否傳送文件。

35. (　　) 行為人以竊取等不正當方法取得營業秘密，下列敘述何者正確？ ①已構成犯罪 ②只要後續沒有洩漏便不構成犯罪 ③只要後續沒有出現使用之行為便不構成犯罪 ④只要後續沒有造成所有人之損害便不構成犯罪。

解 27.(3)　28.(1)　29.(3)　30.(3)　31.(4)　32.(3)　33.(3)　34.(3)　35.(1)

36. (　　) 針對在我國境內竊取營業秘密後，意圖在外國、中國大陸或港澳地區使用者，營業秘密法是否可以適用？ ①無法適用 ②可以適用，但若屬未遂犯則不罰 ③可以適用並加重其刑 ④能否適用需視該國家或地區與我國是否簽訂相互保護營業秘密之條約或協定。

解 營業秘密法第13-2條 意圖在外國、大陸地區、香港或澳門使用，而損害營業秘密所有人之利益，處1年以上10年以下有期徒刑，得併科新臺幣300萬元以上5,000萬元以下之罰金。

37. (　　) 所謂營業秘密，係指方法、技術、製程、配方、程式、設計或其他可用於生產、銷售或經營之資訊，但其保障所需符合的要件不包括下列何者？ ①因其秘密性而具有實際之經濟價值者 ②所有人已採取合理之保密措施者 ③因其秘密性而具有潛在之經濟價值者 ④一般涉及該類資訊之人所知者。

38. (　　) 因故意或過失而不法侵害他人之營業秘密者，負損害賠償責任該損害賠償之請求權，自請求權人知有行為及賠償義務人時起，幾年間不行使就會消滅？ ①2年 ②5年 ③7年 ④10年。

解 營業秘密法第12條 因故意或過失不法侵害他人之營業秘密者，負損害賠償責任。數人共同不法侵害者，連帶負賠償責任。前項之損害賠償請求權，自請求權人知有行為及賠償義務人時起，二年間不行使而消滅；自行為時起，逾十年者亦同。

39. (　　) 公務機關首長要求人事單位聘僱自己的弟弟擔任工友，違反何種法令？ ①公職人員利益衝突迴避法 ②刑法 ③貪污治罪條例 ④未違反法令。

解 公職人員利益衝突迴避法第5條所稱利益衝突，指公職人員執行職務時，得因其作為或不作為，直接或間接使本人或其關係人獲取利益者。

40. (　　) 依新修公布之公職人員利益衝突迴避法(以下簡稱本法)規定，公職人員甲與其關係人下列何種行為不違反本法？ ①甲要求受其監督之機關聘用兒子乙 ②配偶乙以請託關說之方式，請求甲之服務機關通過其名下農地變更使用申請案 ③甲承辦案件時，明知有利益衝突之情事，但因自認為人公正，故不自行迴避 ④關係人丁經政府採購法公告程序取得甲服務機關之年度採購案。

41. (　　) 公司負責人為了要節省開銷，將員工薪資以高報低來投保全民健保及勞保，是觸犯了刑法上之何種罪刑？ ①詐欺罪 ②侵占罪 ③背信罪 ④工商秘密罪。

解 詐欺得利罪：雇主高薪低報，會導致勞健保短收應收的保費，也會使員工的勞退提撥不足，這些都足以生損害於勞健保單位及勞工。而雇主高薪低報的手段，也符合「施詐術」的要件，很有可能構成詐欺得利罪，得處以5年以下有期徒刑、拘役、科或併科50萬元以下罰金。

42. (　　) A受僱於公司擔任會計，因自己的財務陷入危機，多次將公司帳款轉入妻兒戶頭，是觸犯了刑法上之何種罪刑？ ①洩漏工商秘密罪 ②侵占罪 ③詐欺罪 ④偽造文書罪。

解 侵佔罪：意圖為自己或第三人不法之所有，而侵占自己持有他人之物者，處5年以下有期徒刑、拘役或科或併科3萬元以下罰金。

解 36.(3) 37.(4) 38.(1) 39.(1) 40.(4) 41.(1) 42.(2)

43. (　　) 某甲於公司擔任業務經理時，未依規定經董事會同意，私自與自己親友之公司訂定生意合約，會觸犯下列何種罪刑？ ①侵占罪 ②貪污罪 ③背信罪 ④詐欺罪。

解 背信罪：爲他人處理事務，意圖爲自己或第三人不法之利益，或損害本人之利益，而爲違背其任務之行爲，致生損害於本人之財產或其他利益者，處5年以下有期徒刑、拘役或科或併科50萬元以下罰金。

44. (　　) 如果你擔任公司採購的職務，親朋好友們會向你推銷自家的產品，希望你要採購時，你應該 ①適時地婉拒，說明利益需要迴避的考量，請他們見諒 ②既然是親朋好友，就應該互相幫忙 ③建議親朋好友將產品折扣，折扣部分歸於自己，就會採購 ④可以暗中地幫忙親朋好友，進行採購，不要被發現有親友關係便可。

45. (　　) 小美是公司的業務經理，有一天巧遇國中同班的死黨小林，發現他是公司的下游廠商老闆。最近小美處理一件公司的招標案件，小林的公司也在其中，私下約小美見面，請求她提供這次招標案的底標，並馬上要給予幾十萬元的前謝金，請問小美該怎麼辦？ ①退回錢，並告訴小林都是老朋友，一定會全力幫忙 ②收下錢，將錢拿出來給單位同事們分紅 ③應該堅決拒絕，並避免每次見面都與小林談論相關業務問題 ④朋友一場，給他一個比較接近底標的金額，反正又不是正確的，所以沒關係。

46. (　　) 公司發給每人一台平板電腦提供業務上使用，但是發現根本很少在使用，爲了讓它有效的利用，所以將它拿回家給親人使用，這樣的行爲是 ①可以的，這樣就不用花錢買 ②可以的，因爲，反正如果放在那裡不用它，是浪費資源的 ③不可以的，因爲這是公司的財產，不能私用 ④不可以的，因爲使用年限未到，如果年限到報廢了，便可以拿回家。

47. (　　) 公司的車子，假日又沒人使用，你是鑰匙保管者，請問假日可以開出去嗎？ ①可以，只要付費加油即可 ②可以，反正假日不影響公務 ③不可以，因爲是公司的，並非私人擁有 ④不可以，應該是讓公司想要使用的員工，輪流使用才可。

48. (　　) 阿哲是財經線的新聞記者，某次採訪中得知A公司在一個月內將有一個大的併購案，這個併購案顯示公司的財力，且能讓A公司股價往上飆升。請問阿哲得知此消息後，可以立刻購買該公司的股票嗎？ ①可以，有錢大家賺 ②可以，這是我努力獲得的消息 ③可以，不賺白不賺 ④不可以，屬於內線消息，必須保持記者之操守，不得洩漏。

49. (　　) 與公務機關接洽業務時，下列敘述何者「正確」？ ①沒有要求公務員違背職務，花錢疏通而已，並不違法 ②唆使公務機關承辦採購人員配合浮報價額，僅屬僞造文書行爲 ③口頭允諾行賄金額但還沒送錢，尚不構成犯罪 ④與公務員同謀之共犯，即便不具公務員身分，仍會依據貪污治罪條例處刑。

50. (　　) 公司總務部門員工因辦理政府採購案，而與公務機關人員有互動時，下列敘述何者「正確」？ ①對於機關承辦人，經常給予不超過新台幣5佰元以下的好處，無論有無對價關係，對方收受皆符合廉政倫理規範 ②招待驗收人員至餐廳用餐，是慣例屬社交禮貌行爲 ③因民俗節慶公開舉辦之活動，機關公務員在簽准後可受邀參與 ④以借貸名義，餽贈財物予公務員，即可規避刑事追究。

解 43.(3) 44.(1) 45.(3) 46.(3) 47.(3) 48.(4) 49.(4) 50.(3)

51. (　　) 與公務機關有業務往來構成職務利害關係者，下列敘述何者「正確」？ ①將餽贈之財物請公務員父母代轉，該公務員亦已違反規定 ②與公務機關承辦人飲宴應酬為增進基本關係的必要方法 ③高級茶葉低價售予有利害關係之承辦公務員，有價購行為就不算違反法規 ④機關公務員藉子女婚宴廣邀業務往來廠商之行為，並無不妥。

52. (　　) 貪污治罪條例所稱之「賄賂或不正利益」與公務員廉政倫理規範所稱之「餽贈財物」，其最大差異在於下列何者之有無？ ①利害關係 ②補助關係 ③隸屬關係 ④對價關係。

解 賄賂罪：係指公務員接受不法報酬之犯罪，公務員之收賄，不問是否對於職務上之行為或違背職務之行為要求、期約或收受不法報酬，均成立犯罪。

餽贈：公務員收受之報酬與特定公務無關，合於社會相當性，又無不法性而言，如親戚年節之禮品，親友生日賀禮。公務員有隸屬關係者，無論涉及職務與否，不得贈受財物。公務員於所辦事件，不得收受任何餽贈。採購人員不得接受與職務有關廠商之食、宿、交通、娛樂、旅遊、冶遊或其他類似情形之免費或優惠招待。故收受餽贈若有不當，應受行政處分，但當事人如假借年節禮俗、生日名義送禮，而實為行賄或基於某項特定職務關係予以收受，仍具賄賂性質。

對價關係：只要雙方行賄及受賄之意思達成一致，而所交付之賄賂或不正利益，與公務員為違背職務行為之間具有原因目的之對應關係，即為成立。

53. (　　) 廠商某甲承攬公共工程，工程進行期間，甲與其工程人員經常招待該公共工程委辦機關之監工及驗收之公務員喝花酒或招待出國旅遊，下列敘述何者正確？ ①公務員若沒有收現金，就沒有罪 ②只要工程沒有問題，某甲與監工及驗收等相關公務員就沒有犯罪 ③因為不是送錢，所以都沒有犯罪 ④某甲與相關公務員均已涉嫌觸犯貪污治罪條例。

54. (　　) 行（受）賄罪成立要素之一為具有對價關係，而作為公務員職務之對價有「賄賂」或「不正利益」，下列何者「不」屬於「賄賂」或「不正利益」？ ①開工邀請公務員觀禮 ②送百貨公司大額禮券 ③免除債務 ④招待吃米其林等級之高檔大餐。

55. (　　) 下列關於政府採購人員之敘述，何者為正確？ ①不可主動向廠商求取，偶發地收取廠商致贈價值在新臺幣 500 元以下之廣告物、促銷品、紀念品 ②要求廠商提供與採購無關之額外服務 ③利用職務關係向廠商借貸 ④利用職務關係媒介親友至廠商處所任職。

解 採購人員倫理準則第 8 條　採購人員不接受與職務或利益有關廠商之餽贈或招待，反不符合社會禮儀或習俗者，得予接受，不受前條之限制。但以非主動求取，且係偶發之情形為限。

一、價值在新臺幣 500 元以下之廣告物、促銷品、紀念品、禮物、折扣或服務。

二、價值在新臺幣 500 元以下之飲食招待。

三、公開舉行且邀請一般人參加之餐會。

四、其他經主管機關認定者。

56. (　　) 下列有關貪腐的敘述何者錯誤？ ①貪腐會危害永續發展和法治 ②貪腐會破壞民主體制及價值觀 ③貪腐會破壞倫理道德與正義 ④貪腐有助降低企業的經營成本。

解 51.(1)　52.(4)　53.(4)　54.(1)　55.(1)　56.(4)

57.（　　）下列有關促進參與預防和打擊貪腐的敘述何者錯誤？ ①提高政府決策透明度 ②廉政機構應受理匿名檢舉 ③儘量不讓公民團體、非政府組織與社區組織有參與的機會 ④向社會大眾及學生宣導貪腐「零容忍」觀念。

58.（　　）下列何者不是設置反貪腐專責機構須具備的必要條件？ ①賦予該機構必要的獨立性 ②使該機構的工作人員行使職權不會受到不當干預 ③提供該機構必要的資源、專職工作人員及必要培訓 ④賦予該機構的工作人員有權力可隨時逮捕貪污嫌疑人。

解 聯合國反貪腐公約第6條，賦予反貪腐專責機構必要之獨立性，使其能有效履行職權，及免受任何不正當之影響。各締約國均應提供必要之物資與專職工作人員，並爲此等工作人員履行職權，提供必要之培訓。

59.（　　）爲建立良好之公司治理制度，公司內部宜納入何種檢舉人制度？ ①告訴乃論制度 ②吹哨者（whistleblower）管道及保護制度 ③不告不理制度 ④非告訴乃論制度。

解 吹哨人指的是揭露一個組織（無論其是私有還是公共的）內部非法的、不誠實的或者有不正當行爲的人。

60.（　　）檢舉人向有偵查權機關或政風機構檢舉貪污瀆職，必須於何時爲之始可能給與獎金？ ①犯罪未起訴前 ②犯罪未發覺前 ③犯罪未遂前 ④預備犯罪前。

解 檢舉組織犯罪獎金給與辦法第3條 依本辦法給與檢舉獎金，以於檢察機關、司法警察機關或其他有權受理檢舉犯罪之機關未發覺前檢舉本條例所定之罪者爲限。

61.（　　）公司訂定誠信經營守則時，不包括下列何者？ ①禁止不誠信行爲 ②禁止行賄及收賄 ③禁止提供不法政治獻金 ④禁止適當慈善捐助或贊助。

62.（　　）檢舉人應以何種方式檢舉貪污瀆職始能核給獎金？ ①匿名 ②委託他人檢舉 ③以真實姓名檢舉 ④以他人名義檢舉。

63.（　　）我國制定何種法律以保護刑事案件之證人，使其勇於出面作證，俾利犯罪之偵查、審判？ ①貪污治罪條例 ②刑事訴訟法 ③行政程序法 ④證人保護法。

64.（　　）下列何者「非」屬公司對於企業社會責任實踐之原則？ ①加強個人資料揭露 ②維護社會公益 ③發展永續環境 ④落實公司治理。

65.（　　）下列何者「不」屬於職業素養的範疇？ ①獲利能力 ②正確的職業價值觀 ③職業知識技能 ④良好的職業行爲習慣。

66.（　　）下列行爲何者「不」屬於敬業精神的表現？ ①遵守時間約定 ②遵守法律規定 ③保護顧客隱私 ④隱匿公司產品瑕疵訊息。

67.（　　）下列何者符合專業人員的職業道德？ ①未經雇主同意，於上班時間從事私人事務 ②利用雇主的機具設備私自接單生產 ③未經顧客同意，任意散佈或利用顧客資料 ④盡力維護雇主及客戶的權益。

68.（　　）身爲公司員工必須維護公司利益，下列何者是正確的工作態度或行爲？ ①將公司逾期的產品更改標籤 ②施工時以省時、省料爲獲利首要考量、不顧品質 ③服務時首先考慮公司的利益，然後再考慮顧客利益 ④工作時謹守本分，以積極態度解決問題。

解 57.(3) 58.(4) 59.(2) 60.(2) 61.(4) 62.(3) 63.(4) 64.(1) 65.(1) 66.(4) 67.(4) 68.(4)

69. (　　) 身爲專業技術工作人士，應以何種認知及態度服務客戶？　①若客戶不瞭解，就儘量減少成本支出，抬高報價　②遇到維修問題，儘量拖過保固期　③主動告知可能碰到問題及預防方法　④隨著個人心情來提供服務的內容及品質。

70. (　　) 因爲工作本身需要高度專業技術及知識，所以在對客戶服務時應　①不用理會顧客的意見　②保持親切、眞誠、客戶至上的態度　③若價錢較低，就敷衍了事　④以專業機密爲由，不用對客戶說明及解釋。

71. (　　) 從事專業性工作，在與客戶約定時間應　①保持彈性、任意調整　②儘可能準時，依約定時間完成工作　③能拖就拖，能改就改　④自己方便就好，不必理會客戶的要求。

72. (　　) 從事專業性工作，在服務顧客時應有的態度是　①選擇最安全、經濟及有效的方法完成工作　②選擇工時較長、獲利較多的方法服務客戶　③爲了降低成本，可以降低安全標準　④不必顧及雇主和顧客的立場。

73. (　　) 當發現公司的產品可能會對顧客身體產生危害時，正確的作法或行動應是　①立即向主管或有關單位報告　②若無其事，置之不理　③儘量隱瞞事實，協助掩飾問題　④透過管道告知媒體或競爭對手。

74. (　　) 以下哪一項員工的作爲符合敬業精神？　①利用正常工作時間從事私人事務　②運用雇主的資源，從事個人工作　③未經雇主同意擅離工作崗位　④謹守職場紀律及禮節，尊重客戶隱私。

75. (　　) 如果發現有同事，利用公司的財產做私人的事，我們應該要　①未經查證或勸阻立即向主管報告　②應該立即勸阻，告知他這是不對的行爲　③不關我的事，我只要管好自己便可以　④應該告訴其他同事，讓大家共同來糾正與斥責他。

76. (　　) 小禎離開異鄉就業，來到小明的公司上班，小明是當地的人，他應該：　①不關他的事，自己管好就好　②多關心小禎的生活適應情況，如有困難加以協助　③小禎非當地人，應該不容易相處，不要有太多接觸　④小禎是同單位的人，是個競爭對手，應該多加防範。

77. (　　) 小張獲選爲小孩學校的家長會長，這個月要召開會議，沒時間準備資料，所以，利用上班期間有空檔非休息時間來完成，請問是否可以：　①可以，因爲不耽誤他的工作　②可以，因爲他能力好，能夠同時完成很多事　③不可以，因爲這是私事，不可以利用上班時間完成　④可以，只要不要被發現。

78. (　　) 小吳是公司的專用司機，爲了能夠隨時用車，經過公司同意，每晚都將公司的車開回家，然而，他發現反正每天上班路線，都要經過女兒學校，就順便載女兒上學，請問可以嗎？　①可以，反正順路　②不可以，這是公司的車不能私用　③可以，只要不被公司發現即可　④可以，要資源須有效使用。

79. (　　) 如果公司受到不當與不正確的毀謗與指控，你應該是：　①加入毀謗行列，將公司內部的事情，都說出來告訴大家　②相信公司，幫助公司對抗這些不實的指控　③向媒體爆料，更多不實的內容　④不關我的事，只要能夠領到薪水就好。

解 69.(3)　70.(2)　71.(2)　72.(1)　73.(1)　74.(4)　75.(2)　76.(2)　77.(3)　78.(2)　79.(2)

80. (　　) 筱佩要離職了，公司主管交代，她要做業務上的交接，她該怎麼辦？ ①不用理它，反正都要離開公司了 ②把以前的業務資料都刪除或設密碼，讓別人都打不開 ③應該將承辦業務整理歸檔清楚，並且留下聯絡的方式，未來有問題可以詢問她 ④盡量交接，如果離職日一到，就不關他的事。

81. (　　) 彥江是職場上的新鮮人，剛進公司不久，他應該具備怎樣的態度 ①上班、下班，管好自己便可 ②仔細觀察公司生態，加入某些小團體，以做爲後盾 ③只要做好人脈關係，這樣以後就好辦事 ④努力做好自己職掌的業務，樂於工作，與同事之間有良好的互動，相互協助。

82. (　　) 在公司內部行使商務禮儀的過程，主要以參與者在公司中的何種條件來訂定順序 ①年齡 ②性別 ③社會地位 ④職位。

83. (　　) 一位職場新鮮人剛進公司時，良好的工作態度是 ①多觀察、多學習，了解企業文化和價値觀 ②多打聽哪一個部門比較輕鬆，升遷機會較多 ③多探聽哪一個公司在找人，隨時準備跳槽走人 ④多遊走各部門認識同事，建立自己的小圈圈。

84. (　　) 乘坐轎車時，如有司機駕駛，按照乘車禮儀，以司機的方位來看，首位應爲 ①後排右側 ②前座右側 ③後排左側 ④後排中間。

85. (　　) 根據性別工作平等法，下列何者非屬職場性騷擾？ ①公司員工執行職務時，客戶對其講黃色笑話，該員工感覺被冒犯 ②雇主對求職者要求交往，作爲雇用與否之交換條件 ③公司員工執行職務時，遭到同事以「女人就是沒大腦」性別歧視用語加以辱罵，該員工感覺其人格尊嚴受損 ④公司員工下班後搭乘捷運，在捷運上遭到其他乘客偷拍。

86. (　　) 根據性別工作平等法，下列何者非屬職場性別歧視？ ①雇主考量男性賺錢養家之社會期待，提供男性高於女性之薪資 ②雇主考量女性以家庭爲重之社會期待，裁員時優先資遣女性 ③雇主事先與員工約定倘其有懷孕之情事，必須離職 ④有未滿 2 歲子女之男性員工，也可申請每日六十分鐘的哺乳時間。

87. (　　) 根據性別工作平等法，有關雇主防治性騷擾之責任與罰則，下列何者錯誤？ ①僱用受僱者30人以上者，應訂定性騷擾防治措施、申訴及懲戒辦法 ②雇主知悉性騷擾發生時，應採取立即有效之糾正及補救措施 ③雇主違反應訂定性騷擾防治措施之規定時，處以罰鍰即可，不用公布其姓名 ④雇主違反應訂定性騷擾申訴管道者，應限期令其改善，屆期未改善者，應按次處罰。

88. (　　) 根據性騷擾防治法，有關性騷擾之責任與罰則，下列何者錯誤？ ①對他人爲性騷擾者，如果沒有造成他人財產上之損失，就無需負擔金錢賠償之責任 ②對於因教育、訓練、醫療、公務、業務、求職，受自己監督、照護之人，利用權勢或機會爲性騷擾者，得加重科處罰鍰至二分之一 ③意圖性騷擾，乘人不及抗拒而爲親吻、擁抱或觸摸其臀部、胸部或其他身體隱私處之行爲者，處 2 年以下有期徒刑、拘役或科或併科 10 萬元以下罰金 ④對他人爲性騷擾者，由直轄市、縣(市)主管機關處1萬元以上10萬元以下罰鍰。

解 80.(3) 81.(4) 82.(4) 83.(1) 84.(1) 85.(4) 86.(4) 87.(3) 88.(1)

89. (　　) 根據消除對婦女一切形式歧視公約 (CEDAW)，下列何者正確？ ①對婦女的歧視指基於性別而作的任何區別、排斥或限制 ②只關心女性在政治方面的人權和基本自由 ③未要求政府需消除個人或企業對女性的歧視 ④傳統習俗應予保護及傳承，即使含有歧視女性的部分，也不可以改變。

解 1979年12月18日聯合國大會第34180號決議；依第27條規定自1981年9月3日生效。其中，「對婦女的歧視」一詞指基於性別而做的任何區別、排斥或限制，其影響或其目的均足以妨礙或否認婦女不論已婚、未婚在男女平等的基礎上認識、享有或行使在政治、經濟、社會、文化、公民或任何其他方面的人權和基本自由。

90. (　　) 學校駐衛警察之遴選規定以服畢兵役男性作為遴選條件之一，根據消除對婦女一切形式歧視公約 (CEDAW)，下列何者錯誤？ ①服畢兵役者仍以男性為主，此條件已排除多數女性被遴選的機會，屬性別歧視 ②此遴選條件雖明定限男性，但實務上不屬性別歧視 ③駐衛警察之遴選應以從事該工作所需的能力或資格作為條件 ④已違反 CEDAW 第1條對婦女的歧視。

91. (　　) 某規範明定地政機關進用女性測量助理名額，不得超過該機關測量助理名額總數二分之一，根據消除對婦女一切形式歧視公約 (CEDAW)，下列何者正確？ ①限制女性測量助理人數比例，屬於直接歧視 ②土地測量經常在戶外工作，基於保護女性所作的限制，不屬性別歧視 ③此項二分之一規定是為促進男女比例平衡 ④此限制是為確保機關業務順暢推動，並未歧視女性。

92. (　　) 根據消除對婦女一切形式歧視公約 (CEDAW) 之間接歧視意涵，下列何者錯誤？ ①一項法律、政策、方案或措施表面上對男性和女性無任何歧視，但實際上卻產生歧視女性的效果 ②察覺間接歧視的一個方法，是善加利用性別統計與性別分析 ③如果未正視歧視之結構和歷史模式，及忽略男女權力關係之不平等，可能使現有不平等狀況更為惡化 ④不論在任何情況下，只要以相同方式對待男性和女性，就能避免間接歧視之產生。

93. (　　) 關於菸品對人體的危害的敘述，下列何者「正確」？ ①只要開電風扇、或是空調就可以去除二手菸 ②抽雪茄比抽紙菸危害還要小 ③吸菸者比不吸菸者容易得肺癌 ④只要不將菸吸入肺部，就不會對身體造成傷害。

94. (　　) 下列何者「不是」菸害防制法之立法目的？ ①防制菸害 ②保護未成年免於菸害 ③保護孕婦免於菸害 ④促進菸品的使用。

解 菸害防制法之立法目的為防制菸害，維護國民健康。

95. (　　) 有關菸害防治法規範，「不可販賣菸品」給幾歲以下的人？ ① 20 ② 19 ③ 18 ④ 17。

解 菸害防制法第12條　未滿18歲者，不得吸菸。孕婦亦不得吸菸。父母、監護人或其他實際為照顧之人應禁止未滿18歲者吸菸。

96. (　　) 按菸害防制法規定，對於在禁菸場所吸菸會被罰多少錢？ ①新臺幣2千元至1萬元罰鍰 ②新臺幣1千元至5千元罰鍰 ③新臺幣1萬元至5萬元罰鍰 ④新臺幣2萬元至10萬元罰鍰。

解 89.(1)　90.(2)　91.(1)　92.(4)　93.(3)　94.(4)　95.(3)　96.(1)

解 菸害防制法第31條 於法定禁煙場所吸煙或未於規定區域內吸煙者，處新臺幣2千元以上1萬元以下罰鍰。

97.(　　) 按菸害防制法規定，下列何者錯誤？ ①只有老闆、店員才可以出面勸阻在禁菸場所抽菸的人 ②任何人都可以出面勸阻在禁菸場所抽菸的人 ③餐廳、旅館設置室內吸菸室，需經專業技師簽證核可 ④加油站屬易燃易爆場所，任何人都要勸阻在禁菸場所抽菸的人。

98.(　　) 按菸害防制法規定，對於主管每天在辦公室內吸菸，應如何處理？ ①未違反菸害防制法 ②因爲是主管，所以只好忍耐 ③撥打菸害申訴專線檢舉(0800-531-531) ④開空氣清淨機，睜一隻眼閉一睜眼。

99.(　　) 對電子煙的敘述，何者錯誤？ ①含有尼古丁會成癮 ②會有爆炸危險 ③含有毒致癌物質 ④可以幫助戒菸。

100.(　　) 下列何者是錯誤的「戒菸」方式？ ①撥打戒菸專線 0800-63-63-63 ②求助醫療院所、社區藥局專業戒菸 ③參加醫院或衛生所所辦理的戒菸班 ④自己購買電子煙來戒菸。

解 97.(1)　98.(3)　99.(4)　100.(4)

90008 環境保護

1. (　　) 世界環境日是在每一年的： ①6月5日 ②4月10日 ③3月8日 ④11月12日。

2. (　　) 2015年巴黎協議之目的爲何？ ①避免臭氧層破壞 ②減少持久性污染物排放 ③遏阻全球暖化趨勢 ④生物多樣性保育。

解《巴黎協議》旨在限制溫室氣體排放導致的全球氣溫上升。簽署《巴黎協議》的國家同意：讓全球平均氣溫升高不超過2攝氏度，並且朝著不超過1.5攝氏度的目標努力。限制人類活動所排放的溫室氣體，在2050年到2100年之間實現人類活動排放與自然吸收（樹木、土壤、海洋）之間的平衡。每五年檢視各國對降低溫室氣體排放的貢獻，使任務更具有挑戰性。較富裕國將提供較貧窮國「氣候資金」來因應氣候變化，與轉換成使用可再生能源的過程。

3. (　　) 下列何者爲環境保護的正確作爲？ ①多吃肉少蔬食 ②自己開車不共乘 ③鐵馬步行 ④不隨手關燈。

4. (　　) 下列何種行爲對生態環境會造成較大的衝擊？ ①植種原生樹木 ②引進外來物種 ③設立國家公園 ④設立自然保護區。

5. (　　) 下列哪一種飲食習慣能減碳抗暖化？ ①多吃速食 ②多吃天然蔬果 ③多吃牛肉 ④多選擇吃到飽的餐館。

6. (　　) 小明於隨地亂丟垃圾，遇依廢棄物清理法執行稽查人員要求提示身分證明，如小明無故拒絕提供，將受何處分？ ①勸導改善 ②移送警察局 ③處新臺幣6百元以上3千元以下罰鍰 ④接受環境講習。

7. (　　) 小狗在道路或其他公共場所便溺時，應由何人負責清除？ ①主人 ②清潔隊 ③警察 ④土地所有權人。

8. (　　) 四公尺以內之公共巷、弄路面及水溝之廢棄物，應由何人負責清除？ ①里辦公處 ②清潔隊 ③相對戶或相鄰戶分別各半清除 ④環保志工。

9. (　　) 外食自備餐具是落實綠色消費的哪一項表現？ ①重複使用 ②回收再生 ③環保選購 ④降低成本。

解綠色消費的基本3R3E原則爲：
1. 消費減量（Reduce）：控制自己的衝動購物。
2. 重複使用（Reuse）：讓物品也能長命百歲。
3. 回收循環（Recycle）：垃圾的第二春，廢物變黃金。
4. 講究經濟（Economic）：一切從簡單出發。
5. 符合生態（Ecological）：給動物永續的家。
6. 實踐公平（Equitable）：在意農夫與勞工應得的報酬。

10. (　　) 再生能源一般是指可永續利用之能源，主要包括哪些：A.化石燃料 B.風力 C.太陽能 D.水力？ ①ACD ②BCD ③ABD ④ABCD。

解 1.(1) 2.(3) 3.(3) 4.(2) 5.(2) 6.(3) 7.(1) 8.(3) 9.(1) 10.(2)

11. (　　) 何謂水足跡，下列何者是正確的？ ①水利用的途徑 ②每人用水量紀錄 ③消費者所購買的商品，在生產過程中消耗的用水量 ④水循環的過程。

解 水足跡是一種衡量用水的指標，不僅包括消費者或者生產者的直接用水，同時也包括間接用水，可以看做水資源佔用的綜合評價指標。

主要分爲下列三大概念組成：

1. 綠色水足跡（Green Water Footprint）：係指生產過程中雨水使用量，主要是指農產品在生長過程中使用的雨水量，如於農田中稻子生長時所使用的雨水量。
2. 藍色水足跡（Blue Water Footprint）：係指生產（或服務）過程中使用地表及地下水的量。
3. 灰色水足跡（Grey Water Footprint）：係指稀釋產品生產與提供服務的過程中所排放的污水至承受水體環境水質標準以上所需之水量。

12. (　　) 依環境基本法第 3 條規定，基於國家長期利益，經濟、科技及社會發展均應兼顧環境保護。但如果經濟、科技及社會發展對環境有嚴重不良影響或有危害時，應以何者優先？ ①經濟 ②科技 ③社會 ④環境。

13. (　　) 爲了保護環境，政府提出了 4 個 R 的口號，下列何者不是 4R 中的其中一項？ ①減少使用 ②再利用 ③再循環 ④再創新。

解
- Reduce（減少使用）：減少使用或購買不必要的東西，就不用考慮如何處理廢物。
- Reuse（物盡其用）：不要隨便丟棄有用的東西，物盡其用，廢物自然大減。
- Recycle（循環再用）：把自己沒用而完好的東西送給有需要的人；把破損而可回收的東西回收，再造成有用的物品，重複運用資源。
- Replace（替代使用）：採用較環保的物品或生活方式，例如以手巾取代紙巾、乘搭公共交通工具代替私家車。

14. (　　) 逛夜市時常有攤位在販賣滅蟑藥，下列何者正確？ ①滅蟑藥是藥，中央主管機關爲衛生福利部 ②滅蟑藥是環境衛生用藥，中央主管機關是環境保護署 ③只要批貨，人人皆可販賣滅蟑藥，不須領得許可執照 ④滅蟑藥之包裝上不用標示有效期限。

解 環境用藥，特別是環境衛生用藥，像是殺蟲劑、殺菌劑、殺蟎劑及殺鼠劑，涉及病媒害蟲控制之效果及用藥安全。環境用藥與一般商品不同，是有特別法在管理之產品，依「環境用藥管理法」第 32 條規定：「非持有環境用藥許可證、環境用藥販賣業或病媒防治業許可執照者，不得爲環境用藥廣告。」違反者處新臺幣 6 萬元以上 30 萬元以下罰鍰。

15. (　　) 森林面積的減少甚至消失可能導致哪些影響：A. 水資源減少 B. 減緩全球暖化 C. 加劇全球暖化 D. 降低生物多樣性？ ① ACD ② BCD ③ ABD ④ ABCD。

16. (　　) 塑膠爲海洋生態的殺手，所以環保署推動「無塑海洋」政策，下列何項不是減少塑膠危害海洋生態的重要措施？ ①擴大禁止免費供應塑膠袋 ②禁止製造、進口及販售含塑膠柔珠的清潔用品 ③定期進行海水水質監測 ④淨灘、淨海。

17. (　　) 違反環境保護法律或自治條例之行政法上義務，經處分機關處停工、停業處分或處新臺幣五千元以上罰鍰者，應接受下列何種講習？ ①道路交通安全講習 ②環境講習 ③衛生講習 ④消防講習。

解 11.(3) 12.(4) 13.(4) 14.(2) 15.(1) 16.(3) 17.(2)

18. ( ) 綠色設計主要爲節能、生態與下列何者？ ①生產成本低廉的產品 ②表示健康的、安全的商品 ③售價低廉易購買的商品 ④包裝紙一定要用綠色系統者。

解 綠色設計的特徵：

1. 安全性：設計不能危及使用者的人身安全以及正常的生態秩序，這是「綠色設計」的前提。材料的使用要充分考慮到對人的安全性。
2. 節能性：未來的設計應以減少用料或使用可再生的材料爲基礎，這也是「綠色設計」的一個原則。
3. 生態性：「綠色設計」應努力避免因設計不當和選材的失誤而造成的環境污染與公害。「綠色設計」應提倡使用自然環境下易降解的材料和易於回收的材料。

19. ( ) 下列何者爲環保標章？ ① ② ③ ④ CO_2 。

20. ( ) 「聖嬰現象」是指哪一區域的溫度異常升高？ ①西太平洋表層海水 ②東太平洋表層海水 ③西印度洋表層海水 ④東印度洋表層海水。

21. ( ) 「酸雨」定義爲雨水酸鹼值達多少以下時稱之？ ① 5.0 ② 6.0 ③ 7.0 ④ 8.0。

22. ( ) 一般而言，水中溶氧量隨水溫之上升而呈下列那一種趨勢？ ①增加 ②減少 ③不變 ④不一定。

23. ( ) 二手菸中包含多種危害人體的化學物質，甚至多種物質有致癌性，會危害到下列何者的健康？ ①只對 12 歲以下孩童有影響 ②只對孕婦比較有影響 ③只有 65 歲以上之民眾有影響 ④全民皆有影響。

24. ( ) 二氧化碳和其他溫室氣體含量增加是造成全球暖化的主因之一，下列何種飲食方式也能降低碳排放量，對環境保護做出貢獻：A. 少吃肉，多吃蔬菜；B. 玉米產量減少時，購買玉米罐頭食用；C. 選擇當地食材；D. 使用免洗餐具，減少清洗用水與清潔劑？ ① AB ② AC ③ AD ④ ACD。

25. ( ) 上下班的交通方式有很多種，其中包括：A. 騎腳踏車；B. 搭乘大眾交通工具；C. 自行開車，請將前述幾種交通方式之單位排碳量由少至多之排列方式爲何？ ① ABC ② ACB ③ BAC ④ CBA。

26. ( ) 下列何者「不是」室內空氣污染源？ ①建材 ②辦公室事務機 ③廢紙回收箱 ④油漆及塗料。

27. ( ) 下列何者不是自來水消毒採用的方式？ ①加入臭氧 ②加入氯氣 ③紫外線消毒 ④加入二氧化碳。

28. ( ) 下列何者不是造成全球暖化的元凶？ ①汽機車排放的廢氣 ②工廠所排放的廢氣 ③火力發電廠所排放的廢氣 ④種植樹木。

29. ( ) 下列何者不是造成臺灣水資源減少的主要因素？ ①超抽地下水 ②雨水酸化 ③水庫淤積 ④濫用水資源。

30. ( ) 下列何者不是溫室效應所產生的現象？ ①氣溫升高而使海平面上升 ②北極熊棲地減少 ③造成全球氣候變遷，導致不正常暴雨、乾旱現象 ④造成臭氧層產生破洞。

解 18.(2) 19.(1) 20.(2) 21.(1) 22.(2) 23.(4) 24.(2) 25.(1) 26.(3) 27.(4) 28.(4) 29.(2) 30.(4)

解 溫室效應現象是來自石油及煤燃燒而排放過量的二氧化碳、燃燒化石燃料所產生的氮氧化物、被大量用於製造各種產品的 CFCs、水田及掩埋場所排放的甲烷，以及臭氧等氣體的大量增加。以上種種物質，稱之爲溫室效應氣體，其在大氣中的含量日增，會加速破壞大氣自動調節地球溫度的能力，使得地球的溫度逐漸上升，造成全球氣候變遷，導致不正常暴雨、乾旱現象等。

臭氧層破洞的原因主要是人類大量使用的氟氯碳化合物。其主要源自於冰箱及空調冷媒、噴霧劑、食品冷凍劑、清洗劑、滅火劑及泡綿發泡劑等的大量使用所造成。

31. ( ) 下列何者是室內空氣污染物之來源：A. 使用殺蟲劑；B. 使用雷射印表機；C. 在室內抽煙；D. 戶外的污染物飄進室內？ ① ABC ② BCD ③ ACD ④ ABCD。

32. ( ) 下列何者是海洋受污染的現象？ ①形成紅潮 ②形成黑潮 ③溫室效應 ④臭氧層破洞。

解 紅潮是一種藻華現象。它是海洋災害的一種，是指海洋水體中某些微小的浮游植物、原生動物或細菌，在一定的環境條件下突發性增殖和聚集，引發一定範圍和一段時間內水體變色現象。紅潮是一個歷史沿用名詞，並不一定都是紅色，而是許多類似現象的統稱；發生紅潮時，通常根據引發紅潮的生物數量、種類，而使得海洋水體呈紅、黃、綠和褐色等。

33. ( ) 下列何者是造成臺灣雨水酸鹼 (pH) 值下降的主要原因？ ①國外火山噴發 ②工業排放廢氣 ③森林減少 ④降雨量減少。

解 酸雨是指雨水受到人爲酸性污染物影響所致，其 pH 值小於 5.0。而人爲污染排放方面，致酸污染物—氮氧化物主要源自工廠高溫燃燒過程及交通工具排放等，這些污染物被排放至大氣當中，經光化學反應生成硫酸、硝酸等酸性物質，使得雨水之 pH 值降低，形成酸雨。酸雨帶來的影響爲：

1. 酸雨使河湖水酸化，影響魚類生長繁殖，乃至大量死亡；
2. 使土壤酸化，危害森林和農作物生長；
3. 腐蝕建築物和文物古蹟；
4. 危及人體健康。

減少酸雨根本途徑：減少人爲硫氧化合物和氮氧化合物的排放。

34. ( ) 水中生化需氧量 (BOD) 愈高，其所代表的意義爲下列何者？ ①水爲硬水 ②有機污染物多 ③水質偏酸 ④分解污染物時不需消耗太多氧。

解 生化需氧量（Biochemical oxygen demand，簡寫爲 BOD），是水體中的好氧微生物在一定溫度下，將水中有機物分解成無機質，這一特定時間內的氧化過程中所需要的溶解氧量。生化需氧量和化學需氧量（COD）的比值能說明水中難以生化分解的有機物占比，微生物難以分解的有機污染物，對環境造成的危害很大。BOD 之檢驗具有下列意義：

1. 測定污水的濃度。
2. 判定處理廠之處理效果。
3. 處理廠設計之依據。
4. 放流河川污染量之測定。
5. 河川及放流水水質標準之判定。

解 31.(4) 32.(1) 33.(2) 34.(2)

35. (　　) 下列何者是酸雨對環境的影響？ ①湖泊水質酸化 ②增加森林生長速度 ③土壤肥沃 ④增加水生動物種類。

36. (　　) 下列何者是懸浮微粒與落塵的差異？ ①採樣地區 ②粒徑大小 ③分布濃度 ④物體顏色。

解 • 懸浮微粒：指粒徑在十微米（10μm）以下之粒子，又稱 PM10。
• 落塵：粒徑超過 10μm，能因重力逐漸落下而引起公眾厭惡之物質。

37. (　　) 下列何者屬地下水超抽情形？ ①地下水抽水量「超越」天然補注量 ②天然補注量「超越」地下水抽水量 ③地下水抽水量「低於」降雨量 ④地下水抽水量「低於」天然補注量。

38. (　　) 下列何種行為無法減少「溫室氣體」排放？ ①騎自行車取代開車 ②多搭乘公共運輸系統 ③多吃肉少蔬菜 ④使用再生紙張。

39. (　　) 下列那一項水質濃度降低會導致河川魚類大量死亡？ ①氨氮 ②溶氧 ③二氧化碳 ④生化需氧量。

解 溶氧是指溶解於水中之氧，一般簡稱為 DO，其濃度單位以 mg/L 表示。氧為生物生存（新陳代謝）所需之基本元素，因此，在河川水質管理實務上，溶氧量被視為是判斷水質好壞之主要指標，一般而言，濃度愈高，代表水質狀況愈好。水中之飽和溶氧量受水溫及水中含有之雜質量之影響，水溫愈高，飽和溶氧量（濃度）愈低。

40. (　　) 下列何種生活小習慣的改變可減少細懸浮微粒 ($PM_{2.5}$) 排放，共同為改善空氣品質盡一份心力？ ①少吃燒烤食物 ②使用吸塵器 ③養成運動習慣 ④每天喝 500 cc 的水。

41. (　　) 下列哪種措施不能用來降低空氣污染？ ①汽機車強制定期排氣檢測 ②汰換老舊柴油車 ③禁止露天燃燒稻草 ④汽機車加裝消音器。

42. (　　) 大氣層中臭氧層有何作用？ ①保持溫度 ②對流最旺盛的區域 ③吸收紫外線 ④造成光害。

43. (　　) 小李具有乙級廢水專責人員證照，某工廠希望以高價租用證照的方式合作，請問下列何者正確？ ①這是違法行為 ②互蒙其利 ③價錢合理即可 ④經環保局同意即可。

44. (　　) 可藉由下列何者改善河川水質且兼具提供動植物良好棲地環境？ ①運動公園 ②人工溼地 ③滯洪池 ④水庫。

解 人工溼地在設計上多利用黏土層不透水的特性，再鋪上不同大小的石子、沙粒等來構成過濾層。這個過濾層除了直接過濾污染物之外，還可藉由裡頭的微生物來分解污染物。此外，也多會栽植藻類、水生植物，或是耐水性的植物，甚至可以植林，並提供其他野生動物的棲息，這也是傳統污水處理池較無法做到的。而且經過處理的工業有機廢水，亦可作為植物的養分。一般而言，如此設計的人工濕地，已足以應付來自住宅、農業或工業區的有機廢水。經過清潔後的水，還可以再回收、利用。

45. (　　) 台北市周先生早晨在河濱公園散步時，發現有大面積的河面被染成紅色，岸邊還有許多死魚，此時周先生應該打電話給那個單位通報處理？ ①環保局 ②警察局 ③衛生局 ④交通局。

解 35.(1) 36.(2) 37.(1) 38.(3) 39.(2) 40.(1) 41.(4) 42.(3) 43.(1) 44.(2) 45.(1)

46. (　　) 台灣地區地形陡峭雨旱季分明，水資源開發不易常有缺水現象，目前推動生活污水經處理再生利用，可填補部分水資源，主要可供哪些用途：A. 工業用水、B. 景觀澆灌、C. 飲用水、D. 消防用水？ ① ACD ② BCD ③ ABD ④ ABCD。

47. (　　) 台灣自來水之水源主要取自 ①海洋的水 ②河川及水庫的水 ③綠洲的水 ④灌溉渠道的水。

48. (　　) 民眾焚香燒紙錢常會產生那些空氣污染物增加罹癌的機率：A. 苯、B. 細懸浮微粒 ($PM_{2.5}$)、C. 二氧化碳 (CO_2)、D. 甲烷 (CH_4)？ ① AB ② AC ③ BC ④ CD。

解 依據行政院環保署資料顯示，焚香燒金紙會產生硫氧化物、氮氧化物、一氧化碳、苯、甲苯、甲醛、多環芳香烴及細懸浮微粒等多種物質，其中苯、甲苯、甲醛、多環芳香烴具致癌性，會對人體健康造成損害。

49. (　　) 生活中經常使用的物品，下列何者含有破壞臭氧層的化學物質？ ①噴霧劑 ②免洗筷 ③保麗龍 ④寶特瓶。

50. (　　) 目前市面清潔劑均會強調「無磷」，是因爲含磷的清潔劑使用後，若廢水排至河川或湖泊等水域會造成甚麼影響？ ①綠牡蠣 ②優養化 ③秘雕魚 ④烏腳病。

解 優養化（Eutrophication），又稱作富營養化，是指湖泊、河流、水庫等水體中氮、磷等植物營養物質含量過多，所引起的水質污染現象。由於水體中氮、磷營養物質的富集，引起藻類及其他浮游生物的迅速繁殖，使水體溶解氧含量下降，造成植物、水生物和魚類衰亡，甚至絕跡的污染現象。

51. (　　) 冰箱在廢棄回收時應特別注意哪一項物質，以避免逸散至大氣中造成臭氧層的破壞？ ①冷媒 ②甲醛 ③汞 ④苯。

52. (　　) 在五金行買來的強力膠中，主要有下列哪一種會對人體產生危害的化學物質？ ①甲苯 ②乙苯 ③甲醛 ④乙醛。

53. (　　) 在同一操作條件下，煤、天然氣、油、核能的二氧化碳排放比例之大小，由大而小爲：①油＞煤＞天然氣＞核能 ②煤＞油＞天然氣＞核能 ③煤＞天然氣＞油＞核能 ④油＞煤＞核能＞天然氣。

54. (　　) 如何降低飲用水中消毒副產物三鹵甲烷？ ①先將水煮沸，打開壺蓋再煮三分鐘以上 ②先將水過濾，加氯消毒 ③先將水煮沸，加氯消毒 ④先將水過濾，打開壺蓋使其自然蒸發。

55. (　　) 自行煮水、包裝飲用水及包裝飲料，依生命週期評估的排碳量大小順序爲下列何者：①包裝飲用水＞自行煮水＞包裝飲料 ②包裝飲料＞自行煮水＞包裝飲用水 ③自行煮水＞包裝飲料＞包裝飲用水 ④包裝飲料＞包裝飲用水＞自行煮水。

56. (　　) 下列何者不是噪音的危害所造成的現象？ ①精神很集中 ②煩躁、失眠 ③緊張、焦慮 ④工作效率低落。

57. (　　) 我國移動污染源空氣污染防制費的徵收機制爲何？ ①依車輛里程數計費 ②隨油品銷售徵收 ③依牌照徵收 ④依照排氣量徵收。

解 46.(3) 47.(2) 48.(1) 49.(1) 50.(2) 51.(1) 52.(1) 53.(2) 54.(1) 55.(4) 56.(1) 57.(2)

58. (　　) 室內裝潢時，若不謹慎選擇建材，將會逸散出氣狀污染物。其中會刺激皮膚、眼、鼻和呼吸道，也是致癌物質，可能為下列哪一種污染物？ ①臭氧 ②甲醛 ③氟氯碳化合物 ④二氧化碳。

59. (　　) 下列哪一種氣體較易造成臭氧層被嚴重的破壞？ ①氟氯碳化物 ②二氧化硫 ③氮氧化合物 ④二氧化碳。

解 請見第30題。

60. (　　) 高速公路旁常見有農田違法焚燒稻草，除易產生濃煙影響行車安全外，也會產生下列何種空氣污染物對人體健康造成不良的作用？ ①懸浮微粒 ②二氧化碳 (CO_2) ③臭氧 (O_3) ④沼氣。

61. (　　) 都市中常產生的「熱島效應」會造成何種影響？ ①增加降雨 ②空氣污染物不易擴散 ③空氣污染物易擴散 ④溫度降低。

解 熱島效應：都市環境由於綠地不足、地表不透水化、人工發散熱大、地表高蓄熱化，使都市有如一座發熱的島嶼，其發熱量在都心區域產生上昇氣流，再由四周郊區留入冷流補充氣流，使都心區呈現日漸高溫化的現象。都市熱島效應對都市生態而言是一種不利的影響，其影響包含有：(1) 高溫化、(2) 乾燥化、(3) 日射量減少、(4) 雲量增多、(5) 霧日增多、(6) 降雨量微增、(7) 平均風速降低、(8) 空氣污染等現象。

62. (　　) 廢塑膠等廢棄於環境除不易腐化外，若隨一般垃圾進入焚化廠處理，可能產生下列那一種空氣污染物對人體有致癌疑慮？ ①臭氧 ②一氧化碳 ③戴奧辛 ④沼氣。

63. (　　) 「垃圾強制分類」的主要目的為：A. 減少垃圾清運量 B. 回收有用資源 C. 回收廚餘予以再利用 D. 變賣賺錢？ ① ABCD ② ABC ③ ACD ④ BCD。

64. (　　) 一般人生活產生之廢棄物，何者屬有害廢棄物？ ①廚餘 ②鐵鋁罐 ③廢玻璃 ④廢日光燈管。

解 廢日光燈管為含長期不易腐化及含有害物質成份的一般廢棄物。因日光燈管內所含有的汞及螢光粉，對生物及人體會有直接慢性的傷害，長期甚至可能影響人體中樞神經的功能。

65. (　　) 一般辦公室影印機的碳粉匣，應如何回收？ ①拿到便利商店回收 ②交由販賣商回收 ③交由清潔隊回收 ④交給拾荒者回收。

66. (　　) 下列何者不是蚊蟲會傳染的疾病？ ①日本腦炎 ②瘧疾 ③登革熱 ④痢疾。

解 痢疾主要是藉由帶菌者的手傳播擴散。經污染水或食物引起的細菌性痢疾多發於夏季。

67. (　　) 下列何者非屬資源回收分類項目中「廢紙類」的回收物？ ①報紙 ②雜誌 ③紙袋 ④用過的衛生紙。

68. (　　) 下列何者對飲用瓶裝水之形容是正確的：A. 飲用後之寶特瓶容器為地球增加了一個廢棄物；B. 運送瓶裝水時卡車會排放空氣污染物；C. 瓶裝水一定比經煮沸之自來水安全衛生？ ① AB ② BC ③ AC ④ ABC。

解 58.(2) 59.(1) 60.(1) 61.(2) 62.(3) 63.(2) 64.(4) 65.(2) 66.(4) 67.(4) 68.(1)

69. (　　) 下列哪一項是我們在家中常見的環境衛生用藥？ ①體香劑 ②殺蟲劑 ③洗滌劑 ④乾燥劑。

70. (　　) 下列哪一種是公告應回收廢棄物中的容器類：A. 廢鋁箔包 B. 廢紙容器 C. 寶特瓶？ ① ABC ② AC ③ BC ④ C。

71. (　　) 下列哪些廢紙類不可以進行資源回收？ ①紙尿褲 ②包裝紙 ③雜誌 ④報紙。

72. (　　) 小明拿到「垃圾強制分類」的宣導海報，標語寫著「分 3 類，好 OK」，標語中的分 3 類是指家戶日常生活中產生的垃圾可以區分哪三類？ ①資源、廚餘、事業廢棄物 ②資源、一般廢棄物、事業廢棄物 ③一般廢棄物、事業廢棄物、放射性廢棄物 ④資源、廚餘、一般垃圾。

73. (　　) 日光燈管、水銀溫度計等，因含有哪一種重金屬，可能對清潔隊員造成傷害，應與一般垃圾分開處理？ ①鉛 ②鎘 ③汞 ④鐵。

74. (　　) 家裡有過期的藥品，請問這些藥品要如何處理？ ①倒入馬桶沖掉 ②交由藥局回收 ③繼續服用 ④送給相同疾病的朋友。

75. (　　) 台灣西部海岸曾發生的綠牡蠣事件是下列何種物質污染水體有關？①汞 ②銅 ③磷 ④鎘。

解 廢五金包括廢電線電纜、電子零件、電路板等，由於含有一些貴重金屬，經酸洗或淘洗之後，金屬可回收使用，而產生的廢液含有大量的銅離子。若海域長時間接受廢五金業之衝擊，會使該海域粒狀性銅與溶解性銅大爲增加。生存於該海域的養殖牡蠣，攝取並累積了大量的粒狀性銅與溶解性銅，會導致綠牡蠣事件。

76. (　　) 在生物鏈越上端的物種其體內累積持久性有機污染物 (POPs) 濃度將越高，危害性也將越大，這是說明 POPs 具有下列何種特性？ ①持久性 ②半揮發性 ③高毒性 ④生物累積性。

解 持久性有機污染物（Persistent Organic Pollutants，簡稱 POPs）是指具有以下四大特性的化學物質：

1. 持久性：POPs 對生物降解、光解、化學分解等作用有較強的抵抗能力，因此這些物質一旦排放到環境中就難以被分解，且能在水體、土壤及底泥等多種環境介質中殘留數年或更長的時間。
2. 半揮發性：POPs 都具有半揮發性，能夠從土壤、水體揮發到空氣中，並以蒸氣的形式存在於空氣中或吸附在大氣顆粒物上，從而能在大氣環境中進行遠距離遷移。同時，半揮發性的特徵，又使得 POPs 不會永久停留於空氣中，而會重新沉降到地球表面。
3. 生物累積性：有機化合物進入水體後，其在水生生物體內濃度升高的現象稱爲生物累積作用。因 POPs 具有生物累積性，因此在生物鏈越上端的物種，其體內累積濃度將越高，危害性也將越大。
4. 高毒性：在公約中規定的 POPs，大多具有很高的毒性，部分 POPs 還具有致癌性、致畸性、致突變性、生殖毒性及免疫毒性等。這些物質嚴重危害生物體健康，而且這種毒性還會由於污染物的持久性而持續一段時間。

解 69.(2) 70.(1) 71.(1) 72.(4) 73.(3) 74.(2) 75.(2) 76.(4)

77. (　　) 有關小黑蚊敘述下列何者爲非？ ①活動時間以中午十二點到下午三點爲活動高峰期 ②小黑蚊的幼蟲以腐植質、青苔和藻類爲食 ③無論雄性或雌性皆會吸食哺乳類動物血液 ④多存在竹林、灌木叢、雜草叢、果園等邊緣地帶等處。

解 會叮咬人的是小黑蚊的雌蟲，吸血提供卵成熟的養分以繁衍後代，雄蟲只會吃花蜜喝露水，過著餐風露宿的生活，交配後就死亡。

78. (　　) 用垃圾焚化廠處理垃圾的最主要優點爲何？ ①減少處理後的垃圾體積 ②去除垃圾中所有毒物 ③減少空氣污染 ④減少處理垃圾的程序。

79. (　　) 利用豬隻的排泄物當燃料發電，是屬於那一種能源？ ①地熱能 ②太陽能 ③生質能 ④核能。

80. (　　) 每個人日常生活皆會產生垃圾，下列何種處理垃圾的觀念與方式是不正確的？ ①垃圾分類，使資源回收再利用 ②所有垃圾皆掩埋處理，垃圾將會自然分解 ③廚餘回收堆肥後製成肥料 ④可燃性垃圾經焚化燃燒可有效減少垃圾體積。

81. (　　) 防治蟲害最好的方法是 ①使用殺蟲劑 ②清除孳生源 ③網子捕捉 ④拍打。

82. (　　) 依廢棄物清理法之規定，隨地吐檳榔汁、檳榔渣者，應接受幾小時之戒檳班講習？ ① 2 小時 ② 4 小時 ③ 6 小時 ④ 8 小時。

83. (　　) 室內裝修業者承攬裝修工程，工程中所產生的廢棄物應該如何處理？ ①委託合法清除機構清運 ②倒在偏遠山坡地 ③河岸邊掩埋 ④交給清潔隊垃圾車。

84. (　　) 若使用後的廢電池未經回收，直接廢棄所含重金屬物質曝露於環境中可能產生那些影響？ A. 地下水污染、B. 對人體產生中毒等不良作用、C. 對生物產生重金屬累積及濃縮作用、D. 造成優養化 ① ABC ② ABCD ③ ACD ④ BCD。

解 優養化請見第 50 題

85. (　　) 哪一種家庭廢棄物可用來作爲製造肥皂的主要原料？ ①食醋 ②果皮 ③回鍋油 ④熟廚餘。

86. (　　) 家戶大型垃圾應由誰負責處理？ ①行政院環境保護署 ②當地政府清潔隊 ③行政院 ④內政部。

87. (　　) 根據環保署資料顯示，世紀之毒「戴奧辛」主要透過何者方式進入人體？ ①透過觸摸 ②透過呼吸 ③透過飲食 ④透過雨水。

解 戴奧辛進入人體的途徑爲吸入、皮膚接觸及攝食等三種。其中經由食物鏈途徑吃入含戴奧辛的魚類、肉品及乳製品等畜產品，爲戴奧辛進入人體的主要途徑（約佔九成以上）。

88. (　　) 陳先生到機車行換機油時，發現機車行老闆將廢機油直接倒入路旁的排水溝，請問這樣的行爲是違反了 ①道路交通管理處罰條例 ②廢棄物清理法 ③職業安全衛生法 ④飲用水管理條例。

89. (　　) 亂丟香菸蒂，此行爲已違反什麼規定？ ①廢棄物清理法 ②民法 ③刑法 ④毒性化學物質管理法。

解 77.(3) 78.(1) 79.(3) 80.(2) 81.(2) 82.(2) 83.(1) 84.(1) 85.(3) 86.(2) 87.(3) 88.(2) 89.(1)

90.( ) 實施「垃圾費隨袋徵收」政策的好處爲何：A. 減少家戶垃圾費用支出 B. 全民主動參與資源回收 C. 有效垃圾減量？ ① AB ② AC ③ BC ④ ABC。

91.( ) 臺灣地狹人稠，垃圾處理一直是不易解決的問題，下列何種是較佳的因應對策？ ①垃圾分類資源回收 ②蓋焚化廠 ③運至國外處理 ④向海爭地掩埋。

92.( ) 臺灣嘉南沿海一帶發生的烏腳病可能爲哪一種重金屬引起？ ①汞 ②砷 ③鉛 ④鎘。

93.( ) 遛狗不清理狗的排泄物係違反哪一法規？ ①水污染防治法 ②廢棄物清理法 ③毒性化學物質管理法 ④空氣污染防制法。

94.( ) 酸雨對土壤可能造成的影響，下列何者正確？ ①土壤更肥沃 ②土壤液化 ③土壤中的重金屬釋出 ④土壤礦化。

解 請見第 33 題

95.( ) 購買下列哪一種商品對環境比較友善？ ①用過即丟的商品 ②一次性的產品 ③材質可以回收的商品 ④過度包裝的商品。

96.( ) 醫療院所用過的棉球、紗布、針筒、針頭等感染性事業廢棄物屬於 ①一般事業廢棄物 ②資源回收物 ③一般廢棄物 ④有害事業廢棄物。

97.( ) 下列何項法規的立法目的爲預防及減輕開發行爲對環境造成不良影響，藉以達成環境保護之目的？ ①公害糾紛處理法 ②環境影響評估法 ③環境基本法 ④環境教育法。

解 環境影響評估法：爲預防及減輕開發行爲對環境造成不良影響，藉以達成環境保護之目的，特制定本法。

98.( ) 下列何種開發行爲若對環境有不良影響之虞者，應實施環境影響評估：A. 開發科學園區；B. 新建捷運工程；C. 採礦。 ① AB ② BC ③ AC ④ ABC。

解 開發行爲若對環境有不良影響之虞者，應實施環境影響評估，應實施環境影響評估者如下：

1. 工廠之設立及工業區之開發。
2. 道路、鐵路、大眾捷運系統、港灣及機場之開發。
3. 土石採取及探礦、採礦。
4. 蓄水、供水、防洪排水工程之開發。
5. 農、林、漁、牧地之開發利用。
6. 遊樂、風景區、高爾夫球場及運動場地之開發。
7. 文教、醫療建設之開發。
8. 新市區建設及高樓建築或舊市區更新。
9. 環境保護工程之興建。
10. 核能及其他能源之開發及放射性核廢料儲存或處理場所之興建。
11. 其他經中央主管機關公告者。

解 90.(4) 91.(1) 92.(2) 93.(2) 94.(3) 95.(3) 96.(4) 97.(2) 98.(4)

99.(　　) 主管機關審查環境影響說明書或評估書，如認爲已足以判斷未對環境有重大影響之虞，作成之審查結論可能爲下列何者？ ①通過環境影響評估審查 ②應繼續進行第二階段環境影響評估 ③認定不應開發 ④補充修正資料再審。

解「環境影響說明書」即第一階段環境影響評估審查應提送之書件；「環境影響評估報告書」（初稿）則爲第二階段環境影響評估審查應提送之書件。而所謂之「環境影響評估報告書」係評估書（初稿）經主管機關審查做成審查結論後，開發單位依審查結論修正所做成之書件名稱。環評流程：

第一階段環境影響評估：

1. 開發單位應舉辦公開之說明會。
2. 應檢具環境影響說明書。
3. 向目的事業主管機關提出，並由目的事業主管機關轉送主管機關審查。

進入環保機關審查委員會審查，但若有重大影響之虞，應繼續進行第二階段環境影響評估。如認爲未對環境有重大影響之虞，則審查結論可能爲通過環境影響評估審查。

第二階段環境影響評估：

1. 有重大影響之虞，應繼續進行第二階段環境影響評估者需舉行公開說明會。
2. 界定評估範疇。
3. 編制環境影響評估報告書初稿。
4. 向目的主管機關提出。
5. 進行現場勘驗並舉行公聽會。
6. 進入環保主管機關審查委員會進行審查。

100.(　　) 依環境影響評估法規定，對環境有重大影響之虞的開發行爲應繼續進行第二階段環境影響評估，下列何者不是上述對環境有重大影響之虞或應進行第二階段環境影響評估的決定方式？ ①明訂開發行爲及規模 ②環評委員會審查認定 ③自願進行 ④有民眾或團體抗爭。

解99.(1)　100.(4)

90009 節能減碳

1. (　　) 依能源局「指定能源用戶應遵行之節約能源規定」，下列何場所未在其管制之範圍？ ①旅館 ②餐廳 ③住家 ④美容美髮店。

2. (　　) 依能源局「指定能源用戶應遵行之節約能源規定」，在正常使用條件下，公眾出入之場所其室內冷氣溫度平均值不得低於攝氏幾度？ ① 26 ② 25 ③ 24 ④ 22。

3. (　　) 下列何者為節能標章？ ① ② ③ ④ 。

4. (　　) 各產業中耗能佔比最大的產業為 ①服務業 ②公用事業 ③農林漁牧業 ④能源密集產業。

5. (　　) 下列何者非節省能源的做法？ ①電冰箱溫度長時間調在強冷或急冷 ②影印機當 15 分鐘無人使用時，自動進入省電模式 ③電視機勿背著窗戶或面對窗戶，並避免太陽直射 ④汽車不行駛短程，較短程旅運應儘量搭乘公車、騎單車或步行。

6. (　　) 經濟部能源局的能源效率標示分為幾個等級？ ① 1 ② 3 ③ 5 ④ 7。

7. (　　) 溫室氣體排放量：指自排放源排出之各種溫室氣體量乘以各該物質溫暖化潛勢所得之合計量，以 ①氧化亞氮 (N_2O) ②二氧化碳 (CO_2) ③甲烷 (CH_4) ④六氟化硫 (SF_6) 當量表示。

8. (　　) 國家溫室氣體長期減量目標為中華民國 139 年溫室氣體排放量降為中華民國 94 年溫室氣體排放量百分之多少以下 ① 20 ② 30 ③ 40 ④ 50。

9. (　　) 溫室氣體減量及管理法所稱主管機關，在中央為下列何單位？ ①經濟部能源局 ②行政院環境保護署 ③國家發展委員會 ④衛生福利部。

10. (　　) 溫室氣體減量及管理法中所稱：一單位之排放額度相當於允許排放 ① 1 公斤 ② 1 立方米 ③ 1 公噸 ④ 1 公擔 之二氧化碳當量。

11. (　　) 下列何者不是全球暖化帶來的影響？ ①洪水 ②熱浪 ③地震 ④旱災。

12. (　　) 下列何種方法無法減少二氧化碳？ ①想吃多少儘量點，剩下可當廚餘回收 ②選購當地、當季食材，減少運輸碳足跡 ③多吃蔬菜，少吃肉 ④自備杯筷，減少免洗用具垃圾量。

13. (　　) 下列何者不會減少溫室氣體的排放？ ①減少使用煤、石油等化石燃料 ②大量植樹造林，禁止亂砍亂伐 ③增高燃煤氣體排放的煙囪 ④開發太陽能、水能等新能源。

14. (　　) 關於綠色採購的敘述，下列何者錯誤？ ①採購回收材料製造之物品 ②採購的產品對環境及人類健康有最小的傷害性 ③選購產品對環境傷害較少、污染程度較低者 ④以精美包裝為主要首選。

解 1.(3) 2.(1) 3.(2) 4.(4) 5.(1) 6.(3) 7.(2) 8.(4) 9.(2) 10.(3) 11.(3) 12.(1) 13.(3) 14.(4)

15. (　　) 一旦大氣中的二氧化碳含量增加，會引起那一種後果？ ①溫室效應惡化 ②臭氧層破洞 ③冰期來臨 ④海平面下降。

解 人類活動使大氣中溫室氣體含量增加，由於燃燒化石燃料及水蒸氣、二氧化碳、甲烷等產生排放的氣體，經紅外線輻射吸收留住能量，導致全球表面溫度升高，加劇溫室效應，造成全球暖化。為了解決此問題，聯合國制定了氣候變化框架公約，控制溫室氣體的排放量，防止地球的溫度上升，影響生態和環境。

16. (　　) 關於建築中常用的金屬玻璃帷幕牆，下列敘述何者正確？ ①玻璃帷幕牆的使用能節省室內空調使用 ②玻璃帷幕牆適用於臺灣，讓夏天的室內產生溫暖的感覺 ③在溫度高的國家，建築使用金屬玻璃帷幕會造成日照輻射熱，產生室內「溫室效應」 ④臺灣的氣候濕熱，特別適合在大樓以金屬玻璃帷幕作為建材。

解 玻璃建築不適合炎熱氣候最大的原因，是因為玻璃具有「溫室效應」，使得熱氣累積在室內而越來越熱，造成空調與耗電量暴漲。因此被稱為是「能源殺手」、「環保剋星」。

17. (　　) 下列何者不是能源之類型？ ①電力 ②壓縮空氣 ③蒸汽 ④熱傳。

解 壓縮空氣儲能的功能類似一個大容量的蓄電池。在非用電高峰期（如晚上或周末），用電機帶動壓縮機，將空氣壓縮進一個特定的地下空間儲存。然後，在用電高峰期（如白天），利用一種特殊構造的燃氣渦輪機，釋放地下的壓縮空氣進行發電。這種技術是一種更為高效的能源利用方式。利用這種發電方法，將比正常的發電技術節省一半的能源燃料。

人類對蒸汽動力的發展應用已經十分成熟，「蒸汽渦輪發電機」便是以蒸汽作為動力來源，推動渦輪扇葉產生機械能，將機械能轉換成電能的發電機組。

因存在有溫度差，熱量藉由傳導、對流和輻射作用而自物體移到另一處。熱量是能量的一種，它是邊界性質，也就是說，它必須穿越系統的邊界。熱傳的基本三模式是熱傳導（heat conduction）、熱對流（heat convection）和熱輻射（heat radiation）。

18. (　　) 我國已制定能源管理系統標準為 ① CNS 50001 ② CNS 12681 ③ CNS 14001 ④ CNS 22000。

19. (　　) 台灣電力公司所謂的離峰用電時段為何？ ① 22：30~07：30 ② 22：00~07：00 ③ 23：00~08：00 ④ 23：30~08：30。

20. (　　) 基於節能減碳的目標，下列何種光源發光效率最低，不鼓勵使用？ ①白熾燈泡 ② LED燈泡 ③省電燈泡 ④螢光燈管。

解 發光效率指的是單位電能所發出的光功率，也就是說，每消耗1瓦的電可以發出多少的光量（發光效率 = 光通量／用電瓦數），單位為（lm/w）。發光效率愈高，表示愈省電。目前LED燈泡的發光效率一般可達到每瓦80流明以上，而傳統白熾燈的發光效率一般為10幾，螢光燈大約為50-60，省電燈泡發光效率約40-65之間，鹵素燈泡發光效率約為17-20。

21. (　　) 下列哪一項的能源效率標示級數較省電？ ① 1 ② 2 ③ 3 ④ 4。

22. (　　) 下列何者不是目前台灣主要的發電方式？ ①燃煤 ②燃氣 ③核能 ④地熱。

解 15.(1) 16.(3) 17.(4) 18.(1) 19.(1) 20.(1) 21.(1) 22.(4)

23. ( ) 有關延長線及電線的使用，下列敘述何者錯誤？ ①拔下延長線插頭時，應手握插頭取下 ②使用中之延長線如有異味產生，屬正常現象不須理會 ③應避開火源，以免外覆塑膠熔解，致使用時造成短路 ④使用老舊之延長線，容易造成短路、漏電或觸電等危險情形，應立即更換。

24. ( ) 有關觸電的處理方式，下列敘述何者錯誤？ ①應立刻將觸電者拉離現場 ②把電源開關關閉 ③通知救護人員 ④使用絕緣的裝備來移除電源。

25. ( ) 目前電費單中，係以「度」為收費依據，請問下列何者為其單位？ ① kW ② kWh ③ kJ ④ kJh。

26. ( ) 依據台灣電力公司三段式時間電價(尖峰、半尖峰及離峰時段)的規定，請問哪個時段電價最便宜？ ①尖峰時段 ②夏月半尖峰時段 ③非夏月半尖峰時段 ④離峰時段。

27. ( ) 當電力設備遭遇電源不足或輸配電設備受限制時，導致用戶暫停或減少用電的情形，常以下列何者名稱出現？ ①停電 ②限電 ③斷電 ④配電。

28. ( ) 照明控制可以達到節能與省電費的好處，下列何種方法最適合一般住宅社區兼顧節能、經濟性與實際照明需求？ ①加裝 DALI 全自動控制系統 ②走廊與地下停車場選用紅外線感應控制電燈 ③全面調低照度需求 ④晚上關閉所有公共區域的照明。

29. ( ) 上班性質的商辦大樓為了降低尖峰時段用電，下列何者是錯的？ ①使用儲冰式空調系統減少白天空調電能需求 ②白天有陽光照明，所以白天可以將照明設備全關掉 ③汰換老舊電梯馬達並使用變頻控制 ④電梯設定隔層停止控制，減少頻繁啓動。

30. ( ) 為了節能與降低電費的需求，家電產品的正確選用應該如何？ ①選用高功率的產品效率較高 ②優先選用取得節能標章的產品 ③設備沒有壞，還是堪用，繼續用，不會增加支出 ④選用能效分級數字較高的產品，效率較高，5 級的比 1 級的電器產品更省電。

31. ( ) 有效而正確的節能從選購產品開始，就一般而言，下列的因素中，何者是選購電氣設備的最優先考量項目？ ①用電量消耗電功率是多少瓦攸關電費支出，用電量小的優先 ②採購價格比較，便宜優先 ③安全第一，一定要通過安規檢驗合格 ④名人或演藝明星推薦，應該口碑較好。

32. ( ) 高效率燈具如果要降低眩光的不舒服，下列何者與降低刺眼眩光影響無關？ ①光源下方加裝擴散板或擴散膜 ②燈具的遮光板 ③光源的色溫 ④採用間接照明。

33. ( ) 一般而言，螢光燈的發光效率與長度有關嗎？ ①有關，越長的螢光燈管，發光效率越高 ②無關，發光效率只與燈管直徑有關 ③有關，越長的螢光燈管，發光效率越低 ④無關，發光效率只與色溫有關。

34. ( ) 用電熱爐煮火鍋，採用中溫 50% 加熱，比用高溫 100% 加熱，將同一鍋水煮開，下列何者是對的？ ①中溫 50% 加熱比較省電 ②高溫 100% 加熱比較省電 ③中溫 50% 加熱，電流反而比較大 ④兩種方式用電量是一樣的。

解 23.(2) 24.(1) 25.(2) 26.(4) 27.(2) 28.(2) 29.(2) 30.(2) 31.(3) 32.(3) 33.(1) 34.(4)

35.(　　) 電力公司為降低尖峰負載時段超載停電風險，將尖峰時段電價費率(每度電單價)提高，離峰時段的費率降低，引導用戶轉移部分負載至離峰時段，這種電能管理策略稱為 ①需量競價 ②時間電價 ③可停電力 ④表燈用戶彈性電價。

36.(　　) 集合式住宅的地下停車場需要維持通風良好的空氣品質，又要兼顧節能效益，下列的排風扇控制方式何者是不恰當的？ ①淘汰老舊排風扇，改裝取得節能標章、適當容量高效率風扇 ②兩天一次運轉通風扇就好了 ③結合一氧化碳偵測器，自動啓動/停止控制 ④設定每天早晚二次定期啓動排風扇。

37.(　　) 大樓電梯為了節能及生活便利需求，可設定部分控制功能，下列何者是錯誤或不正確的做法？ ①加感應開關，無人時自動關燈與通風扇 ②縮短每次開門/關門的時間 ③電梯設定隔樓層停靠，減少頻繁啓動 ④電梯馬達加裝變頻控制。

38.(　　) 為了節能及兼顧冰箱的保溫效果，下列何者是錯誤或不正確的做法？ ①冰箱內上下層間不要塞滿，以利冷藏對流 ②食物存放位置紀錄清楚，一次拿齊食物，減少開門次數 ③冰箱門的密封壓條如果鬆弛，無法緊密關門，應儘速更新修復 ④冰箱內食物擺滿塞滿，效益最高。

39.(　　) 就加熱及節能觀點來評比，電鍋剩飯持續保溫至隔天再食用，與先放冰箱冷藏，隔天用微波爐加熱，下列何者是對的？ ①持續保溫較省電 ②微波爐再加熱比較省電又方便 ③兩者一樣 ④優先選電鍋保溫方式，因為馬上就可以吃。

40.(　　) 不斷電系統 UPS 與緊急發電機的裝置都是應付臨時性供電狀況；停電時，下列的陳述何者是對的？ ①緊急發電機會先啓動，不斷電系統 UPS 是後備的 ②不斷電系統 UPS 先啓動，緊急發電機是後備的 ③兩者同時啓動 ④不斷電系統 UPS 可以撐比較久。

解 UPS（Uninterruptible Power Supply，不斷電系統）：當停電時能夠緊急取代市電，供應電力給設備，就如同緊急照明設備一樣。但不斷電系統的設計更精密，能使市電與電池或變流器之轉換時間更短，彌補發電機或其他緊急電源中斷時間過長之缺點。

41.(　　) 下列何者為非再生能源？ ①地熱能 ②焦煤 ③太陽能 ④水力能。

解 再生能源是指相較於需耗時億年以上生成的化石燃料，能在短時間內再生，且在轉換為能源的過程中不會產生其他污染物的天然資源，例如：太陽能、風能、地熱能、水力能、潮汐能、生質能等，都是目前全球正在發展中的再生能源。

42.(　　) 欲降低由玻璃部分侵入之熱負載，下列的改善方法何者錯誤？ ①加裝深色窗簾 ②裝設百葉窗 ③換裝雙層玻璃 ④貼隔熱反射膠片。

解 加裝窗簾是最簡單的隔熱方式。夏天天氣炎熱，可以儘量選用淺色調，因為深色會更容易吸收陽光的熱量，使得屋內溫度升高，同時淺色調也會讓人從心理方面感到輕快。

43.(　　) 一般桶裝瓦斯(液化石油氣)主要成分為 ①丙烷 ②甲烷 ③辛烷 ④乙炔及丁烷。

44.(　　) 在正常操作，且提供相同使用條件之情形下，下列何種暖氣設備之能源效率最高？ ①冷暖氣機 ②電熱風扇 ③電熱輻射機 ④電暖爐。

解 35.(2) 36.(2) 37.(2) 38.(4) 39.(2) 40.(2) 41.(2) 42.(1) 43.(1) 44.(1)

解 電暖爐是靠高功率的電力讓某些結構發熱，藉此加溫附近的空氣，所以耗電量十分大，長時間開啓的話電費會相當驚人。暖氣是純粹將電能轉化成熱能，而空調冷暖氣機的暖氣是將熱量從低溫移動到高溫，因此假設最後所得到的熱量相同，從熱力學平衡的關係式中看來是空調暖氣比較省電。

45.(　　) 下列何種熱水器所需能源費用最少？ ①電熱水器 ②天然瓦斯熱水器 ③柴油鍋爐熱水器 ④熱泵熱水器。

解 電熱水器在使用時，一定是出熱水並同時補冷水，所以保溫桶內的熱水溫度會越用越低，除非用輔助電熱器一直加熱，這就是電熱水器在冬天時電費特別貴的原因。瓦斯或油熱水器原理亦如此。

熱泵熱水器則是用很少的電來啓動壓縮機，再利用壓縮機內的冷媒吸收空氣中大量的熱，以空氣中大量的熱來製造熱水，所以耗電量很少、很省電、也很環保，因爲空氣中大量的熱是取之不盡、用之不完的，尤其是在春、夏、秋三個季節，熱泵比電熱水器省電近 4 倍以上，冬天至少也有省電 2 至 3 倍的效果。

46.(　　) 某公司希望能進行節能減碳，爲地球盡點心力，以下何種作爲並不恰當？ ①將採購規定列入以下文字：「汰換設備時首先考慮能源效率 1 級或具有節能標章之產品」 ②盤查所有能源使用設備 ③實行能源管理 ④爲考慮經營成本，汰換設備時採買最便宜的機種。

47.(　　) 冷氣外洩會造成能源之消耗，下列何者最耗能？ ①全開式有氣簾 ②全開式無氣簾 ③自動門有氣簾 ④自動門無氣簾。

48.(　　) 下列何者不是潔淨能源？ ①風能 ②地熱 ③太陽能 ④頁岩氣。

解 根據環保媒體網站 Clean Technica 報導，頁岩氣開採的副產品甲烷對環境具破壞性。

49.(　　) 有關再生能源的使用限制，下列何者敘述有誤？ ①風力、太陽能屬間歇性能源，供應不穩定 ②不易受天氣影響 ③需較大的土地面積 ④設置成本較高。

50.(　　) 全球暖化潛勢 (Global Warming Potential, GWP) 是衡量溫室氣體對全球暖化的影響，下列之 GWP 哪項表現較差？ ① 200 ② 300 ③ 400 ④ 500。

解 全球暖化潛勢（global warming potential, GWP）係指一物質在與二氧化碳（CO_2）比較下，會造成大氣溫暖化的相對能力。舉例來說，在將 CO_2 的 GWP 值設定爲 1 的情況下，甲烷（CH_4）吸收的熱超過 CO_2 吸收的 25 倍，GWP 值爲 25；一氧化二氮（N_2O）所吸收的熱較 CO_2 多 298 倍，其 GWP 值即爲 298。溫室氣體的暖化程度即是依氣體種類而各不相同，數值越高，對於大氣溫暖化的影響越大。

51.(　　) 有關台灣能源發展所面臨的挑戰，下列何者爲非？ ①進口能源依存度高，能源安全易受國際影響 ②化石能源所占比例高，溫室氣體減量壓力大 ③自產能源充足，不需仰賴進口 ④能源密集度較先進國家仍有改善空間。

52.(　　) 若發生瓦斯外洩之情形，下列處理方法何者錯誤？ ①應先關閉瓦斯爐或熱水器等開關 ②緩慢地打開門窗，讓瓦斯自然飄散 ③開啓電風扇，加強空氣流動 ④在漏氣止住前，應保持警戒，嚴禁煙火。

解 45.(4)　46.(4)　47.(2)　48.(4)　49.(2)　50.(4)　51.(3)　52.(3)

53. (　　) 全球暖化潛勢 (Global Warming Potential, GWP) 是衡量溫室氣體對全球暖化的影響，其中是以何者為比較基準？ ① CO_2 ② CH_4 ③ SF_6 ④ N_2O。

54. (　　) 有關建築之外殼節能設計，下列敘述何者錯誤？ ①開窗區域設置遮陽設備 ②大開窗面避免設置於東西日曬方位 ③做好屋頂隔熱設施 ④宜採用全面玻璃造型設計，以利自然採光。

55. (　　) 下列何者燈泡發光效率最高？ ① LED 燈泡 ②省電燈泡 ③白熾燈泡 ④鹵素燈泡。

解 請見第 20 題說明。

56. (　　) 有關吹風機使用注意事項，下列敘述何者有誤？ ①請勿在潮濕的地方使用，以免觸電危險 ②應保持吹風機進、出風口之空氣流通，以免造成過熱 ③應避免長時間使用，使用時應保持適當的距離 ④可用來作為烘乾棉被及床單等用途。

57. (　　) 下列何者是造成聖嬰現象發生的主要原因？ ①臭氧層破洞 ②溫室效應 ③霧霾 ④颱風。

解 聖嬰現象是太平洋赤道海域水溫升高引起的一種異常氣候現象，往往帶來乾旱、洪水等災害。

世界氣象組織總幹事雅羅表示，過去 15 年中，僅有 2 年被視為聖嬰年，聖嬰引發的自然變暖，與溫室效應造成的人為變暖因素將共同作用，可能導致全球平均氣溫有較大幅度的上升。

58. (　　) 為了避免漏電而危害生命安全，下列何者不是正確的做法？ ①做好用電設備金屬外殼的接地 ②有濕氣的用電場合，線路加裝漏電斷路器 ③加強定期的漏電檢查及維護 ④使用保險絲來防止漏電的危險性。

解 保險絲也被稱為熔斷器，它是一種安裝在電路中，保證電路安全運行的電器元件。保險絲的作用是當電流異常升高到一定的高度和溫度的時候，自身熔斷切斷電流，從而產生保護電路安全運行的作用。若保險絲燒斷，則表示電流負載過高，應適時調整電力的使用情形。

59. (　　) 用電設備的線路保護用電力熔絲 (保險絲) 經常燒斷，造成停電的不便，下列何者不是正確的作法？ ①換大一級或大兩級規格的保險絲或斷路器就不會燒斷了 ②減少線路連接的電氣設備，降低用電量 ③重新設計線路，改較粗的導線或用兩迴路並聯 ④提高用電設備的功率因數。

60. (　　) 政府為推廣節能設備而補助民眾汰換老舊設備，下列何者的節電效益最佳？ ①將桌上檯燈光源由螢光燈換為 LED 燈 ②優先淘汰 10 年以上的老舊冷氣機為能源效率標示分級中之一級冷氣機 ③汰換電風扇，改裝設能源效率標示分級為一級的冷氣機 ④因為經費有限，選擇便宜的產品比較重要。

61. (　　) 依據我國現行國家標準規定，冷氣機的冷氣能力標示應以何種單位表示？ ① kW ② BTU/h ③ kcal/h ④ RT。

解 無論是 BTU、kcal 還是 kW，都是用來說明冷氣能力的標示單位。BTU/h 是美國使用的英制單位，kcal/h 是以前國家標準未修訂時規定的單位，目前台灣已修正，按國家標準規定，冷氣能力一律用 kW 表示。

解 53.(1)　54.(4)　55.(1)　56.(4)　57.(2)　58.(4)　59.(1)　60.(2)　61.(1)

62. (　　) 漏電影響節電成效，並且影響用電安全，簡易的查修方法爲 ①電氣材料行買支驗電起子，碰觸電氣設備的外殼，就可查出漏電與否 ②用手碰觸就可以知道有無漏電 ③用三用電表檢查 ④看電費單有無紀錄。

63. (　　) 使用了10幾年的通風換氣扇老舊又骯髒，噪音又大，維修時採取下列哪一種對策最爲正確及節能？ ①定期拆下來清洗油垢 ②不必再猶豫，10年以上的電扇效率偏低，直接換爲高效率通風扇 ③直接噴沙拉脫清潔劑就可以了，省錢又方便 ④高效率通風扇較貴，換同機型的廠內備用品就好了。

64. (　　) 電氣設備維修時，在關掉電源後，最好停留1至5分鐘才開始檢修，其主要的理由爲下列何者？ ①先平靜心情，做好準備才動手 ②讓機器設備降溫下來再查修 ③讓裡面的電容器有時間放電完畢，才安全 ④法規沒有規定，這完全沒有必要。

65. (　　) 電氣設備裝設於有潮濕水氣的環境時，最應該優先檢查及確認的措施是？ ①有無在線路上裝設漏電斷路器 ②電氣設備上有無安全保險絲 ③有無過載及過熱保護設備 ④有無可能傾倒及生鏽。

解 職業安全衛生設施規則第243條，爲避免漏電而發生感電危害，各種電動機具設備之連接電路上應設置適合其規格，具有高敏感度、高速型，能確實動作之防止感電用漏電斷路器。

66. (　　) 爲保持中央空調主機效率，每隔多久時間應請維護廠商或保養人員檢視中央空調主機？ ①半年 ②1年 ③1.5年 ④2年。

67. (　　) 家庭用電最大宗來自於 ①空調及照明 ②電腦 ③電視 ④吹風機。

68. (　　) 爲減少日照降低空調負載，下列何種處理方式是錯誤的？ ①窗戶裝設窗簾或貼隔熱紙 ②將窗戶或門開啓，讓屋內外空氣自然對流 ③屋頂加裝隔熱材、高反射率塗料或噴水 ④於屋頂進行薄層綠化。

69. (　　) 電冰箱放置處，四周應至少預留離牆多少公分之散熱空間，以達省電效果？ ①5 ②10 ③15 ④20。

70. (　　) 下列何項不是照明節能改善需優先考量之因素？ ①照明方式是否適當 ②燈具之外型是否美觀 ③照明之品質是否適當 ④照度是否適當。

71. (　　) 醫院、飯店或宿舍之熱水系統耗能大，要設置熱水系統時，應優先選用何種熱水系統較節能？ ①電能熱水系統 ②熱泵熱水系統 ③瓦斯熱水系統 ④重油熱水系統。

解 請見第45題說明。

72. (　　) 如下圖，你知道這是什麼標章嗎？ ①省水標章 ②環保標章 ③奈米標章 ④能源效率標示。

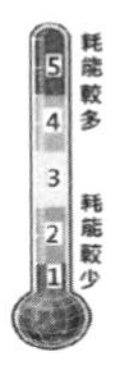

解 62.(1) 63.(2) 64.(3) 65.(1) 66.(1) 67.(1) 68.(2) 69.(2) 70.(2) 71.(2) 72.(4)

73.(　　) 台灣電力公司電價表所指的夏月用電月份(電價比其他月份高)是為 ① 4/1~7/31 ② 5/1~8/31 ③ 6/1~9/30 ④ 7/1~10/31。

74.(　　) 屋頂隔熱可有效降低空調用電，下列何項措施較不適當？ ①屋頂儲水隔熱 ②屋頂綠化 ③於適當位置設置太陽能板發電同時加以隔熱 ④鋪設隔熱磚。

75.(　　) 電腦機房使用時間長、耗電量大，下列何項措施對電腦機房之用電管理較不適當？ ①機房設定較低之溫度 ②設置冷熱通道 ③使用較高效率之空調設備 ④使用新型高效能電腦設備。

76.(　　) 下列有關省水標章的敘述何者正確？ ①省水標章是環保署為推動使用節水器材，特別研定以作為消費者辨識省水產品的一種標誌 ②獲得省水標章的產品並無嚴格測試，所以對消費者並無一定的保障 ③省水標章能激勵廠商重視省水產品的研發與製造，進而達到推廣節水良性循環之目的 ④省水標章除有用水設備外，亦可使用於冷氣或冰箱上。

解 經濟部水利署為鼓勵消費者選用省水產品，落實全民效率節水，並促進業界研發省水器材，於87年1月13日頒訂「省水標章作業要點」，全力推動省水標章制度，符合產品規格之產品即頒發省水標章使用證書，消費者認明省水標章選購合格省水器材，即能在不影響原用水習慣下，達到節約用水之目的。

77.(　　) 透過淋浴習慣的改變就可以節約用水，以下的何種方式正確？ ①淋浴時抹肥皂，無需將蓮蓬頭暫時關上 ②等待熱水前流出的冷水可以用水桶接起來再利用 ③淋浴流下的水不可以刷洗浴室地板 ④淋浴沖澡流下的水，可以儲蓄洗菜使用。

78.(　　) 家人洗澡時，一個接一個連續洗，也是一種有效的省水方式嗎？ ①是，因為可以節省等熱水流出所流失的冷水 ②否，這跟省水沒什麼關係，不用這麼麻煩 ③否，因為等熱水時流出的水量不多 ④有可能省水也可能不省水，無法定論。

79.(　　) 下列何種方式有助於節省洗衣機的用水量？ ①洗衣機洗滌的衣物盡量裝滿，一次洗完 ②購買洗衣機時選購有省水標章的洗衣機，可有效節約用水 ③無需將衣物適當分類 ④洗濯衣物時盡量選擇高水位才洗的乾淨。

80.(　　) 如果水龍頭流量過大，下列何種處理方式是錯誤的？ ①加裝節水墊片或起波器 ②加裝可自動關閉水龍頭的自動感應器 ③直接換裝沒有省水標章的水龍頭 ④直接調整水龍頭到適當水量。

81.(　　) 洗菜水、洗碗水、洗衣水、洗澡水等的清洗水，不可直接利用來做什麼用途？ ①洗地板 ②沖馬桶 ③澆花 ④飲用水。

82.(　　) 如果馬桶有不正常的漏水問題，下列何者處理方式是錯誤的？ ①因為馬桶還能正常使用，所以不用著急，等到不能用時再報修即可 ②立刻檢查馬桶水箱零件有無鬆脫，並確認有無漏水 ③滴幾滴食用色素到水箱裡，檢查有無有色水流進馬桶，代表可能有漏水 ④通知水電行或檢修人員來檢修，徹底根絕漏水問題。

83.(　　) 「度」是水費的計量單位，你知道一度水的容量大約有多少？ ① 2,000 公升 ② 3000 個 600cc 的寶特瓶 ③ 1 立方公尺的水量 ④ 3 立方公尺的水量。

解 73.(3) 74.(1) 75.(1) 76.(3) 77.(2) 78.(1) 79.(2) 80.(3) 81.(4) 82.(1) 83.(3)

84. (　　) 臺灣在一年中什麼時期會比較缺水(即枯水期)? ①6月至9月 ②9月至12月 ③11月至次年4月 ④臺灣全年不缺水。

85. (　　) 下列何種現象不是直接造成台灣缺水的原因? ①降雨季節分佈不平均，有時候連續好幾個月不下雨，有時又會下起豪大雨 ②地形山高坡陡，所以雨一下很快就會流入大海 ③因為民生與工商業用水需求量都愈來愈大，所以缺水季節很容易無水可用 ④台灣地區夏天過熱，致蒸發量過大。

解 台灣水資源缺乏之原因：
1. 人口稠密，用水量大。
2. 全年降雨量分佈不均。
3. 天然地勢不佳。
4. 水源遭受污染。
5. 水土保持不良。

86. (　　) 冷凍食品該如何讓它退冰，才是既「節能」又「省水」? ①直接用水沖食物強迫退冰 ②使用微波爐解凍快速又方便 ③烹煮前盡早拿出來放置退冰 ④用熱水浸泡，每5分鐘更換一次。

87. (　　) 洗碗、洗菜用何種方式可以達到清洗又省水的效果? ①對著水龍頭直接沖洗，且要盡量將水龍頭開大才能確保洗的乾淨 ②將適量的水放在盆槽內洗濯，以減少用水 ③把碗盤、菜等浸在水盆裡，再開水龍頭拼命沖水 ④用熱水及冷水大量交叉沖洗達到最佳清洗效果。

88. (　　) 解決台灣水荒(缺水)問題的無效對策是 ①興建水庫、蓄洪(豐)濟枯 ②全面節約用水 ③水資源重複利用，海水淡化…等 ④積極推動全民體育運動。

89. (　　) 如下圖，你知道這是什麼標章嗎? ①奈米標章 ②環保標章 ③省水標章 ④節能標章。

90. (　　) 澆花的時間何時較為適當，水分不易蒸發又對植物最好? ①正中午 ②下午時段 ③清晨或傍晚 ④半夜十二點。

91. (　　) 下列何種方式沒有辦法降低洗衣機之使用水量，所以不建議採用? ①使用低水位清洗 ②選擇快洗行程 ③兩、三件衣服也丟洗衣機洗 ④選擇有自動調節水量的洗衣機，洗衣清洗前先脫水1次。

92. (　　) 下列何種省水馬桶的使用觀念與方式是錯誤的? ①選用衛浴設備時最好能採用省水標章馬桶 ②如果家裡的馬桶是傳統舊式，可以加裝二段式沖水配件 ③省水馬桶因為水量較小，會有沖不乾淨的問題，所以應該多沖幾次 ④因為馬桶是家裡用水的大宗，所以應該儘量採用省水馬桶來節約用水。

解 84.(3)　85.(4)　86.(3)　87.(2)　88.(4)　89.(3)　90.(3)　91.(3)　92.(3)

93. ( ) 下列何種洗車方式無法節約用水？ ①使用有開關的水管可以隨時控制出水 ②用水桶及海綿抹布擦洗 ③用水管強力沖洗 ④利用機械自動洗車，洗車水處理循環使用。

94. ( ) 下列何種現象無法看出家裡有漏水的問題？ ①水龍頭打開使用時，水表的指針持續在轉動 ②牆面、地面或天花板忽然出現潮濕的現象 ③馬桶裡的水常在晃動，或是沒辦法止水 ④水費有大幅度增加。

95. ( ) 蓮蓬頭出水量過大時，下列何者無法達到省水？ ①換裝有省水標章的低流量 (5~10L/min) 蓮蓬頭 ②淋浴時水量開大，無需改變使用方法 ③洗澡時間盡量縮短，塗抹肥皂時要把蓮蓬頭關起來 ④調整熱水器水量到適中位置。

96. ( ) 自來水淨水步驟，何者為非？ ①混凝 ②沉澱 ③過濾 ④煮沸。

解 淨化水質的程序

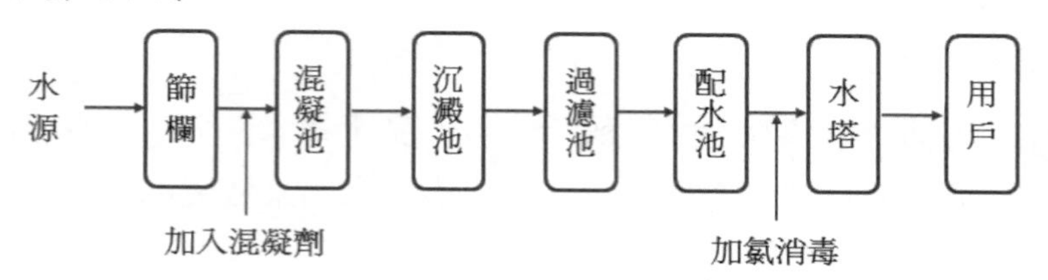

97. ( ) 為了取得良好的水資源，通常在河川的哪一段興建水庫？ ①上游 ②中游 ③下游 ④下游出口。

98. ( ) 台灣是屬缺水地區，每人每年實際分配到可利用水量是世界平均值的多少？ ①六分之一 ②二分之一 ③四分之一 ④五分之一。

99. ( ) 台灣年降雨量是世界平均值的 2.6 倍，卻仍屬缺水地區，原因何者為非？ ①台灣由於山坡陡峻，以及颱風豪雨雨勢急促，大部分的降雨量皆迅速流入海洋 ②降雨量在地域、季節分佈極不平均 ③水庫蓋得太少 ④台灣自來水水價過於便宜。

100.( ) 電源插座堆積灰塵可能引起電氣意外火災，維護保養時的正確做法是？ ①可以先用刷子刷去積塵 ②直接用吹風機吹開灰塵就可以了 ③應先關閉電源總開關箱內控制該插座的分路開關 ④可以用金屬接點清潔劑噴在插座中去除銹蝕。

解 93.(3) 94.(1) 95.(2) 96.(4) 97.(1) 98.(1) 99.(3) 100.(3)

第三篇

90011

資訊相關職類共用工作項目

工作項目 01：電腦硬體架構
工作項目 02：網路概論與應用
工作項目 03：作業系統
工作項目 04：資訊運算思維
工作項目 05：資訊安全

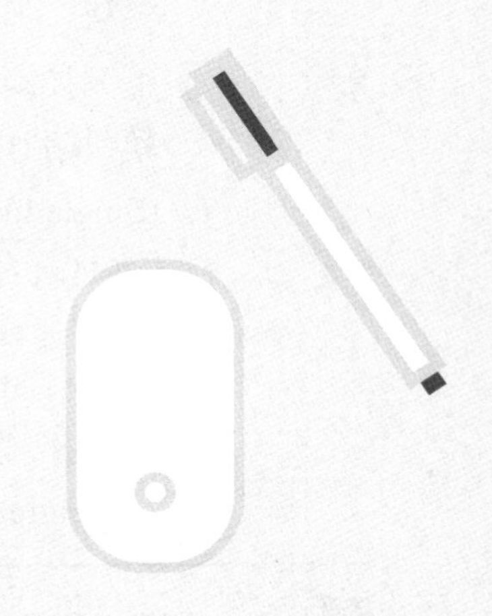

工作項目 01　電腦硬體架構

1. (　　) 在量販店內，商品包裝上所貼的「條碼 (Barcode)」係協助結帳及庫存盤點之用，則該條碼在此方面之資料處理作業上係屬下列何者？ ①輸入設備 ②輸入媒體 ③輸出設備 ④輸出媒體。

解 條碼（Barcode）：代表一組特定的數字，屬於輸入媒體。

2. (　　) 有關「CPU 及記憶體處理」之說明，下列何者「不正確」？ ①控制單元負責指揮協調各單元運作 ② I/O 負責算術運算及邏輯運算 ③ ALU 負責算術運算及邏輯運算 ④記憶單元儲存程式指令及資料。

解 I/O（輸入單元 / 輸出單元）：負責輸入、輸出資料控制。

3. (　　) 有關二進位數的表示法，下列何者「不正確」？ ① 101 ② 1A ③ 1 ④ 11001。

解 二進位數字表示法：只有透過 0 與 1 構成，1A 為十六進位的表示法。

4. (　　) 負責電腦開機時執行系統自動偵測及支援相關應用程式，具輸入輸出功能的元件為下列何者？ ① DOS ② BIOS ③ I/O ④ RAM。

解 BIOS（Basic Input/Output System）：基本輸出入系統。

5. (　　) 在處理器中位址匯流排有 32 條，可以定出多少記憶體位址？ ① 512MB ② 1GB ③ 2GB ④ 4GB。

6. (　　) 下列何者屬於揮發性記憶體？ ① Hard Disk ② Flash Memory ③ ROM ④ RAM。

解 快閃記憶體（Flash Memory）：屬非揮發性記憶體，一種電子清除式可程式唯讀記憶體的形式，不需電力來維持資料的儲存，允許被多次抹除或寫入的記憶體，適合使用在行動裝置。

ROM（Read-Only Memory，唯讀記憶體）：儲存應用程式且電源關閉後，所儲存的資料不會消失，因為資料直接燒入 ROM 中。

RAM（Random Access Memory，隨機存取記憶體）：當電源關閉以後資料立刻消失，屬於「揮發性記憶體（Volatile Memory）」

7. (　　) 下列技術何者為一個處理器中含有兩個執行單元，可以同時執行兩個並行執行緒，以提升處理器的運算效能與多工作業的能力？ ①超執行緒 (Hyper Thread) ②雙核心 (Dual Core) ③超純量 (Super Scalar) ④單指令多資料 (Single Instruction Multiple Data)。

8. (　　) 下列技術何者為將一個處理器模擬成多個邏輯處理器，以提升程式執行之效能？ ①超執行緒 (Hyper Thread) ②雙核心 (Dual Core) ③超純量 (Super Scalar) ④單指令多資料 (Single Instruction Multiple Data)。

解 超執行緒（Hyper Thread）：將一個處理器模擬成多個邏輯處理器技術，即是在 CPU 內部僅複製必要的資源、讓兩個執行緒可同時執行；在一單位時間內處理兩個執行緒的工作，類似實體雙核心、雙執行緒運作。

超純量（Super Scalar）：指 CPU 架構是使用一顆核心來做指令集並行的並行運算。Pentium 擁有兩個管線，可以達到在一個時鐘週期內完成一個以上的指令。

解 1.(2)　2.(2)　3.(2)　4.(2)　5.(4)　6.(4)　7.(2)　8.(1)

單指令多資料（Single Instruction Multiple Data）：是一種採用一個控制器來控制多個處理器，同時對一組資料（又稱「資料向量」）中的每一個分別執行相同的操作從而實現空間上的並列性的技術。

9. (　　) 有關記憶體的敘述，下列何者「不正確」？ ① CPU 中的暫存器執行速度比主記憶體快 ②快取磁碟 (Disk Cache) 是利用記憶體中的快取記憶體 (Cache Memory) 來存放資料 ③在系統軟體中，透過軟體與輔助儲存體來擴展主記憶體容量，使數個大型程式得以同時放在主記憶體內執行的技術是虛擬記憶體 (Virtual memory) ④個人電腦上大都有 Level 1(L1) 及 Level 2(L2) 快取記憶體 (Cache Memory)，其中 L1 快取的速度較快，但容量較小。

解 1. 快取磁碟（Disk Cache）是將下載到的資料先儲存於系統爲軟體分配的記憶體空間中（「記憶體池」），當儲存到記憶體池中的資料達到一個程度時，便會將資料儲存到硬碟中。這樣可以減少實際的磁碟操作，有效保護磁碟，免於因重複的讀寫操作而導致的損壞。

2. 現今電腦上使用的的 AMD 或 Intel 微處理器，都在晶片內部整合了大小不等的資料快取和指令快取，通稱爲 L1 快取（Level 1 On-die Cache，第一級片上高速緩衝儲存器）；而比 L1 更大容量的 L2，已經成爲 CPU 內部的標準組件。

10. (　　) 有關電腦衡量單位之敘述，下列何者「不正確」？ ①衡量印表機解析度的單位是 DPI(Dots Per Inch) ②磁帶資料儲存密度的單位是 BPI(Bytes Per Inch) ③衡量雷射印表機列印速度的單位是 PPM(Pages Per Minute) ④通訊線路傳輸速率的單位是 BPS(Bytes Per Second)。

解 電腦的通訊線路傳輸速率的單位通常是以位元計算，應爲 Bit Per Second，代表每秒可以傳送幾個位元，亦即每秒可傳送幾個 0 或 1。

11. (　　) 有關電腦儲存資料所需記憶體的大小排序，下列何者正確？ ① 1TB > 1GB > 1MB > 1KB ② 1KB > 1GB > 1MB > 1TB ③ 1GB > 1MB > 1TB > 1KB ④ 1TB > 1KB > 1MB > 1GB。

12. (　　) 以微控制器爲核心，並配合適當的周邊設備，以執行特定功能，主要是用來控制、監督或輔助特定設備的裝置，其架構仍屬於一種電腦系統 (包含處理器、記憶體、輸入與輸出等硬體元素)，目前最常見的應用有 PDA、手機及資訊家電，這種系統稱爲下列何者？ ①伺服器系統 ②嵌入式系統 ③分散式系統 ④個人電腦系統。

解 嵌入式系統是一種完全嵌入受控器件內部，爲特定應用設計的專用電腦系統。由於嵌入式系統只針對一項特殊的任務，設計人員盡可能對它進行優化，減小尺寸降低成本，因此能進行大量生產。

13. (　　) 有 A、B 兩個大小相同的檔案，A 檔案儲存在硬碟連續位置，而 B 檔案儲存在硬碟分散的位置，因此 A 檔案的存取時間比 B 檔案少，下列何者爲主要影響因素？ ① CPU 執行時間 (Execution Time) ②記憶體存取時間 (Memory Access Time) ③傳送時間 (Transfer Time) ④搜尋時間 (Seek Time)。

14. (　　) 有關資料表示，下列何者「不正確」？ ① 1Byte=8bits ② 1KB=2^{10}Bytes ③ 1MB=2^{15}Bytes ④ 1GB=2^{30}Bytes。

解 9.(2) 10.(4) 11.(1) 12.(2) 13.(4) 14.(3)

15. (　　) 有關資料儲存媒體之敘述，下列何者正確？ ①儲存資料之光碟片，可以直接用餐巾紙沾水以同心圓擦拭，以保持資料儲存良好狀況 ② MO(Magnetic Optical) 光碟機所使用的光碟片，外型大小及儲存容量均與 CD-ROM 相同 ③ RAM 是一個經設計燒錄於硬體設備之記憶體 ④可消除及可規劃之唯讀記憶體的縮寫為 EPROM。

16. (　　) 下列何者為 RAID(Redundant Array of Independent Disks) 技術的主要用途？ ①儲存資料 ②傳輸資料 ③播放音樂 ④播放影片。

解 RAID（Redundant Array of Independent Disks）：又稱作磁碟陣列，運作原理是透過 2 顆（含）以上的硬碟，經演算後組合出來一個空間，就算再多顆硬碟，在電腦上只會顯示出一個可用空間（保障硬碟故障時仍可運作）。

17. (　　) 硬碟的轉速會影響磁碟機在讀取檔案時所需花的下列何種時間？ ①旋轉延遲 (Rotational Latency) ②尋找時間 (Seek time) ③資料傳輸 (Transfer time) ④磁頭切換 (Head Switching)。

解 旋轉延遲（Rotational Latency）：在磁碟機，指將需要的磁區轉到讀寫頭位置的時間。

18. (　　) 微處理器與外部連接之各種訊號匯流排，何者具有雙向流通性？ ①控制匯流排 ②狀態匯流排 ③資料匯流排 ④位址匯流排。

19. (　　) 下列何者是「美國標準資訊交換碼」的簡稱？ ① IEEE ② CNS ③ ASCII ④ ISO。

20. (　　) 下列何者內建於中央處理器 (CPU) 做為 CPU 暫存資料，以提升電腦的效能？ ①快取記憶體 (Cache) ②快閃記憶體 (Flash Memory) ③靜態隨機存取記憶體 (SRAM) ④動態隨機存取記憶體 (DRAM)。

解 快取記憶體（Cache）：位於主儲存器和中央處理機之間的一種高速記憶體，它可加快資料存取的速度，提昇系統整體效能。

解 15.(4)　16.(1)　17.(1)　18.(3)　19.(3)　20.(1)

工作項目 02　網路概論與應用

1. (　　) 下列何者爲制定網際網路 (Internet) 相關標準的機構？ ① IETF ② IEEE ③ ANSI ④ ISO。

解 IETF（Internet Engineering Task Force，IETF）：網際網路工程任務組。

2. (　　) 下列何者爲專有名詞「WWW」之中文名稱？ ①區域網路 ②網際網路 ③全球資訊網 ④社群網路。

3. (　　) 下列何者不是合法的 IP 位址？ ① 120.80.40.20 ② 140.92.1.50 ③ 192.83.166.5 ④ 258.128.33.24。

解 每一部電腦均有唯一識別的 IP Address，而其表達方式是以數字分成四個碼，每一組數字範圍爲：0 ～ 255。

4. (　　) 有關網際網路之敘述，下列何者「不正確」？ ① IPv4 之子網路與 IPv6 之子網路只要兩端直接以傳輸線相連即可互相傳送資料 ② IPv4 之位址可以被轉化爲 IPv6 之位址 ③ IPv6 之位址有 128 位元 ④ IPv4 之位址有 32 位元。

5. (　　) 在 OSI(Open System Interconnection) 通信協定中，電子郵件的服務屬於下列哪一層？ ①傳送層 (Transport Layer) ②交談層 (Session Layer) ③表示層 (Presentation Layer) ④應用層 (Application Layer)。

解 應用層（Application Layer）：規範並提供各種網路服務（包括：電子郵件 E-mail、檔案傳輸、即時通訊軟體、社群軟體 LINE、IE、WWW 等）的使用者介面，讓使用者可存取或分享網路中的資源。

6. (　　) 有關藍芽 (Bluetooth) 技術特性之敘述，下列何者「不正確」？ ①傳輸距離約 10 公尺 ②低功率 ③使用 2.4GHz ④傳輸速率爲 10Mbps。

解 「傳統藍牙」：傳輸速度爲 1 ～ 3Mbps，距離 10 米或 100 米；「高速藍牙」（Bluetooth HS)：速度最高可達 24Mbps，爲傳統藍牙 8 倍。

7. (　　) 有關網際網路協定之敘述，下列何者「不正確」？ ① TCP 是一種可靠傳輸 ② HTTP 是一種安全性的傳輸 ③ HTTP 使用 TCP 來傳輸資料 ④ UDP 是一種不可靠傳輸。

解 TPC/IP 協定是傳輸層協定，主要解決資料如何在網路中傳輸。而 HTTP 是應用層協定，主要解決如何包裝資料。HTTP（注意：結尾沒有“s”）資料未加密，所以可以被第三方攔截以收集在兩個系統之間傳遞的資料。因此，使用 HTTPS 的安全版本來解決，其中“S”代表安全（使用 SSL，“SSL”代表安全套接層，它在 Web 伺服器和 Web 瀏覽器之間可建立安全的加密連接）。

TCP 提供有保證的資料傳輸，而 UDP 不提供任何這樣的保證，所以是一種不可靠傳輸。

8. (　　) 下列何者是較爲安全的加密傳輸協定？ ① SSH ② HTTP ③ FTP ④ SMTP。

解 SSH（Secure Shell，安全登入控管）：是一種封包加密技術，以確保封包在網路傳輸中不會因爲中途被竊取、監聽而暴露重要資料，爲一種安全的網路連線程式，它可以經由網路登入另外一台電腦，在遠端機器上執行指令，或在電腦之間移動檔案；在無安全保障的頻道裡，提供更有效的安全驗證及加密通訊。

解 1.(1)　2.(3)　3.(4)　4.(1)　5.(4)　6.(4)　7.(2)　8.(1)

9. (　　) 物聯網 (IoT) 通訊物件通常具備移動性，爲支援這樣的通訊特性，需求的網路技術主要爲下列何者？ ①分散式運算 ②網格運算 ③跨網域運算能力 ④物件動態連結。

10. (　　) 若電腦教室內的電腦皆以雙絞線連結至某一台集線器上，則此種網路架構爲下列何者？ ①星狀拓撲 ②環狀拓撲 ③匯流排拓撲 ④網狀拓撲。

解 星狀拓撲／網路：以集線器（Hub）或交換器（Switch）爲連接中心，呈放射狀的網路。

11. (　　) 下列設備，何者可以讓我們在只有一個 IP 的狀況下，提供多部電腦上網？ ①集線器 (Hub) ② IP 分享器 ③橋接器 (Bridge) ④數據機 (Modem)。

12. (　　) 當一個區域網路過於忙碌，打算將其分開成兩個子網路時，此時應加裝下列何種裝置？ ①路徑器 (Router) ②橋接器 (Bridge) ③閘道器 (Gateway) ④網路連接器 (Connector)。

解 橋接器用來連接二個或多個相同或不相同型態的區域網路。如圖所示，爲連接二個區域網路，橋接器必須接收所有在網路 A 上傳送的訊框，根據訊框上的目的地位址，決定是否要將訊框轉送到網路 B。換句話說，橋接器具備有「過濾」及「轉送」訊框的功能，同一個網路中互送的訊框會被橋接器過濾，而不同網路間互送的訊框則會被橋接器轉送，以此減少網路傳輸量。

區域網路A
1 2 橋接器 3 4
工作站
區域網路B
5 6 7

13. (　　) 下列何種電腦通訊傳輸媒體之傳輸速度最快？ ①同軸電纜 ②雙絞線 ③電話線 ④光纖。

14. (　　) 下列何者爲眞實的 MAC(Media Access Control) 位址？ ① 00:05:J6:0D:91:K1 ② 10.0.0.1-255.255.255.0 ③ 00:05:J6:0D:91:B1 ④ 00:D0:A0:5C:C1:B5。

解 MAC 位址（Media Access Control Address）是一組經國際組織認證後，由合法授權的網通產品製造公司所生產的網路卡才能配發的位址代碼，一般爲六組 255 進位（00~FF）的代碼組成，其中前三組碼代表的是生產網卡的公司，後三組碼爲網卡實體編號，世界上的任何一片網路卡都有一個獨一無二的 MAC 位址碼。

15. (　　) 下列何種 IEEE Wireless LAN 標準的傳輸速率最低？ ① 802.11a ② 802.11b ③ 802.11g ④ 802.11n。

解 1997 年美國電機電子協會（Institute of Electrical and Electronics Engineer, IEEE）公佈 IEEE 802.11 無線區域網路（Wireless LAN，WLAN）標準。
1999 年更進一步提出 IEEE 802.11 的延伸規格：
1. IEEE 802.11a/g（5 GHz 頻段，速率 54 Mbps）
2. IEEE 802.11b（2.4 GHz 頻段，速率 11 Mbps）
3. IEEE 802.11n（速率爲 450 Mbps）

解 9.(4) 10.(1) 11.(2) 12.(2) 13.(4) 14.(4) 15.(2)

16. (　　) NAT(Network Address Translation) 的用途為下列何者？ ①電腦主機與 IP 位址的轉換 ② IP 位址轉換為實體位址 ③組織內部私有 IP 位址與網際網路合法 IP 位址的轉換 ④封包轉送路徑選擇。

解 NAT（Network Address Translation）是一種在電腦網路中，在 IP 封包通過路由器或防火牆時重寫來源 IP 地址或目的 IP 位址的技術，其普遍使用在有多台主機，但只透過一個公有 IP 位址存取網際網路的私有網路中。

17. (　　) 下列何種服務可將 Domain Name 對應為 IP 位址？ ① WINS ② DNS ③ DHCP ④ Proxy。

解 WINS：微軟開發網域服務系統。

DNS（Domain Name Server，網域名稱系統）：根據網址來查出 IP 位址，並回報給用戶端。

DHCP（Dynamic Host Configuration Protocol，動態主機設定協定）：主要功能是讓一部機器能夠透過自己的 Ethernet Address 廣播，向 DHCP Server 取得有關 IP、Netmask、Default gateway、DNS 等設定。

Proxy：代理伺服器。

18. (　　) 下列何者不是 NFC(Near Field Communication) 的功用？ ①電子錢包 ②電子票證 ③行車導航 ④資料交換。

解 NFC（Near Field Communication，近距離無線通訊）是一種短距離的高頻無線通訊技術，可以讓裝置進行非接觸式點對點資料傳輸，也允許裝置讀取包含產品資訊的近距離無線通訊（NFC）標籤（tag）。

1. 可使用 NFC 功能來付款、購買車票或活動門票，如同過去的電子票券智慧卡一般，將允許行動支付取代或支援這類系統，但須先下載所需的應用程式。
2. NFC 應用於社群網路，分享聯絡方式、相片、影片或檔案。
3. 具備 NFC 功能的裝置可以充當電子身分證和鑰匙卡。

19. (　　) 有關 xxx@abc.edu.tw 之敘述，下列何者「不正確」？ ①它代表一個電子郵件地址 ②若為了方便，可以省略 @ ③ xxx 代表一個電子郵件帳號 ④ abc.edu.tw 代表某個電子郵件伺服器。

20. (　　) 有關 OTG(On-The-Go) 之敘述，下列何者正確？ ①可以將兩個隨身碟連接複製資料 ②可以提升隨身碟資料傳送之速度 ③可以將隨身碟連接到手機，讓手機存取隨身碟之資料 ④可以讓隨身碟直接透過 WiFi 傳送資料到雲端。

解 USB OTG（USB On-The-Go）：支援 OTG 的裝置，可在不連接電腦的情況下直接接入 USB 隨身碟來讀取裝置內檔案進行列印；或平板電腦可以直接接入 USB 儲存碟、鍵盤或滑鼠來擴充外界硬體功能。

解 16.(3)　17.(2)　18.(3)　19.(2)　20.(3)

21. (　　) 根據美國國家標準與技術研究院(NIST)對雲端的定義，下列何者「不是」雲端運算(Cloud Computing)之服務模式？ ①內容即服務(Content as a Service, CaaS) ②基礎架構即服務(Infrastructure as a Service, IaaS) ③平台即服務(Platform as a Service, Paas) ④軟體即服務(Software as a Service, SaaS)。

解 IaaS（Infrastructure as a Service，基礎架構即服務）：提供硬體資源給客户，包括：運算、儲存、網路等資源。雲端運算中心如同大型機房和儲存巨量資料的資料中心，使用者可透過網路連接雲端運算中心，並使用它所提供的硬體資源。

PaaS（Platform as a Service，平台即服務）：是雲端中完整的開發與部署環境，內含的資源可讓您傳遞任何項目，舉凡簡易的雲端式應用程式，以及精密且已啓用雲端的企業應用程式皆可。使用者以隨用隨付制爲基礎，從雲端服務提供者購買所需的資源，並透過安全的網際網路連線加以存取。

SaaS（Software as a Service，軟體即服務）：很像過去的「應用服務供應商」（Application Service Provider，ASP）的運作概念，在雲端中有許多資訊公司布署自己設計開發的應用系統，讓使用者依照自己的需求去選擇使用適合的應用系統，計價方式則以使用量或月租方式爲主。所以，SaaS 的好處就在於替使用者節省自行採購或設計開發，以及後續維護與管理的成本。

22. (　　) 下列何種雲端服務可供使用者開發應用軟體？ ① Software as a Service (SaaS) ② Platform as a Service (PaaS) ③ Information as a Service (IaaS) ④ Infrastructure as a Service (IaaS)。

23. (　　) 下列何者爲「B2C」電子商務之交易模式？ ①公司對公司 ②客戶對公司 ③客戶對客戶 ④公司對客戶。

24. (　　) 下列何者爲 Class A 網路的內定子網路遮罩？ ① 255.0.0.0 ② 255.255.0.0 ③ 255.255.255.0 ④ 255.255.255.255。

解 Class A

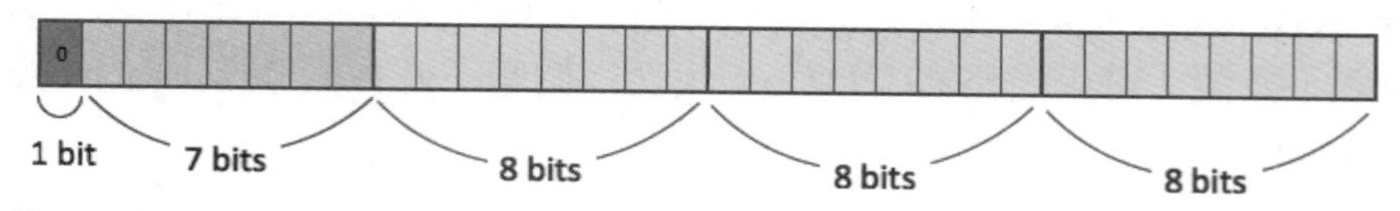

第 1 個 bit 一定是 0，只要 IP 轉換成二進位是 0 開頭的，就可以認定它是屬於 Class A 級的 IP。Class A 級的 IP，前 8 個 bits 是網路位址（固定不動），剩下的 24 個 bits 是主機位址（任意變動），所以子網路遮罩的第一組數字必須爲 255，其餘皆爲 0，通常適用於大型的組織或政府機構。

25. (　　) IPv6 網際網路上的 IP address，每個 IP address 總共有幾個位元組？ ① 4 Bytes ② 8 Bytes ③ 16Bytes ④ 20Bytes。

解 網際網路（Internet）起源於 1970 年代，是一種國際性資訊網路，且使用於各行各業，其使用數目很多，但是有限制的。例如：IPv4 或 IPv6，而 1 個位元組 = 8 個位元。IPv4 共 32 個位元，所以 32 / 8 = 4 個位元組。IPv6 共 128 個位元，所以 128 / 8 = 16 個位元組。

解 21.(1) 22.(2) 23.(4) 24.(1) 25.(3)

26. (　　) 下列何者為 DHCP 伺服器之功能？ ①提供網路資料庫的管理功能 ②提供檔案傳輸的服務 ③提供網頁連結的服務 ④動態的分配 IP 給使用者使用。

解 由於 IP 位址不夠，為了節省子網路中 IP 位址的使用量，可以設定網路中的一台主機做為指揮中心，稱為「動態主機組態協定伺服器」或「DHCP 伺服器」，負責動態分配 IP 位址，當網路中有任何一台電腦要連線時，才向 DHCP 伺服器要求一個 IP 位址。

27. (　　) 有關乙太網路 (Ethernet) 之敘述，下列何者「不正確」？ ①是一種區域網路 ②採用 CSMA/CD 的通訊協定 ③網路長度可至 2500 公尺 ④傳送時不保證服務品質。

解 早期 Ethernet 網路是採用 CSMA/CD（IEEE 802.3）協定建構而成，係在匯流排的網路架構上協議主機之間存取傳輸媒介的協定。隨著時代的演變，目前大多採用集中式分配的集線器（HUB）或交換器（Switch），傳輸媒介採用雙絞線（Cat 5 UTP）或光纖纜線的網路架構。細纜乙太網路 10Base2 允許每段連接 30 個節點，最大長度為 185 公尺。由 4 個中繼器連接 5 段網線，網路的最長距離為 925 公尺。

28. (　　) 一個 Class C 類型網路可用的主機位址有多少個？ ① 254 ② 256 ③ 128 ④ 524。

解

網路等級	IP 分佈範圍	可用網路組	可連結主機數目
A	0.0.0.0~127.0.0.0	126 組	16,777,214（主機號碼為 24 位元）
B	128.0.0.0~191.255.0.0	16383 組	65,534（主機號碼為 16 位元）
C	192.0.0.0~223.255.255.0	2,097,152 組	254（主機號碼為 8 位元）

主機號碼為 0 或 255 者不可作為 IP 位址，所以會少二個位址可用。

29. (　　) 下列何者為正確的 Internet 服務及相對應的預設通訊埠？ ① TELNET:21 ② FTP:23 ③ STMP:25 ④ HTTP:82。

解 在電腦網路中，通訊埠是一種經由軟體建立的服務，在一個電腦作業系統中扮演通訊的端點（Endpoint），每個通訊埠都會與主機的 IP 位址及通訊協定關聯，而通訊埠以 16 位元數字來表示，被稱為通訊埠編號（Port Number）。

埠號 25：預留用作預設的 SMTP（郵件傳輸協定）。

埠號 23：TELNET（遠端登錄主機）。

埠號 21：FTP（檔案傳輸協定）。

埠號 80：HTTP（超文本傳輸協定）。

解 26.(4)　27.(3)　28.(1)　29.(3)

工作項目 03 作業系統

1. ( ) 有關使用直譯程式 (interpreter) 將程式翻譯成機器語言之敘述，下列何者正確？ ①直譯程式 (interpreter) 與編譯程式 (Compiler) 翻譯方式一樣 ②直譯程式每次轉譯一行指令後即執行 ③直譯程式先執行再翻譯成目的程式 ④直譯程式先翻譯成目的程式，再執行之。

   解 直譯程式（Interpreter），又稱直譯器，是一種電腦程式，能將高階程式語言一行一行直接轉譯執行。不會一次把整個程式轉譯出來，它每轉譯一行程式敘述就立刻執行，然後再轉譯下一行，再執行，如此不停地進行下去。

2. ( ) 編譯程式 (Compiler) 將高階語言翻譯至可執行的過程中，下列何者是連結程式 (Linker) 負責連結的標的？ ①目的程式與所需之副程式 ②原始程式與目的程式 ③副程式與可執行程式 ④原始程式與可執行程式。

   解

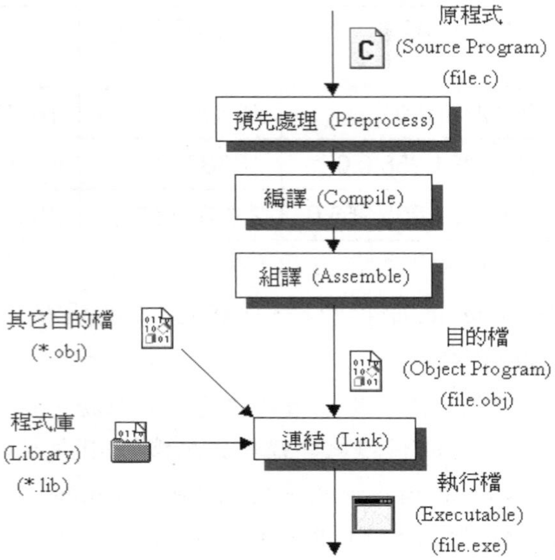

   原程式
   (Source Program)
   (file.c)
   預先處理 (Preprocess)
   編譯 (Compile)
   組譯 (Assemble)
   其它目的檔
   (*.obj)
   目的檔
   (Object Program)
   (file.obj)
   程式庫
   (Library)
   (*.lib)
   連結 (Link)
   執行檔
   (Executable)
   (file.exe)

3. ( ) Linux 是屬何種系統？ ①應用系統 (Application Systems) ②作業系統 (Operation Systems) ③資料庫系統 (Database Systems) ④編輯系統 (Editor Systems)。

4. ( ) 下列何者作業系統沒有圖形使用者操作介面？ ① Linux ② Windows Server ③ Mac OS ④ MS-DOS。

5. ( ) 下列何者「不是」多人多工之作業系統？ ① Linux ② Solaris ③ MS-DOS ④ Windows Server。

6. ( ) 下列何者為 Linux 作業系統之「系統管理者」的預設帳號？ ① administrator ② manager ③ root ④ supervisor。

7. ( ) Windows 登入時，若鍵入的密碼其「大小寫不正確」會導致下列何種結果？ ①仍可以進入 Windows ②進入 Windows 的安全模式 ③要求重新輸入密碼 ④ Windows 將先關閉，並重新開機。

解 1.(2) 2.(1) 3.(2) 4.(4) 5.(3) 6.(3) 7.(3)

8. (　　) 下列何種技術是利用硬碟空間來解決主記憶體空間之不足？　①分時技術 (Time Sharing)　②同步記憶體 (Concurrent Memory)　③虛擬記憶體 (Virtual Memory)　④多工技術 (Multitasking)。

9. (　　) 電腦中負責資源管理的軟體是下列何種？　①編譯程式 (Compiler)　②公用程式 (Utility)　③應用程式 (Application)　④作業系統 (Operating System)。

10. (　　) 下列何者為 Linux 系統所採用的檔案系統？　① NTFS　② XFS　③ HTFS　④ vms。

解 XFS 是一種高效能的紀錄檔檔案系統，且非常穩固，並擁有高度擴充性的單主機 64 位元日誌檔案系統。

XFS 是以磁區管理的檔案系統，因此它支援非常大的檔案以及檔案系統大小。

XFS 檔案系統可容納的檔案數量限制，完全取決於檔案系統中的可用空間。

解 8.(3)　9.(4)　10.(2)

工作項目 04　資訊運算思維

一、基本輸入與輸出

(一) 進入 C++ 程式設計畫面操作步驟

以 Visual Studio 2022 為例：

1. 建立新的專案
   a. 選 C++ ➔Windows ➔ 所有專案類型。
   b. 選「空白專案」。
2. 輸入「專案名稱」及選擇工作資料夾（需先建立一個新的資料夾）。
3. 於右側專案名稱（如 PJ1）按右鍵 ➔ 加入 ➔ C++ 檔（.cpp）。
4. 開始撰寫程式碼。

(二) 程式範例

```
#include <iostream>
#include <cstdlib>
using namespace std;
int main(void)
{
    cout << "hello!"<<endl;
    system("pause");
    return 0;
}
```

以上的 main 是主程式名稱，所以，接下來的程式範例中所使用的程式碼皆是寫在兩個大括號 { 和 } 之間、system("pause"); 之前。

(三) 基礎語法

1. 斷行：每行 C++ 程式碼在行尾要加個分號 “;” 。
2. 變數宣告：變數宣告利用等號「=」，其基本語法為：

```
變數型態 變數名稱 = 值;
```

如：int age = 15;

3. 註解：單行註解可用雙斜線「//」，例如：

```
// 註解ABCD
```

多行註解可用斜線「/」與星號「*」搭配，例如：

```
/*
這是註解一
這是註解二
*/
```

這些被註解的文字是不會被執行的，且註解可用中文。程式設計師寫註解的目的，在於提醒自己這一行或這一段程式碼是寫來做什麼的，以免過幾天再看自己寫的程式碼，忘了自己爲何要這樣寫。

(四)變數資料型態

變數形態	值的說明
bool	這種變數形態稱為「布林變數」，其值只有兩種可能，true 和 false。true 表示邏輯上的「真」，false 表示邏輯上的「假」。
int	這種變數形態稱為「整數」，其值如：-2, -1, 0, 1, 2, 3, 4……
float	這種變數形態稱為「浮點數」，即是帶有小數點的數字。其值如：-2.3321, 0, 1.0, 2623.292……
double	這種變數形態稱為「雙精度浮點數」，和 float 一樣，是帶有小數點的數字，不過比 float 更佔記憶空間。其值如：-2.3321, 0, 1.0, 2623.292……
char	這種變數形態稱為「字元」，也就是文字，可以是英文、中文、數字等。字元的左右兩邊需要用單引號「'」包起來，如 ' 大 '，'a'，'1'。
string	這種變數形態稱為「字串」，也就是一連串的文字，可以是英文、中文、數字等。字串的左右兩邊需要用雙引號「"」包起來，如 " 大小你我他 "，"abcde"，"12345"。

1. 變數名稱：一個由程式設計師自訂的名稱。但要注意，變數名稱只能是英文、數字或底線符號「_」，且開頭第一個字母一定要是英文，否則編譯軟體無法辨識。
2. 值：該變數的值，和變數型態有關。

變數宣告的範例如下：

```
string name = "白龍馬";
int money = 20000;
bool is_white = true;
```

其中，name、money、is_white 都是變數名稱。

變數的宣告，事實上是在電腦中安排一記憶體空間來存放值。而不同的變數型態，所佔的記憶體空間也是不同的。

(五)基本輸出

可使用「cout<< 變數名稱或值」來進行基本輸出，並在螢幕上顯示。如：

```
string B= "蘋果";
cout<<B;
```

以上程式執行後，螢幕上顯示「蘋果」，C++ 的輸出螢幕最後可能會出現「請按任意鍵繼續」，不必理他。

上述的 cout 方法也支援多變數連續輸出，如：

```
string A = "我買了";
int number = 5;
string B= "蘋果";
cout<<A<<number<<B;
```

執行後螢幕上顯示：我買了 5 蘋果。

■ 斷行：若想輸出到下一行，可用 cout<<endl; 如：

```
cout<<"我是第一行"<<endl;
cout<<"我是第二行"<<endl;
cout<<"我是第三行"<<endl;
```

執行後螢幕上顯示：

我是第一行
我是第二行
我是第三行

(六) 基本輸入

在 C/C++ 中以「cin>> 變數名稱」來使用鍵盤輸入為該變數輸入值。執行後螢幕會停留、等待使用者用鍵盤輸入，輸入完畢會再繼續執行。例如：

```
int n;
cout<<"你買了幾顆蘋果？"<<endl;
cin>>n;
cout<<"我買了"<<n<<"顆蘋果"<<endl;
```

執行後，螢幕停留在：

```
你買了幾顆蘋果？
```

用鍵盤隨便輸入一個數字，譬如 3，之後按下 enter，螢幕顯示：

```
你買了幾顆蘋果？
我買了3顆蘋果
```

二、常用變數型態與矩陣

(一) 變數（Variable）

程式在執行過程中，其內容會隨著程式的執行而改變。變數即容器，是用來存放資料的地方，容器的大小，由宣告時的資料型態來決定。

例如：A=B+1，A、B 二者皆為變數，其內容是可以改變的。

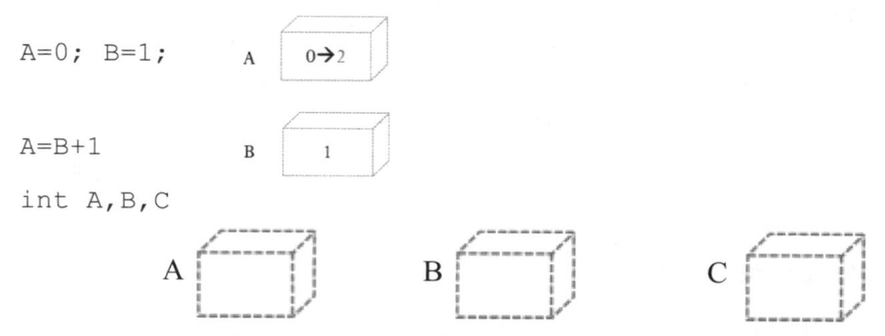

「=」並非數學中的等於，而是「指定運算子」，即指定右端資料給左端的變數。

```
A=10, B=20, C=30;
```

A 10　B 20　C 30

(二)變數的運算

1. 數字(int、float 和 double)的運算:

運算符號	符號意義	範例	範例意義
+	相加	a=b+c;	將變數 a 之值設為 b 加 c 之值。
-	相減	a=b-c;	將變數 a 之值設為 b 減 c 之值。
*	相乘	a=b*c;	將變數 a 之值設為 b 乘 c 之值。
/	相除	a=b/c;	將變數 a 之值設為 b 除 c 之值。
%	求餘數	a=b%c;	將變數 a 之值設為 b 除 c 後之餘數。 此符號只有在 a、b、c 均為整數時才有用。
++	遞增	a++;	將變數 a 之值增加 1。
--	遞減	a--;	將變數 a 之值減少 1。

2. 字串(string)的相加,例如:

```
string a ="aaa";
string b ="bbb";
string c = a+b+"xxx";
cout<<c<<endl;
```

執行後顯示:

```
aaabbbxxx
```

3. 布林變數(bool)的運算:

運算符號	符號意義	範例			
&&	交集(and)	a&&b	a	b	a&&b
			true	true	true
			true	false	false
			false	true	false
			false	false	false
||	聯集(or)	a||b	a	b	a||b
			true	true	true
			true	false	true
			false	true	true
			false	false	false
!	反值(not)	!a	a	!a	
			true	false	
			false	true	

註:在 C++ 中,若使用 cout 顯示一個 bool,該 bool 會以 1 和 0 來代表 true 和 false。

4. 四則運算的先後順序：

   C++ 對於四則運算程式碼的解讀，是採「先乘除後加減」的順序。也就是說，如 int a=2+3*4;，是先計算 3*4 得到 12，再將 2+12 得 14，故 a 結果等於 14。若要強迫 C++ 改變解讀的順序，可用小括號 ( )，例如將程式碼寫成 int a=(2+3)*4;，那麼就會先計算 2+3 得到 5，再計算 5*4 得到 20，這樣一來，a 結果就等於 20。

(三) 矩陣

矩陣用來放置一群同類型變數，在處理大量資料時是很好用的。

矩陣的宣告方法為：

```
變數型態　矩陣名稱[元素數量] = {元素一,元素二,元素三… };
```

例如：

```
string letter[5] = {"A","B","C","D","E"};
```

乃是一個字串矩陣。程式設計師可以對矩陣內的任一個元素進行存取或呼叫，其方法為矩陣名稱 [元素序數]。其中，元素序數從 0 開始，數到元素數量 -1 為止，表示所想要呼叫之元素的號碼。

範例：

```
string letter[5] = {"A","B","C","D","E"};
cout<< letter[2]<<endl;
```

執行後顯示：C

三、If 判斷式與邏輯運算子

(一)if 判斷式

1. if 判斷式可用來判斷條件是否成立，並且依照條件之成立與否，來執行不同的程式碼。if 判斷式的標準形式為：

   簡易型：

```
if (條件)
{程式碼}
```

   表示在條件成立的情況下才執行程式碼。

   僅二種情況：

```
if (條件)
{程式碼}
else
{程式碼}
```

   表示條件只有二種（非 1 即 2）

(二) 條件式的寫法

「條件」和布林變數一樣，具有 true（條件成立）和 false（條件不成立）。條件的寫法通常有兩種：

第一種寫法使用到「比較運算子」，去比較其左右兩邊的變數或值。常用的比較運算子如下：

比較運算子	意義
==	左邊等於右邊
!=	左邊不等於右邊
>	左邊大於右邊
>=	左邊大於或等於右邊
<	左邊小於右邊
<=	左邊小於或等於右邊

如：1>10 這個條件，它的意義是「數字 1 大於數字 10」，很明顯這個條件是不成立的。

又如：若已先設定 int a = 11; 則 a>10 這個條件的意義是「數字 11 大於數字 10」，條件成立。

範例：

```
int a=10;
int b=12;
int c=15;
if (a>15)
{cout<< "a大於15!"; }
else if (a> 5)
{cout<< "a大於5!"; }
else
{cout<< "a太小了";}
```

執行後顯示：a 大於 5!。

第二種寫法是直接使用到布林變數。如：

```
bool is_white = true;
if (is_white)
{ cout<<"我是白的"; }
```

執行後顯示：我是白的

(三) 邏輯運算子

邏輯運算子可以組合多個條件，來形成一個新的大條件。語法如下：

```
條件一&&條件二
```

取兩條件之交集，兩條件必須都成立，大條件才成立。

```
條件一||條件二
```

取兩條件之聯集，兩條件只要有一個成立，大條件就成立。(| 不是英文字的 L 小寫，其稱為「管線符號」。在鍵盤中要打出管線符號，可先按住 shift 鍵不放，再按 \ 鍵。)

```
!條件
```

取該條件之反集，條件若不成立，大條件就成立。

範例一

```
int a=10;
int b=12;
int c=15;
if (a>5 && b<100)
{ cout<< "大條件一成立"<<endl; }
else
{ cout<< "大條件一不成立"<<endl; }
```

Ans：大條件一成立

範例二

```
if (a>5 || c<5)
{ cout<< "大條件二成立"<<endl; }
else
{ cout<< "大條件二不成立"<<endl; }
```

Ans：大條件二成立

範例三

```
if (!c<5)
{ cout<< "大條件三成立"<<endl; }
else
{ cout<< "大條件三不成立"<<endl; }
```

Ans：大條件三成立

考題（找最大值）

```
int a,b,c;
cin>>a;
cin>>b;
c=a;
if (b>c)
    c=b;
cout<<"the output is :"<<c;
```

考題

1: true 0:false （若結果為 true(1)，答案為前者；若結果為 false(0)，答案則為後者）

```
int x=2
int y = !(12<5 || 3<=5 && 3>x) ? 7:9
        !    0 ||  1
        !      1       &&  1
        !          1
                   0
```

結果為 false

考題

```
int x;
x=(5<=3 && "A"<"F") ? 3:4
     0    &&     1
          0
```

結果爲 false

考題

```
int a=0, b=0, c=0;
int x=(a<b+4);
        0<4
         1
```

結果爲 true

考題

```
int x1=2,y1=4;
int x2=6, y2=8;
int a=y2-y1;    (4)
int b=x2-x1;    (4)
int c=-a*x1+b*y1;    (-4*2 + 4*4 = 8)
cout<<a<<"x+"<<-b<<"y+"<<c<<"=0";   (4x-4y+8=0)
```

但若答案 1 不算錯（4x-3y+8=0 若是正確的），則斜率爲 3y=4x+8，y=4/3x+8/3，應爲 4/3。

考題

若 x=8, y=3, 輸出爲何？

```
int f(int x, int y)
{
    if (x==y) return 0;
    else  return f(x-1, y)+1;
}
```

x	y	執行		
8	3	else	7, 3 進入 f	f(7,3) 回 4 + 1 = 5
7	3	else	6, 3 進入 f	f(6,3) 回 3 + 1 = 4
6	3	else	5, 3 進入 f	f(5,3) 回 2 + 1 = 3
5	3	else	4, 3 進入 f	f(4,3) 回 1 + 1 = 2
4	3	else	3, 3 進入 f	f(3,3) 回 0 + 1 = 1
3	3	if	Return 0	

(四) switch 語句

可以讓一個變量對値的列表平等進行測試。每個値被稱爲一個情況（case），和該變量被開啓時檢查每一種情況，變數需爲整數或文字型態。例如：

```
char grade = 'D';
   switch(grade)
```

```
    {
        case 'A' :
            cout << "太優秀了!" << endl;
            break;
        case 'B' :
            cout << "表現很不錯!" << endl;
            break;
        case 'C' :
            cout << "做得好" << endl;
            break;
        case 'D' :
            cout << "你過關了" << endl;
            break;
        case 'F' :
            cout << "再加油" << endl;
            break;
        default :
            cout << "沒有對應層級" << endl;
    }
    cout << "你的程度是 " << grade << endl;
```

四、迴圈結構

(一) 何謂迴圈

迴圈是讓某一段敘述反覆執行多次的程式，例如：1+2+3+…+10（使用單層迴圈）和九九乘法表（使用雙層迴圈）。

範例：

循序結構

```
cout<<"1"
cout<<"2"
cout<<"3"
…
…
cout<<"50"
```

迴圈結構

```
for (int i=1; i<=50; i++)
{cout<<i<<endl;}
```

迴圈可以重複執行某一段程式碼，並對某些變數進行重複的操作。利用 for、while 等關鍵字可以寫出迴圈。

(二) for 迴圈

```
for (變數型態 變數名稱=值; 執行條件; 控制程式碼)
{
    內容程式碼
}
```

兩個小括號「(」和「)」內可分爲三部分：

第一部分是「變數型態 變數名稱＝值;」。這是迴圈的初始設定，在 for 迴圈剛開始時就會執行，且只執行一次。

第二部分是執行條件，乃是迴圈執行的條件，每一次迴圈內的內容程式碼要被執行前，這個執行條件就會被檢查一次，若條件成立則繼續執行內容程式碼，若不成立則結束迴圈。

第三部分是控制程式碼，用來控制迴圈執行的次數。每一次迴圈內的內容程式碼被執行完後，控制程式碼就會被執行一次。

範例：

```
int result = 1;
for (int i=1; i<=10; i++)
{
    result = result*2;
    cout<<"2的"<<i<<"次方是"<<result<<endl;
}
```

```
2的1次方是2
2的2次方是4
2的3次方是8
2的4次方是16
2的5次方是32
2的6次方是64
2的7次方是128
2的8次方是256
2的9次方是512
2的10次方是1024
```

■ 迴圈中強制中斷執行

一旦執行條件不成立，for 迴圈就不會繼續執行。但在某些情況下，程式設計者需要令 for 迴圈在執行條件不成立之前，就中斷 for 迴圈的執行。此時可用 break 關鍵字來強迫 for 迴圈中斷。譬如，將之前的範例問題改成：

若 2 的 N-1 次方小於 50000，而 2 的 N 次方大於 50000，問 N 爲多少？

```
int result = 1;
for (int i=1; i>0; i++)
{
    result = result*2;
    if (result>50000)
    {
        cout<<"N="<<i<<endl;
        break;
    }
}
```

執行後顯示：N=16

(三) while 迴圈

while 迴圈和 for 迴圈在執行的邏輯上很類似，只是寫法比較簡單。while 迴圈寫法爲：

```
while (執行條件)
{
    內容程式碼
}
```

和 for 迴圈一樣，while 每執行一次內容程式碼之前，都會檢查執行條件是否成立，成立就執行，不成立就結束迴圈。

範例：2 的 1 次方到 2 的 10 次方之值，用 while 迴圈來寫。

```
int result = 1;
int i=1;
while (i<=10)
{
    result = result*2;
    cout<<"2的"<<i<<"次方是"<<result<<endl;
    i++;
}
```

註：while 迴圈也可以使用 break 來中斷迴圈。

1. 前測試迴圈：先判斷條件式，再執行迴圈。也就是執行前先檢查是否符合條件式，若符合，則執行迴圈，若不符合，則跳出迴圈。

```
while…
```

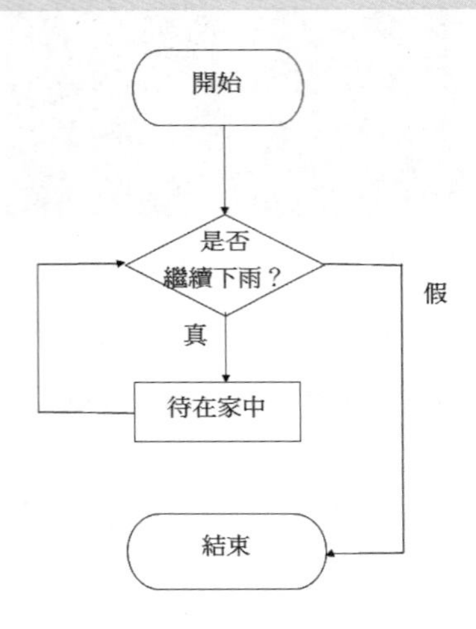

實例：利用 while…來設計 1+2+3+…+10 的程式。

```
int result = 0;
int i = 1;
while (i <= 10)
{
    result = result + i;
    i++;
}
cout<<"總和:"<<result<<endl;
```

實例演練：求 2 的多少次方才會大於 1000 呢？

```
int a = 2;
int i = 1;            } 2 的 1 次方不需做， 迴圈從 2 的 2 次方開始
while (a < 1000)
{
    a = a * 2;
    i = i + 1;
}
cout<<"2的"<<i<<"次方="<<a<<endl;
```

練習：王媽媽第 1 天給小明 1 元，第二天 2 元，……，請問到第幾天才能超過 1000 元？

2. 後測試迴圈：先執行迴圈，再判斷條件式。判斷前會先執行迴圈，當執行一次之後，再執行條件式判斷，不符合則跳出迴圈，但至少會執行一次迴圈。

```
do… while
```

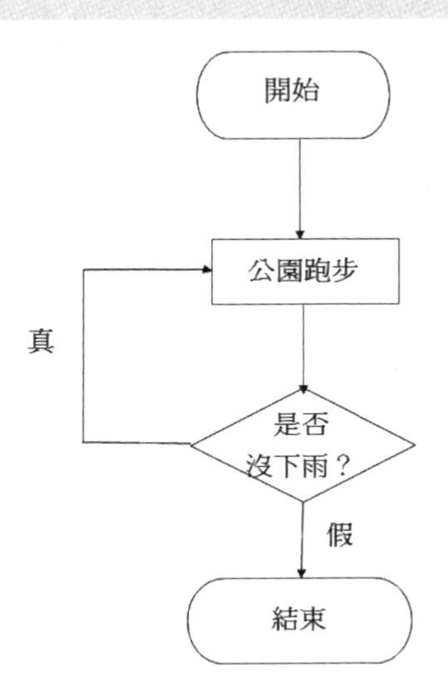

範例：利用 do…while 來設計 1+2+3+…+10 的程式。

```
int i = 1;
int sum = 0;
do
{
    sum = sum + i;
    i = i + 1;
}
while (i <= 10)
cout<< "1+2+3+…+10=" <<sum<<endl;
```

for 考題

```
for (i=0, i<=m-1, i++){
    for (j=0, j<=p-1, j++){
        c[i][j]=0;
        for (k=0, k<=n-1, k++){
            c[i][j]=c[i][j]+a[i][k]*b[k][j];
        }
    }
}
```

c11=a11*b11+a12*b21,（2 次）　　c12=a11*b12+a12*b22（2 次）

c21=a21*b11+a22*b21,（2 次）　　c22=a21*b12+a22*b22（2 次）

$$\begin{pmatrix} a11 & a12 \\ a21 & a22 \end{pmatrix} \times \begin{pmatrix} b11 & b12 \\ b21 & b22 \end{pmatrix} = \begin{pmatrix} c11 & c12 \\ c21 & c22 \end{pmatrix}$$

五、指標與矩陣

(一) 矩陣

矩陣用來放置一群同類型變數，在處理大量資料時是很好用的。矩陣的宣告方法爲：

```
變數型態 矩陣名稱[元素數量] = { 元素一, 元素二, 元素三… };
```

例如：

```
string letter[5] = {"A","B","C","D","E"};
```

乃是一個字串矩陣。程式設計師可以對矩陣內的任一個元素進行存取或呼叫，其方法爲矩陣名稱 [元素序數]。其中，元素序數從 0 開始，數到元素數量 -1 爲止，表示所想要呼叫之元素的號碼。

範例：

```
string letter[5] = {"A","B","C","D","E"};
cout<< letter[2]<<endl;
```

執行後顯示：C

(二) 指標

所謂的指標（Pointer），就是記憶體的地址。換句話說，把記憶體比喻成大樓，大樓裡每層都有其位址，而指標變數主要就是儲存某個東西在「第 xxxxx 樓」。

指標並沒有什麼神奇的，它和 int、float、char 等一樣，可視爲 C 語言的一種資料型別。所謂 int 變數：

其大小爲 4 bytes（假設硬體爲 32 位元）

其內容存放 2 補數的整數數值

相關的運算符號有 +, -, *（乘法）, /, %, &（bitAND）, |, ^, ~, <<, >>, =

所謂 pointer 變數：

其大小爲 4 bytes（假設硬體爲 32 位元）

其內容存放記憶體的地址（可視爲 unsigned int）

相關的運算符號有「*」（透過 pointer 取記憶體內容）,「&」（取變數地址）, =, +, -

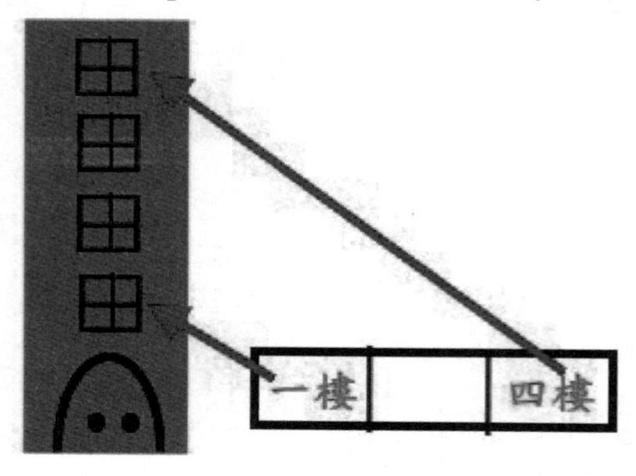

■ 指標的用法

&：取得變數的位址。

*：間接參考，指使用指標取得某個記憶體的內容。

範例：

```
int a=1, b=2, c;
```

```
int *p;        宣告p是指向int的指標，英文說成p is a pointer to int
p = &a;        &a是取a的位址（沒有&的話就變成取a的內容），「=」讓&a複製到p，也就是說，
               現在p的內容爲變數a的位址
b = *p;        b的值被設定爲指標p所指到記憶體的值（沒有*的話就變成取p的內容，而不是透過p
               去取a的內容了）
*p = 0;        透過p將a的值被設定爲0
p = &c;        指標p現在指向c
```

範例一

```
int x = 3;
int a[]={1,2,3,4};
int *z;
z=a;        （z的位址指向a陣列的第一個位址值，例如a[0]的位址爲x0a5）
z=z+x;      （將z的位址值+3，即x0a5+3，則指到陣列的第四個位址值）
cout<<*z<<"\n:";      （將z指到的位址x0a8之內容4印出來）
```

範例二

```
int x=3;
int a[]={1,2,3,4};
int *z
z=&x;    （將x的位址給z）
cout<<*z<<"\n";    （所以*z的內容根據位址抓取x的值，即爲3）
```

1. (　　) 下列流程圖所對應的 C/C++ 指令為何？ ① do…while ② while ③ switch…case ④ if…then…else。

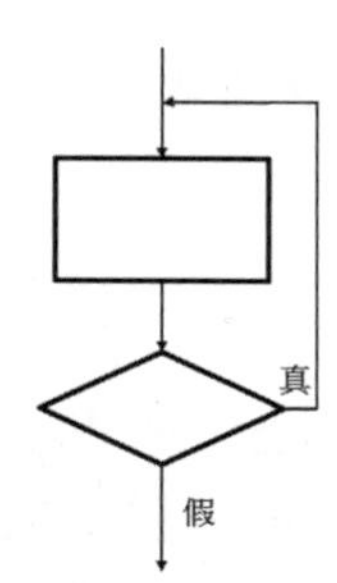

2. (　　) 下列流程圖所對應的 C/C++ 指令為何？ ① do…while ② while ③ switch…case ④ if…then…else。

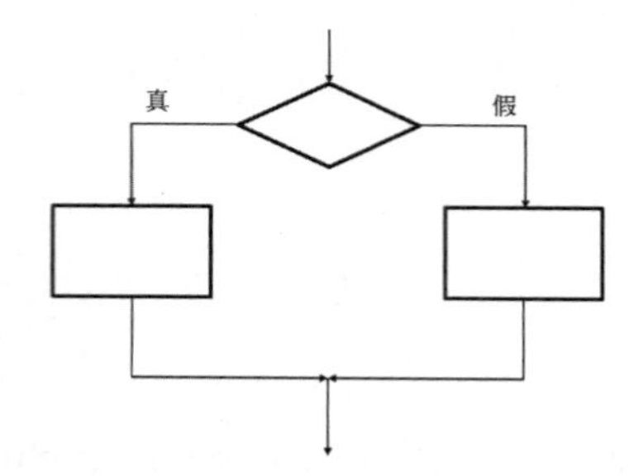

3. (　　) 下列流程圖所對應的 C/C++ 指令為何？ ① do…while ② while ③ switch…case ④ if…then…else。

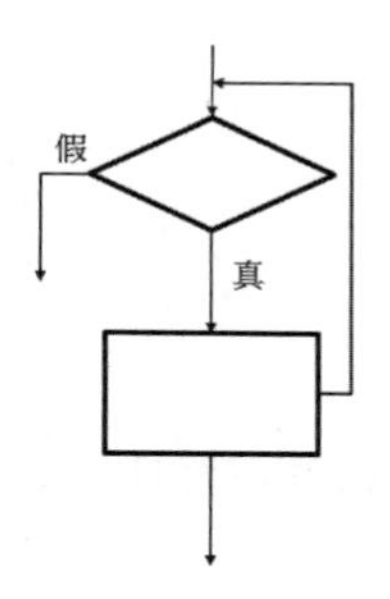

4. (　　) 下列流程圖所對應的 C/C++ 程式為何？

① X>3? cout<<B:cout<<A;
　X=X+1;

② if (X>3) cout<<A; else cout<<B;
　X=X+1;

③ switch(X){
　　case 1: cout<<A;
　　case 2: cout<<A;
　　case 3: cout<<A;
　　default: cout<<B;

④ while (X>3) cout<<A;
　cout<<B;
　X=X+1;

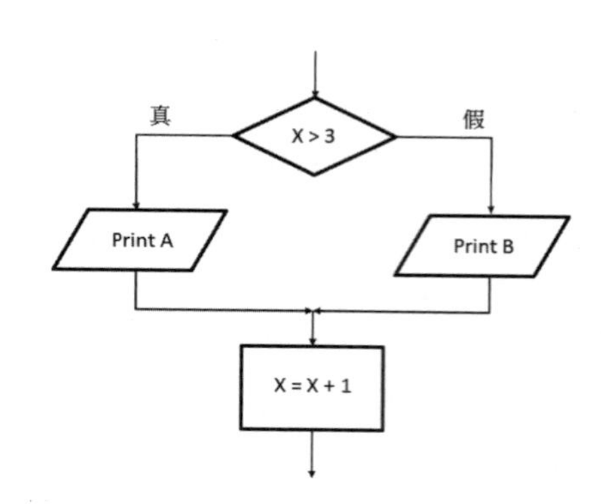

解 1.(1)　2.(4)　3.(2)　4.(2)

5. (　　) 下列 C/C++ 程式片段之敘述，何者正確？ ①輸入三個變數 ②找出輸入數值最小値 ③找出輸入數值最大値 ④輸出結果爲 the output is:c。

```
int a,b,c;
cin>>a;
cin>>b;
c=a;
if (b>c)
    c=b;
cout<<"the output is:"<<c;
```

6. (　　) 下列何者「不是」C/C++ 語言基本資料型態？ ① void ② int ③ main ④ char。

7. (　　) 下列何者在 C/C++ 語言中視爲 false ？ ① -100 ② -1 ③ 0 ④ 1。

8. (　　) 有關 C/C++ 語言中變數及常數之敘述，下列何者「不正確」？ ①變數用來存放資料，以利程式執行，可以是整數、浮點、字串的資料型態 ②程式中可以操作、改變變數的值 ③常數存放固定數值，可以是整數、浮點、字串的資料型態 ④程式中可以操作、改變常數值。

9. (　　) 下列 C/C++ 程式片段，何者敘述正確？ ①小括號應該改成大括號 ② sum=sum+30; 必須使用大括號括起來 ③ While 應該改成 while ④ While (sum<=1000) 之後應該要有分號。

```
While (sum<=1000)
    sum=sum+30;
```

10. (　　) 有關 C/C++ 語言結構控制語法，下列何者正確？ ① while (x>0) do {y=5;} ② for (x<10) {y=5;} ③ while (x>0 || x<5) {y=5;} ④ do (x>0) {y=5} while (x<1)。

11. (　　) C/C++ 語言指令 switch 的流程控制變數「不可以」使用何種資料型態？ ① char ② int ③ byte ④ double。

12. (　　) C/C++語言中限定一個主體區塊，使用下列何種符號？ ① ( ) ② /* */ ③ ” “ ④ { }。

13. (　　) 下列 C/C++ 程式片段，輸出結果何者正確？ ① 1 ② 2 ③ 3 ④ 4。

```
int x=3;
int a[]={1,2,3,4};
int *z;
z=a;
z=z+x;
cout<<*z<<"\n";
```

14. (　　) 下列 C/C++ 程式片段，輸出結果何者正確？ ① 1 ② 2 ③ 3 ④ 4。

```
int x=3;
int a[]={1,2,3,4};
int *z;
z=&x;
cout<<*z<<"\n";
```

15. (　　) 下列 C/C++ 程式片段，若 x=2，則 y 値爲何？ ① 2 ② 3 ③ 7 ④ 9。

```
int y = !{12<5 || 3<=5 && 3 > x}? 7 : 9
```

解 5.(3)　6.(3)　7.(3)　8.(4)　9.(3)　10.(3)　11.(4)　12.(4)　13.(4)　14.(3)　15.(4)

16. ( ) 下列 C/C++ 程式片段，其 x 之輸出結果何者正確？ ①2 ②3 ③4 ④5。

```
int x;
x = (5<=3 && 'A'<'F')? 3 : 4
```

17. ( ) 下列 C/C++ 程式片段，執行後 x 值為何？ ①0 ②1 ③2 ④3。

```
int a=0, b=0, c=0;
int x=(a<b+4);
```

18. ( ) 下列 C/C++ 程式片段，f(8,3) 輸出為何？ ①3 ②5 ③8 ④11。

```
int f(int x, int y) {
    if (x==y) return 0;
    else return f(x-1, y) + 1;
}
```

19. ( ) 對於下列 C/C++ 程式，何者敘述正確？ ①將 a 及 b 兩矩陣相加後，儲存至 c 矩陣 ②若 a[2][2]={{1,2},{3,4}} 及 b[2][2]= {{1,0},{2,-3}}，執行結束後 c[2][2]= {{5,6},{11,12}} ③若 a 及 b 均為 2x2 矩陣，最內層 for 迴圈執行 8 次 ④若 a 及 b 均為 2x2 矩陣，最外層 for 迴圈執行 4 次。

```
for (i=0; i<=m-1; i++){
    for (j=0; j<=p-1; j++){
        c[i][j]=0;
        for (k=0; k<=n-1; k++){
            c[i][j]= c[i][j]+a[i][k]*b[k][j];
        }
    }
}
```

20. ( ) 對於下列 C/C++ 程式片段，何者敘述有誤？ ①程式輸出為 4x+-3y+8=0 ②若 (x1,x2) 及 (y1,y2) 視為兩個二維平面座標，程式功能為計算直線方程式 ③若 (x1,x2) 及 (y1,y2) 視為兩個二維平面座標，則直線方程式的斜率為 -4/3 ④若 (x1,x2), (y1,y2) 及 (5,4) 視為三個二維平面座標，則會構成一個直角三角形。

```
x1=2; y1=4;
x2=6; y2=8;
a=y2-y1;
b=x2-x1;
c=-a*x1+b*y1;
cout<<a<<"x+"<<-b<<"y+"<<c<<"=0";
```

解 16.(3) 17.(2) 18.(2) 19.(3) 20.(3)

工作項目 05 資訊安全

1. ( ) 有關電腦犯罪的敘述，下列何者「不正確」？ ①犯罪容易察覺 ②採用手法較隱藏 ③高技術性的犯罪活動 ④與一般傳統犯罪活動不同。

2. ( ) 「訂定災害防治標準作業程序及重要資料的備份」是屬何種時期所做的工作？ ①過渡時期 ②災變前 ③災害發生時 ④災變復原時期。

3. ( ) 下列何者為受僱來嘗試利用各種方法入侵系統，以發覺系統弱點的技術人員？ ①黑帽駭客 (Black Hat Hacker) ②白帽駭客 (White Hat Hacker) ③電腦蒐證 (Collection of Evidence) 專家 ④密碼學 (Cryptography) 專家。

4. ( ) 下列何種類型的病毒會自行繁衍與擴散？ ①電腦蠕蟲 (Worms) ②特洛伊木馬程式 (Trojan Horses) ③後門程式 (Trap Door) ④邏輯炸彈 (Time Bombs)。

解 電腦蠕蟲（Worms）：與電腦病毒相似，是一種能夠自我複製的電腦程式。與電腦病毒不同的是，電腦蠕蟲不需要附在別的程式內，可能不用使用者介入操作也能自我複製或執行。電腦蠕蟲未必會直接破壞被感染的系統，卻幾乎都對網路有害。

特洛伊木馬程式（Trojan Horses）：是一種惡性程式，與病毒最大的不同是，特洛伊木馬通常不會自我複製，大多用來竊取電腦密碼，其類似一種遠端管理工具，本身不帶傷害性，也沒有感染力。

後門程式（Trap Door）：一般是指那些繞過安全性控制而獲取對程式或系統訪問權的程式方法。在軟體的開發階段，程式設計師常常會在軟體內創建後門程式，以便可以修改程式設計中的缺陷。

邏輯炸彈（Time Bombs）：嵌入在正常軟體中，並在特定情況下執行的惡意程式碼。

5. ( ) 有關對稱性加密法與非對稱性加密法的比較之敘述，下列何者「不正確」？ ①對稱性加密法速度較快 ②非對稱性加密法安全性較高 ③ RSA 屬於對稱性加密法 ④使用非對稱性加密法時，每個人各自擁有一對公開金匙與祕密金匙，欲提供認證性時，使用者將資料用自己的祕密金匙加密送給對方，對方再用相對的公開金匙解密。

解 RSA 屬於非對稱性加密法。

6. ( ) 下列何種資料備份方式只有儲存當天修改的檔案？ ①完全備份 ②遞增備份 ③差異備份 ④隨機備份。

解 完全備份（Full Backup）：對選擇備份對象做最徹底的備份，所有檔案都會被備份，意即硬碟裡有什麼就備什麼。

差異備份（Differential Backup）：在完全備份之後有異動的資料就備份。只對上一次完全備份之後補充，期間不理會進行過多少次差異備份。也就是說，凡是在上一次完全備份後有所更改或新增的檔案都會備份。例如：假設星期一做完整備份後，星期二做差異備份的話，只會備星期二異動的資料。星期三再做一次差異備份時，會備份星期二和三異動的資料。

遞增（增量）備份（Incremental Backup）：只對上一次的完全備份或遞增備份進行補充，只有那些在上一次完全備份或遞增備份之後有所更改或新增的檔案備份。例如：星期一做完整備份後，星期二做增量備份的話，只會備星期二異動的資料。星期三再做一次增量備份時，會備份星期三異動的資料。

解 1.(1) 2.(2) 3.(2) 4.(1) 5.(3) 6.(2)

7. (　　) 下列何種入侵偵測系統 (Intrusion Detection Systems) 是利用特徵 (Signature) 資料庫及事件比對方式，以偵測可能的攻擊或事件異常？ ①主機導向 (Host-Based) ②網路導向 (Network-Based) ③知識導向 (Knowledge-Based) ④行爲導向 (Behavior-Based)。

解 主機導向（Host-Based）：偵測對象是主機設備本身，判別是否遭受入侵攻擊。較爲複雜，管理者必須在每台電腦上裝設偵測系統。不管主機位於哪一種網路環境中，都會受到保護。

網路導向（Network-Based）：偵測對象是網路流通訊息，與偵測器本身無關，例如：透過網路監視器（如 Sniffer）收集封包後，判斷是否有入侵封包進入。

知識導向（Knowledge-Based）：會依照資料庫內所記載的攻擊方式，比對現有狀況，當攻擊發生時就會提早警告管理者。

行爲導向（Behavioral-Based）：則會追蹤所有資源使用狀況，檢視有沒有反常之處，因爲這多半是惡意攻擊的先兆。

8. (　　) 下列何種網路攻擊手法是藉由傳遞大量封包至伺服器，導致目標電腦的網路或系統資源耗盡，服務暫時中斷或停止，使其正常用戶無法存取？ ①偷窺 (Sniffers) ②欺騙 (Spoofing) ③垃圾訊息 (Spamming) ④阻斷服務 (Denial of Service)。

解 阻斷服務攻擊（Denial of Service Attack, DoS）：是目前TCP/IP協定上常見的攻擊方式，其攻擊手法是試圖讓系統的工作超過其所能負荷，導致系統癱瘓。

9. (　　) 下列何種網路攻擊手法是利用假節點號碼取代有效來源或目的 IP 位址之行爲？ ①偷窺 (Sniffers) ②欺騙 (Spoofing) ③垃圾資訊 (Spamming) ④阻斷服務 (Denial of Service)。

解 偷窺（Sniffers）：指能夠用來擷取網路上傳輸封包資訊的一種程式或者設備。意即「資料攔截」技術，其目的爲擷取：密碼（電子郵件、Web 網頁、SMB、檔案傳輸、FTP、SQL 與 Telnet 等），或是網路傳遞資料的內容，甚至是檔案本身。

欺騙（Spoofing）：運作原理是由攻擊者發送假的 ARP（位址解析協定，Address Resolution Protocol）封包到網路上，特別是送到閘道器上。其目的是要讓送至特定 IP 位址的流量被錯誤送到攻擊者所取代的地方。因此攻擊者可將這些流量另行轉送到眞正的閘道，或是竄改後再轉送。攻擊者亦可將 ARP 封包導到不存在的 MAC 位址，以達到阻斷服務攻擊的效果。

垃圾資訊（Spamming）：是濫發電子訊息中最常見的一種，意指「未經用戶許可就寄信至他人的電子郵件信箱」。

阻斷服務（Denial of Service）：亦稱洪水攻擊，是一種網路攻擊手法，其目的在於使目標電腦的網路或系統資源耗盡，使服務暫時中斷或停止，導致其正常用戶無法存取。

10. (　　) 有關數位簽章之敘述，下列何者「不正確」？ ①可提供資料傳輸的安全性 ②可提供認證 ③有利於電子商務之推動 ④可加速資料傳輸。

解 數位簽章（Digital Signature）：利用公開鑰匙密碼，將訊息摘要加密成電子簽章，可以做資料比對，用私鑰加密、用公鑰解密，可利用數位簽章確認發信者身分。

解 7.(3) 8.(4) 9.(2) 10.(4)

11. (　　) 下列何者爲可正確且及時將資料庫複製於異地之資料庫復原方法？ ①異動紀錄 (Transaction Logging) ②遠端日誌 (Remote Journaling) ③電子防護 (Electronic Vaulting ④遠端複本 (Remote Mirroring)。

解 異動紀錄（Transaction Logging）：記錄對資料庫的任何異動，方便日後的稽核。
遠端日誌（Remote Journaling）：在資料庫下一次同步複製時間到前，將資料庫的交易紀錄檔傳遞到遠端做抄寫。
電子防護（Electronic Vaulting）：將備份資料透過高品質的網路傳遞連線方式傳遞到 Off-Site（Remote），而且是一次性的將檔案備份送至遠端。
遠端複本（Remote Mirroring）：將本機儲存區上的資料以統一的形式同步鏡像到遠端存放裝置上，提供一組單一的高級複製服務。

12. (　　) 字母 "B" 的 ASCII 碼以二進位表示爲 "01000010"，若電腦傳輸內容爲 "101000010"，以便檢查該字母的正確性，則下列敘述何者正確？ ①使用奇數同位元檢查 ②使用偶數同位元檢查 ③使用二進位數檢查 ④不做任何正確性的檢查。

解 同位檢查（Parity Checking）是一項資料錯誤檢查的技術。
「偶數同位元檢查」→若資料中 1 的數目爲偶數，則檢查位元設爲 0，爲奇數則設爲 1。
「奇數同位元檢查」→若資料中 1 的數目爲奇數，則檢查位元設爲 0，爲偶數則設爲 1。

13. (　　) 下列何種方法「不屬於」資訊系統安全的管理？ ①設定每個檔案的存取權限 ②每個使用者執行系統時，皆會在系統中留下變動日誌 (Log) ③不同使用者給予不同權限 ④限制每人使用時間。

14. (　　) 有關資訊中心的安全防護措施之敘述，下列何者「不正確」？ ①重要檔案每天備份三份以上，並分別存放 ②加裝穩壓器及不斷電系統 ③設置煙霧及熱度感測器等設備，以防止災害發生 ④雖是不同部門，資料也可以任意交流，以便支援合作，順利完成工作。

15. (　　) 有關電腦中心的資訊安全防護措施之敘述，下列何者「不正確」？ ①資訊中心的電源設備必須有穩壓器及不斷電系統 ②機房應選用耐火、絕緣、散熱性良好的材料 ③需要資料管制室，做爲原始資料的驗收、輸出報表的整理及其他相關資料保管 ④所有備份資料應放在一起以防遺失。

16. (　　) 下列何種檔案類型較不會受到電腦病毒感染？ ①含巨集之檔案 ②執行檔 ③系統檔 ④純文字檔。

17. (　　) 有關重要的電腦系統如醫療系統、航空管制系統、戰情管制系統及捷運系統，在設計時通常會考慮當機的回復問題。下列何種方式是一般最常用的做法？ ①隨時準備當機時，立即回復人工作業，並時常加以演習 ②裝設自動控制溫度及防災設備，最重要應有 UPS 不斷電配備 ③同時裝設兩套或多套系統，以俾應變當機時之轉換運作 ④與同機型之電腦使用單位或電腦中心訂立應變時之支援合約，以便屆時作支援作業。

18. (　　) 有關資料保護措施，下列敘述何者「不正確」？ ①定期備份資料庫 ②機密檔案由專人保管 ③留下重要資料的使用紀錄 ④資料檔案與備份檔案保存在同一磁碟機。

解 11.(4)　12.(1)　13.(4)　14.(4)　15.(4)　16.(4)　17.(3)　18.(4)

19. (　　) 如果一個僱員必須被停職，他的網路存取權應在何時關閉？ ①停職後一週 ②停職後二週 ③給予他停職通知前 ④不需關閉。

20. (　　) 有關資訊系統安全措施，下列敘述何者「不正確」？ ①加密保護機密資料 ②系統管理者統一保管使用者密碼 ③使用者不定期更改密碼 ④網路公用檔案設定成「唯讀」。

21. (　　) 下列何種動作進行時，電源中斷可能會造成檔案被破壞？ ①程式正在計算 ②程式等待使用者輸入資料 ③程式從磁碟讀取資料 ④程式正在對磁碟寫資料。

22. (　　) 下列何者「不是」資訊安全所考慮的事項？ ①確保資訊內容的機密性，避免被別人偷窺 ②電腦執行速度 ③定期做資料備份 ④確保資料內容的完整性，防止資訊被竄改。

23. (　　) 下列何者「不是」數位簽名的功能？ ①證明信件的來源 ②做爲信件分類之用 ③可檢測信件是否遭竄改 ④發信人無法否認曾發過信件。

24. (　　) 在網際網路應用程式服務中，防火牆是一項確保資訊安全的裝置，下列何者「不是」防火牆檢查的對象？ ①埠號 (Port Number) ②資料內容 ③來源端主機位址 ④目的端主機位址。

25. (　　) 有關電腦病毒傳播方式，下列何者正確？ ①只要電腦有安裝防毒軟體，就不會感染電腦病毒 ②病毒不會透過電子郵件傳送 ③不隨意安裝來路不明的軟體，以降低感染電腦病毒的風險 ④病毒無法透過即時通訊軟體傳遞。

26. (　　) 有關電腦病毒之敘述，下列何者正確？ ①電腦病毒是一種黴菌，會損害電腦組件 ②電腦病毒入侵電腦之後，在關機之後，病毒仍會留在 CPU 及記憶體中 ③使用偵毒軟體是避免感染電腦病毒的唯一途徑 ④電腦病毒是一種程式，可經由隨身碟、電子郵件、網路散播。

27. (　　) 有關電腦病毒之特性，下列何者「不正確」？ ①具有自我複製之能力 ②病毒不須任何執行動作，便能破壞及感染系統 ③病毒會破壞系統之正常運作 ④病毒會寄生在開機程式。

28. (　　) 下列何種網路攻擊行爲係假冒公司之名義發送僞造的網站連結，以騙取使用者登入並盜取個人資料？ ①郵件炸彈 ②網路釣魚 ③阻絕攻擊 ④網路謠言。

29. (　　) 下列何種密碼設定較安全？ ①初始密碼如 9999 ②固定密碼如生日 ③隨機亂碼 ④英文名字。

30. (　　) 有關資訊安全之概念，下列何者「不正確」？ ①將檔案資料設定密碼保護，只有擁有密碼的人才能使用 ②將檔案資料設定存取權限，例如允許讀取，不准寫入 ③將檔案資料設定成公開，任何人都可以使用 ④將檔案資料備份，以備檔案資料被破壞時，可以回存。

31. (　　) 下列何種技術可用來過濾並防止網際網路中未經認可的資料進入內部，以維護個人電腦或區域網路的安全？①防火牆 ②防毒掃描 ③網路流量控制 ④位址解析。

32. (　　) 網路的網址以「https://」開始，表示該網站具有何種機制？ ①使用 SET 安全機制 ②使用 SSL 安全機制 ③使用 Small Business 機制 ④使用 XOOPS 架設機制。

解 19.(3) 20.(2) 21.(4) 22.(2) 23.(2) 24.(2) 25.(3) 26.(4) 27.(2) 28.(2) 29.(3) 30.(3) 31.(1) 32.(2)

33.(　　) 下列何者「不屬於」電腦病毒的特性？ ①電腦關機後會自動消失 ②可隱藏一段時間再發作 ③可附在正常檔案中 ④具自我複製的能力。

34.(　　) 資訊安全定義之完整性 (Integrity) 係指文件經傳送或儲存過程中，必須證明其內容並未遭到竄改或偽造。下列何者「不是」完整性所涵蓋之範圍？ ①可歸責性 (Accountability) ②鑑別性 (Authenticity) ③不可否認性 (Non-Repudiation) ④可靠性 (Reliability)。

解
- 機密性（Confidentiality）：資料不得被未經授權之個人、實體或程序所取得或揭露的特性。
- 完整性（Integrity）：對資產之精確與完整安全保證的特性。
  (1) 可歸責性（Accountability）：確保實體之行爲可唯一追溯到該實體的特性。
  (2) 鑑別性（Authenticity）：確保一主體或資源之識別就是其所聲明者的特性。鑑別性適用於如使用者、程序、系統與資訊等實體。
  (3) 不可否認性（Non-repudiation）：對一已發生之行動或事件的證明，使該行動或事件往後不能被否認的能力。
- 可用性（Availability）：已授權實體在需要時可存取與使用之特性。
- 可靠性（Reliability）：始終如一預期之行爲與結果的特性。

35.(　　) 「設備防竊、門禁管制及防止破壞設備」是屬於下列何種資訊安全之要求？ ①實體安全 ②資料安全 ③程式安全 ④系統安全。

36.(　　) 「將資料定期備份」是屬於下列何種資訊安全之特性？ ①可用性 ②完整性 ③機密性 ④不可否認性。

37.(　　) 有關非對稱式加解密演算法之敘述，下列何者「不正確」？ ①提供機密性保護功能 ②加解密速度一般較對稱式加解密演算法慢 ③需將金鑰安全的傳送至對方，才能解密 ④提供不可否認性功能。

38.(　　) 下列何種機制可允許分散各地的區域網路，透過公共網路安全地連接在一起？ ① WAN ② BAN ③ VPN ④ WSN。

解 VPN（Virtual Private Network，虛擬私人網路）：常用於連接中、大型企業或團體間私人網路的通訊方法。能針對您的網路流量進行加密，同時保護您的線上身分，當您正在瀏覽 VPN 時，流量會自動加密，沒有人可以看到您的線上活動，也不能以任何方式進行干涉。VPN 可跳過網際網路審查，當您連線到遠端伺服器時，即可輕鬆存取全球網際網路，安全地存取應用程式、網站和娛樂平台。

39.(　　) 加密技術「不能」提供下列何種安全服務？ ①鑑別性 ②機密性 ③完整性 ④可用性。

40.(　　) 有關公開金鑰基礎建設 (Public Key Infrastructure, PKI) 之敘述，下列何者「不正確」？ ①係基於非對稱式加解密演算法 ②公開金鑰必須對所有人保密 ③可驗證身分及資料來源 ④可用私密金鑰簽署將公布之文件。

解 公開金鑰基礎建設（Public Key Infrastructure，PKI）：又稱公開金鑰基礎架構、公鑰基礎建設、公鑰基礎設施、公開密碼匙基礎建設或公鑰基礎架構，是一組由硬體、軟體、參與者、管理政策與流程組成的基礎架構，其目的在於創造、管理、分配、使用、儲存以及復原數位憑證。

解 33.(1) 34.(4) 35.(1) 36.(1) 37.(3) 38.(3) 39.(4) 40.(2)

丙級電腦軟體應用學科解析(第二版)

作者／張軼雄 洪憶華
發行人／陳本源
執行編輯／李慧茹
封面設計／楊昭琅
出版者／全華圖書股份有限公司
郵政帳號／0100836-1 號
印刷者／宏懋打字印刷股份有限公司
圖書編號／0648301
二版／2022 年 08 月
ISBN／978-626-328-283-4(平裝)
全華圖書／www.chwa.com.tw
全華網路書店 Open Tech／www.opentech.com.tw
若您對本書有任何問題，歡迎來信指導 book@chwa.com.tw

臺北總公司(北區營業處)
地址：23671 新北市土城區忠義路 21 號
電話：(02) 2262-5666
傳真：(02) 6637-3695、6637-3696

南區營業處
地址：80769 高雄市三民區應安街 12 號
電話：(07) 381-1377
傳真：(07) 862-5562

中區營業處
地址：40256 臺中市南區樹義一巷 26 號
電話：(04) 2261-8485
傳真：(04) 3600-9806(高中職)
(04) 3601-8600(大專)

廣告回信
板橋郵局登記證
板橋廣字第540號

23671 新北市土城區忠義路21號
全華圖書股份有限公司

行銷企劃部 收

讀者回函卡

掃 QRcode 線上填寫 ▶▶▶

姓名：＿＿＿＿＿＿ 生日：西元＿＿年＿＿月＿＿日 性別：□男 □女

電話：(   )＿＿＿＿ 手機：＿＿＿＿

e-mail：(必填)＿＿＿＿＿＿

註：數字零，請用 Φ 表示，數字 1 與英文 L 請另註明並書寫端正，謝謝。

通訊處：□□□□□

學歷：□高中・職 □專科 □大學 □碩士 □博士

職業：□工程師 □教師 □學生 □軍・公 □其他

學校／公司：＿＿＿＿ 科系／部門：＿＿＿＿

・需求書類：

□A. 電子 □B. 電機 □C. 資訊 □D. 機械 □E. 汽車 □F. 工管 □G. 土木 □H. 化工 □I. 設計

□J. 商管 □K. 日文 □L. 美容 □M. 休閒 □N. 餐飲 □O. 其他

・本次購買圖書為：＿＿＿＿ 書號：＿＿＿＿

・您對本書的評價：

封面設計：□非常滿意 □滿意 □尚可 □需改善，請說明＿＿＿＿

內容表達：□非常滿意 □滿意 □尚可 □需改善，請說明＿＿＿＿

版面編排：□非常滿意 □滿意 □尚可 □需改善，請說明＿＿＿＿

印刷品質：□非常滿意 □滿意 □尚可 □需改善，請說明＿＿＿＿

書籍定價：□非常滿意 □滿意 □尚可 □需改善，請說明＿＿＿＿

整體評價：請說明＿＿＿＿

・您在何處購買本書？

□書局 □網路書店 □書展 □團購 □其他＿＿＿＿

・您購買本書的原因？（可複選）

□個人需要 □公司採購 □親友推薦 □老師指定用書 □其他＿＿＿＿

・您希望全華以何種方式提供出版訊息及特惠活動？

□電子報 □DM □廣告（媒體名稱＿＿＿＿）

・您是否上過全華網路書店？（www.opentech.com.tw）

□是 □否 您的建議＿＿＿＿

・您希望全華出版哪方面書籍？＿＿＿＿

・您希望全華加強哪些服務？＿＿＿＿

感謝您提供寶貴意見，全華將秉持服務的熱忱，出版更多好書，以饗讀者。

填寫日期：　/　/

2020.09 修訂

親愛的讀者：

感謝您對全華圖書的支持與愛護，雖然我們很慎重的處理每一本書，但恐仍有疏漏之處，若您發現本書有任何錯誤，請填寫於勘誤表內寄回，我們將於再版時修正，您的批評與指教是我們進步的原動力，謝謝！

全華圖書　敬上

勘誤表

書號		書名		作者	
頁數	行數	錯誤或不當之詞句		建議修改之詞句	

我有話要說：（其它之批評與建議，如封面、編排、內容、印刷品質等・・・）